SANLING FX XILIE
PLC YINGYONG JISHU

三菱 FX 系列 PLC 应用技术

编 著 郑 渊 赵晓明 李庆玲
主 审 王晓燕

中国电力出版社
CHINA ELECTRIC POWER PRESS

内 容 提 要

本书是作者在总结多年来职业技术教学、职业技能培养和工程实践经验的基础上编写的，主要内容包括PLC认识、三菱FX系列PLC基本指令应用、顺序控制系统的PLC控制、三菱FX系列PLC功能指令应用和三菱FX系列PLC综合应用等内容。在写作上力求知识点简明扼要、重点突出，技能点简单实用、贴近生产实际。

本书可以作为高等院校机电类专业的PLC教材，也可以供PLC职业技能培训和从事PLC工作的有关人员学习使用。

图书在版编目（CIP）数据

三菱FX系列PLC应用技术/郑渊，赵晓明，李庆玲编著. —北京：中国电力出版社，2019.2（2020.4重印）

ISBN 978-7-5198-2743-4

Ⅰ. ①三… Ⅱ. ①郑… ②赵… ③李… Ⅲ. ①PLC技术-教材 Ⅳ. ①TM571.61

中国版本图书馆CIP数据核字（2018）第274910号

出版发行：中国电力出版社

地　　址：北京市东城区北京站西街19号（邮政编码100005）

网　　址：http：//www. cepp. sgcc. com. cn

责任编辑：王杏芸（010-63412394）

责任校对：黄蓓　常燕昆

装帧设计：赵姗姗

责任印制：杨晓东

印　　刷：北京天宇星印刷厂

版　　次：2019年2月第一版

印　　次：2020年4月北京第二次印刷

开　　本：787毫米×1092毫米　16开本

印　　张：10

字　　数：233千字

印　　数：2001-3500册

定　　价：30.00元

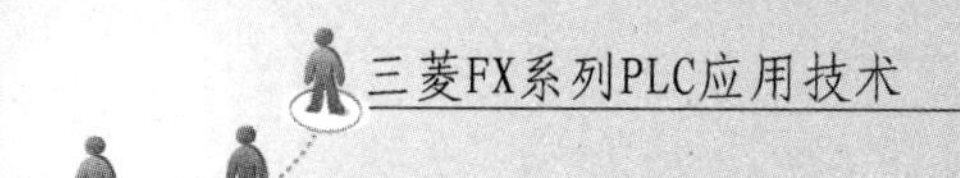

前　言

本书根据当前教育部高职高专教育的改革精神，以培养高素质技术技能型专门人才为目标，以职业能力的培养为主线，以真实的工作任务为载体构建了“项目—任务”的教材结构，本着“基本理论够用为度、职业技能贯穿始终”的原则编写而成。全书做到了知识点简明扼要、重点突出，技能点简单实用、贴近生产实际，注重培养学生的综合职业能力和直接上岗的能力。

本书是编者在总结多年来职业技术教学、职业技能培养和工程实践经验的基础上编写的，在编写的过程中突出了以下几个特点：

1. 采用了“项目—任务”的结构，以典型工作任务为载体组织知识点和技能点，理论和实践结合紧密，便于一体化教学模式的实施。

2. 在每个任务开始的“任务资讯”部分只讲解完成本任务必备的知识点，在后面的“思考与拓展”部分讲解拓展知识点和思考拓展任务，在降低学习难度的同时兼顾了知识的拓展和深化理解。

3. 将 PLC 程序设计师职业技能标准融入教材内容中，使其与项目融为一体，为学生日后职业拓展能力的提升奠定了基础。

4. 内容综合性强，兼顾了 PLC 与模拟量、变频器、组态软件的综合应用，更加贴合生产实际。

本书内容主要包括 PLC 认识、三菱 FX 系列 PLC 基本指令应用、顺序控制系统的 PLC 控制、三菱 FX 系列 PLC 功能指令应用和三菱 FX 系列 PLC 综合应用 5 个项目。其中项目 1、4、5 由郑渊老师负责编写，项目 2 由赵晓明老师编写，项目 3 由李庆玲老师编写。本书还邀请了有着丰富教学经验的高校教师和企业专家对教材进行了审核。本书是青岛港湾职业技术学院教学研究项目《基于高职学生创新能力培养的 PLC 课程教学模式研究与实践》（GW 2017 B08）的研究成果。

由于作者水平有限，书中难免存在错误和疏漏之处，敬请广大读者指正。

编　者

2019 年 2 月

目　录

项目1

PLC 认 识

任务1 三菱 FX 系列 PLC 认识

1.1.1 任务概述

可编程序控制器（PLC）是一种基于计算机技术的工业控制器，在当今工业控制中应用极为广泛，PLC 应用技术是电气行业从业人员必须掌握的一门技术。本任务的主要目的是掌握 PLC 的结构组成和工作原理，对三菱 FX 系列 PLC 的外观、型号含义、安装方法和编程语言等有一个基本的认识。如图 1-1 所示为三菱 FX 系列整体式 PLC。

1.1.2 任务资讯

1. PLC 的产生和发展

在可编程序控制器出现前，在工业电气控制领域中，继电器控制占主导地位，应用广泛。但是继电器控制系统存在查找和排除故障困难、功能不易拓展等缺点，特别是其接线复杂、不易更改，对生产工艺变化的适应性差。

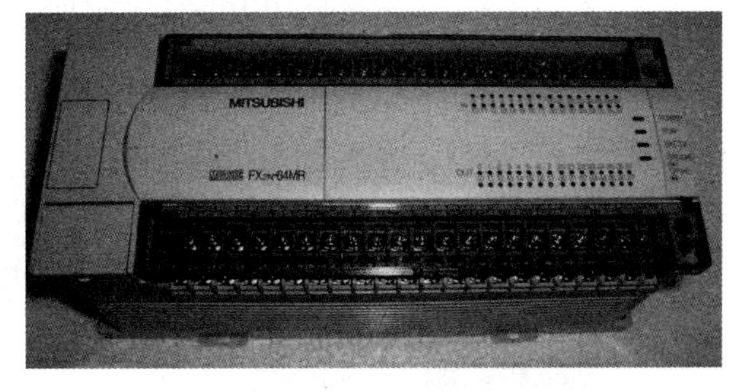

图 1-1 三菱 FX 系列整体式 PLC

1968 年美国通用汽车公司（G. M）为了适应汽车型号的不断更新，生产工艺不断变化的需要，实现小批量、多品种生产，希望能有一种新型工业控制器，它能做到尽可能减少重新设计和更换电器控制系统及接线，以降低成本，缩短周期。于是就设想将计算机功能强大、灵活、通用性好等优点与电器控制系统简单易懂、价格便宜等优点结合起来，制成一种通用控制装置，而且这种装置采用面向控制过程、面向问题的“自然语言”进行编程，使不熟悉计算机的人也能很快掌握使用。

1969 年美国数字设备公司（DEC）根据美国通用汽车公司的这种要求，成功研制了世界上第一台可编程序控制器，并在通用汽车公司的自动装配线上试用，取得很好的效果。从此这项技术迅速发展起来。

早期的可编程序控制器仅有逻辑运算、定时、计数等顺序控制功能，只是用来取代传统的继电器控制，通常称为可编程序逻辑控制器（Programmable Logic Controller）。随着微电子技术和计算机技术的发展，20 世纪 70 年代中期微处理器技术应用到 PLC 中，使 PLC 不仅具有逻辑控制功能，还增加了算术运算、数据传送和数据处理等功能。

20 世纪 80 年代以后，随着大规模、超大规模集成电路等微电子技术的迅速发展，16 位和 32 位微处理器应用于 PLC 中，使 PLC 得到迅速发展。PLC 不仅控制功能增强，同时可靠性提高，功耗、体积减小，成本降低，编程和故障检测更加灵活方便，而且具有通信和联网、数据处理和图像显示等功能，使 PLC 真正成为具有逻辑控制、过程控制、运动控制、数据处理、联网通信等功能的名副其实的多功能控制器。

自从第一台 PLC 出现以后，日本、德国、法国等也相继开始研制 PLC，并得到了迅速发展。目前，世界上有 200 多家 PLC 厂商，400 多品种的 PLC 产品。著名的 PLC 生产厂家主要有美国的 A-B（Allen-Bradly）公司、GE（General Electric）公司，日本的三菱电机（Mitsubishi Electric）公司、欧姆龙（OMRON）公司，德国的 AEG 公司、西门子（Siemens）公司，法国的 TE（Telemecanique）公司等。

我国 PLC 的研制、生产和应用也发展很快，尤其在应用方面更为突出。在 20 世纪 70 年代末和 80 年代初，我国随国外成套设备、专用设备引进了不少 PLC。此后，在传统设备改造和新设备设计中，PLC 的应用逐年增多，并取得显著的经济效益，PLC 在我国的应用越来越广泛，对提高我国工业自动化水平起到了巨大的作用。

2. PLC 的结构组成

PLC 是计算机技术与继电器常规控制概念相结合的产物，是一种工业控制用的专用计算机。作为一种以微处理器为核心的用作数字控制的特殊计算机，它的硬件基本组成与一般微机装置类似，主要由中央处理单元（CPU）、存储器、输入/输出接口、电源和其他各种接口组成，如图 1-2 所示。

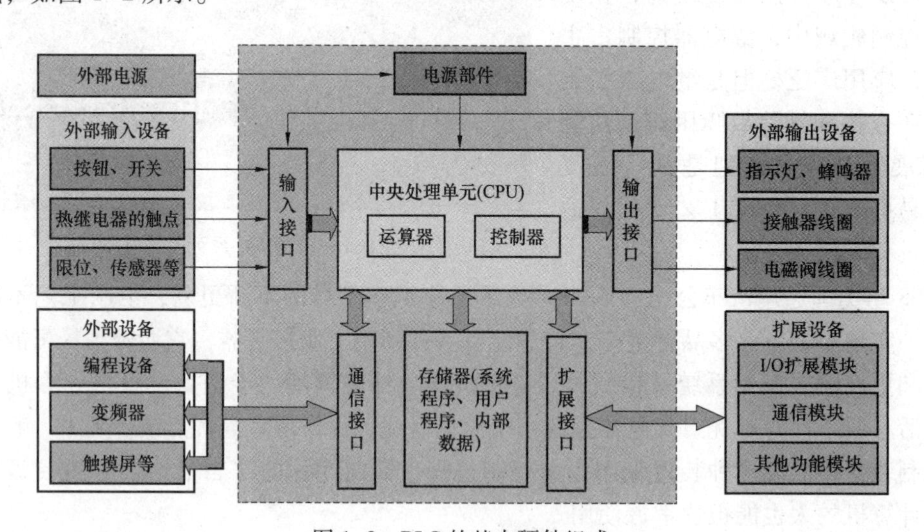

图 1-2　PLC 的基本硬件组成

（1）中央处理器（CPU）。CPU 是 PLC 的控制核心，由它实现逻辑运算，协调控制系统内部各部分的工作。它的运行是以循环扫描的方式采集现场各输入装置的状态信号，执行用户控制程序，并将运算结果传送到相应的输出装置，驱动外部负载工作。CPU 芯片性能关系到 PLC 处理控制信号的能力与速度，CPU 位数越高，运算速度越快，系统处理的信息量就越大，系统的性能越好。

（2）存储器。存储器是存放程序及数据的地方。

1）PLC 的存储器按照用途可以分为以下三类：

① 系统程序存储器。系统程序是由生产 PLC 的厂家事先编写并固化好的，它关系到 PLC 的性能，不能由用户直接存取和修改，其内容主要为监控程序、模块化应用功能子程序，能进行命令解释和功能子程序的调用，管理程序和各种系统参数等。

② 用户程序存储器。用户程序是根据具体的生产设备控制要求编写的程序，PLC 说明书中提到的 PLC 存储器容量一般指的就是用户程序存储器的容量。

③ 内部数据存储器。主要用来存储 PLC 编程软元件的映像值以及程序运算时的一些相关数据。

2）PLC 的存储器按照存储介质可以分为以下两大类：

① 只读存储器（ROM）。在失电状态下可以长时间保存数据，可以用来保存系统程序或用户程序，部分类型的只读存储器也是可以多次写入数据的，例如，EPROM、E^2PROM 等。

② 随机存储器（RAM）。在失电状态下不能保存数据，但是数据读写速度较快，可以用来保存内部数据或用户程序。

（3）输入/输出接口。

输入/输出接口是 PLC 与外部控制现场相联系的桥梁，通过输入接口电路，PLC 能够得到生产过程的各种参数；通过输出接口电路，PLC 能够把运算处理的结果送至工业过程现场的执行机构实现控制。

实际生产中的信号电平多种多样，外部执行机构所需电流也是多种多样的，而 PLC 的 CPU 所处理的只能是标准电平，同时由于输入/输出接口与工业过程现场的各种信号直接相连，这就要求它有很好的信号适应能力和抗干扰性能。因此，在输入/输出接口电路中，一般均配有电平变换、光耦合器和阻容滤波等电路，以实现外部现场的各种信号与系统内部统一信号的匹配和信号的正确传递，PLC 正是通过这种接口实现了信号电平的转换。

为适应工业过程现场不同输入/输出信号的匹配要求，PLC 配置了各种类型的输入/输出接口，主要分为开关量输入/输出接口和模拟量输入/输出接口两大类。

（4）电源部件。PLC 除了输入/输出回路需要电源外还必须要给 PLC 提供一个工作电源，通常使用交流 220V 或直流 24V 工作电源，它的电源部件可以将外部工作电源转化为 DC 5V、DC 12V、DC 24V 等各种 PLC 内部器件需要的电源。

PLC 的 CPU 模块或其他模块的工作电源有的是直接将电源连接到该模块的电源端子上，如三菱 FX 系列和西门子 S7-200 SMART 系列；也有的是连到专门的电源模块上，然后通过电源总线供电，如西门子 S7-300 PLC。

（5）扩展接口和通信接口。PLC 通过扩展接口可以实现功能的拓展，例如，可以连接 I/O扩展模块来扩展 PLC 能够连接的外部输入/输出设备的数量，连接通信模块来实现各种通信功能，连接高速计数模块来实现高速计数功能等。

PLC 通过通信接口可以与一些外部设备通信，例如，计算机、变频器、触摸屏等。

3. PLC 的工作原理

（1）编程“软”元件。PLC 作为计算机技术与继电器常规控制概念相结合的产物，其内部存在由 PLC 存储器等效出来的各种功能的编程“软”元件，也就是虚拟元件。例如存储器的一个二进制位，因为其不是 0 就是 1，就可以等效成一个“软”继电器。当这个位是“0”时，相当于这个“软”继电器处于失电状态；当这个位是“1”时，相当于这个“软”继电器处于得电状态。

如图 1-3 所示，“软”继电器和真实继电器的相同之处是线圈得电时动合触点闭合、动断触点断开，线圈失电时动合触点断开、动断触点闭合。不同之处是“软”继电器是由 PLC 内部电路等效出来的，并没有真正的线圈和机械触点，并且在编程时“软”继电器的动合触点和动断触点使用次数没有限制，而真实继电器得触点是有限的。

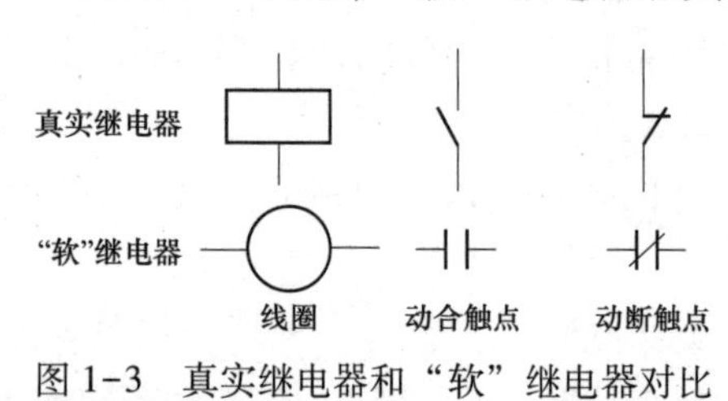

图 1-3　真实继电器和“软”继电器对比

PLC 的编程“软”元件根据功能可以分为输入元件、输出元件、辅助元件等，它们在 PLC 存储器中存放的地方分别称为输入映像寄存器、输出映像寄存器等。

（2）顺序循环扫描工作机制。PLC 的工作方式与传统的继电器控制系统不同，如图 1-4 所示。继电器控制系统采用硬逻辑并行运行的方式，即如果一个继电器的线圈通电或断电，该继电器的所有触点（包括它的动合触点或动断触点）不论在继电器线路的哪个位置上，都会立即同时动作。

PLC 采用的是顺序循环扫描的工作机制，PLC 上电后首先进行内部处理和通信服务，然后判断 PLC 是否处于运行模式，若 PLC 处于停止模式则周而复始地进行内部处理和通信服务；若 PLC 处于运行模式，则再顺序进行输入采样、程序执行和输出刷新三个阶段，不断循环。

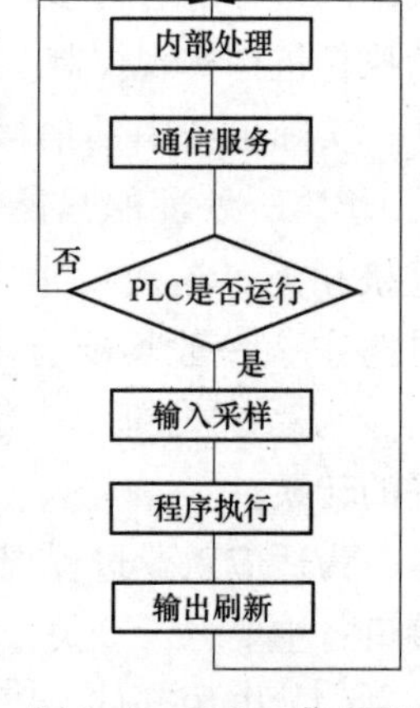

图 1-4　PLC 工作原理

1）内部处理阶段。在此阶段，PLC 检查 CPU 模块的硬件是否正常，复位监视定时器，以及完成一些其他内部工作。

2）通信服务阶段。在此阶段，PLC 与一些智能模块通信、响应编程器键入的命令，更新编程器的显示内容等，当 PLC 处于停止状态时，只进行内部处理和通信服务等内容。

3）输入采样阶段。输入采样也叫输入刷新，在此阶段顺序读取所有输入端子的通断状态，并将所读取的信息存到输入映象寄存器中，此时输入映像寄存器被刷新。

4）程序执行阶段。按先上后下，先左后右的顺序，对梯形图程序进行逐句扫描并根据采样到输入映像寄存器中的结果进行逻辑运算，运算结果再存入有关映像寄存器中。但遇到程序跳转指令，则根据跳转条件是否满足来决定程序的跳转地址。

5）输出刷新阶段。程序处理完毕后，将所有输出映象寄存器中各点的状态，转存到输出锁存器中，再通过输出端驱动外部负载。

PLC 完成一次循环所用的时间称为一个扫描周期，PLC 的扫描周期很短，一般只有 10

几个毫秒。

4. 三菱 FX 系列 PLC 简介

FX 系列 PLC 是由三菱公司推出的高性能小型可编程序控制器，主要包括 FX0S、FX1S、FX0N、FX1N、FX2N、FX2NC 等子系列的 PLC，每种子系列 PLC 均有不同型号规格的基本单元、扩展单元、扩展模块和特殊功能模块供用户选择。基本单元一般采用整体式结构，可以单独使用，如有需要也可以连接扩展单元、扩展模块和特殊功能模块扩展其功能。

（1）基本单元。基本单元即 CPU 模块，内有 CPU、存储器、I/O 模块、通信接口和扩展接口等，可以独立使用。

（2）扩展单元和扩展模块。当基本单元的 I/O 点数不足时，可以通过扁平电缆连接扩展单元或者扩展模块来扩展 I/O 点数。扩展单元和扩展模块内部没有 CPU，不能单独使用，必须与基本单元一起使用。

（3）特殊功能模块。FX 系列 PLC 提供了多种特殊功能模块，可实现网络通信、过程控制、位置控制高速计数以及较为复杂的数据处理。特殊功能模块也不能单独使用，必须与基本单元一起使用。

1.1.3 任务实施

1. 三菱 FX 系列 PLC 基本单元认识

图 1-5 所示为三菱 FX2N-48MR 基本单元的面板。

（1）电源端子：主要包括 L、N 和接地端，用于引入 PLC 工作电源。

（2）输入端子：连接外部输入设备（按钮、开关、限位等）形成 PLC 输入回路。

（3）输出端子：连接外部输出设备（指示灯、线圈等）形成 PLC 输出回路。

（4）公共端（COM 端）：输入回路或输出回路的公共端子，不同回路的公共端不能随意混接。

（5）输入状态指示灯：用于指示每一条输入回路的通断状态。

（6）输出状态指示灯：用于指示每一条输出回路的通断状态。

（7）电源指示灯 POWER：用于指示 PLC 工作电源是否已接通。

（8）运行指示灯 RUN：用于指示 PLC 是否处于运行状态。

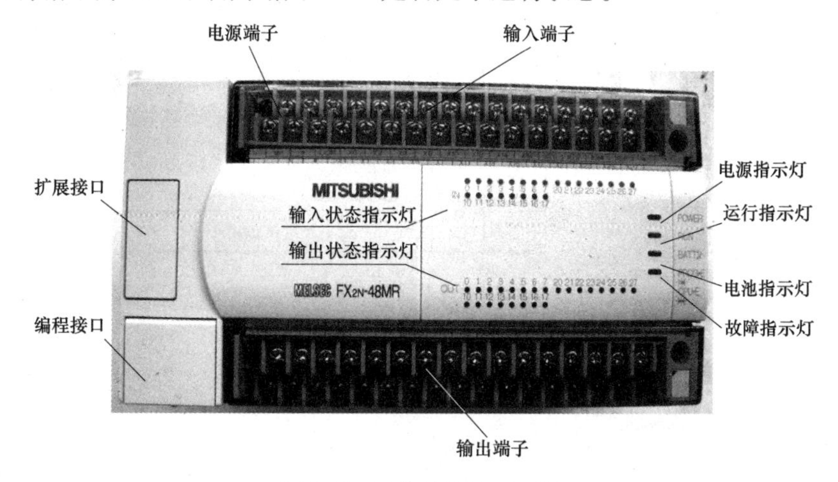

图 1-5　三菱 FX2N－48MR

（9）电池指示灯 BATT：用于指示 PLC 的 RAM 存储器后备电池是否电压过低。

（10）故障指示灯 PROG-E、CPU-E：用于指示程序或 CPU 是否出现故障。

（11）扩展接口：用于连接扩展单元（模块）或其他特殊功能模块。

（12）编程接口：用于连接编程设备，如手持编程器、电脑等。

2. 三菱 FX 系列 PLC 型号识别

三菱 FX 系列 PLC 的型号的含义如下所示：

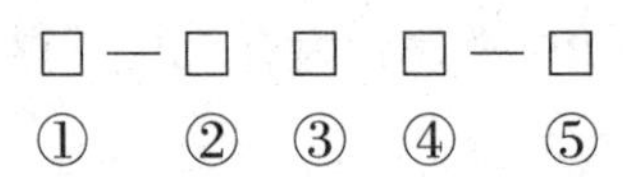

① 为型号子系列。

② 为输入输出总点数。

③ 为单元类型。如 M 表示基本单元，E 表示输入输出混合扩展单元，EX 表示扩展输入模块，EY 表示扩展输出模块。

④ 为输出方式。如 R 表示继电器输出，S 表示晶闸管输出，T 表示晶体管输出。

⑤ 为特殊品种。如 C 表示接插口输入输出方式，D 表示 DC 电源、DC 输出等。如果特殊品种一项无符号，为 AC 电源、DC 输入、横式端子排、标准输出。

例如，FX2N-32MR 表示 FX2N 系列，输入/输出总点数为 32 点的基本单元，采用继电器输出形式，使用交流电源，同时 PLC 内部为输入回路提供 24V 直流电源。

3. 三菱 FX 系列 PLC 安装及扩展方式认识

（1）三菱 FX 系列 PLC 外部接线认识。三菱 FX 系列 PLC 的外部接线主要分成 3 个部分：PLC 工作电源回路、PLC 输入回路和 PLC 输出回路。如图 1-6 所示为 PLC 控制笼型电动机正反转的外部线路，主电路和传统继电器控制一样，区别在于控制回路。图 1-6 中三菱 FX 系列 PLC 采用交流 220V 电源作为工作电源以及输出回路的电源，输入回路的直流 24V 电源由 PLC 内部提供。

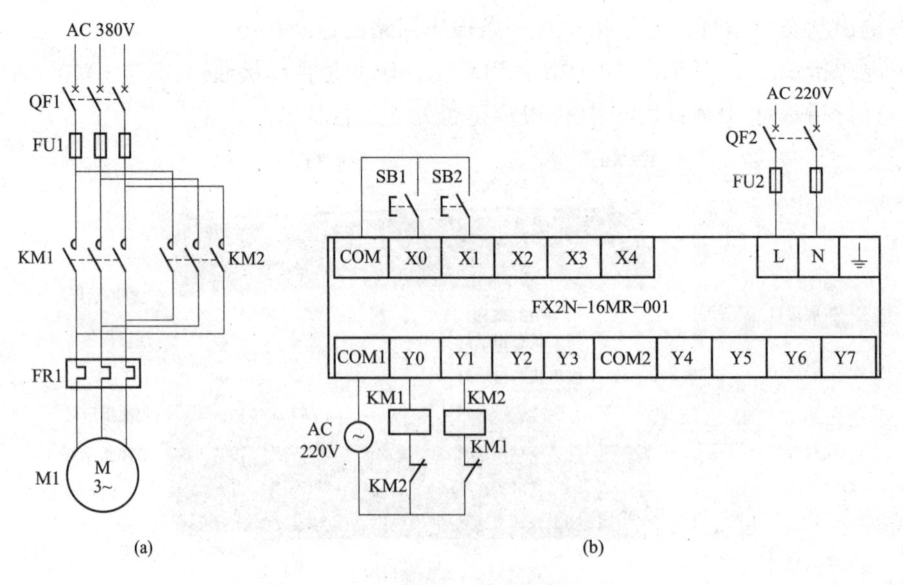

图 1-6　FX 系列 PLC 外部接线示例

（a）主电路；（b）控制电路

（2）三菱 FX 系列 PLC 扩展方式认识。当 FX 系列 PLC 的基本单元因为输入/输出点数不足或其他方面满足不了控制要求时，可以连接扩展单元、扩展模块以及各种特殊功能模块，它们的高度和厚度相同，长度不同，可以安装在标准 35mm DIN 导轨上，彼此间通过扁平扩展电缆连接。

图 1-7 所示为 FX 系列 PLC 系统扩展方式示例，其中基本单元型号为 FX1N-60MR，它连接了一个型号为 FX0N-232ADP 的特殊功能模块（通信模块）、一个型号为 FX0N-40ER 的 I/O 扩展单元、一个型号为 FX0N-16EX 的输入扩展模块和一个型号为 FX0N-8EYR 的输出扩展单元。

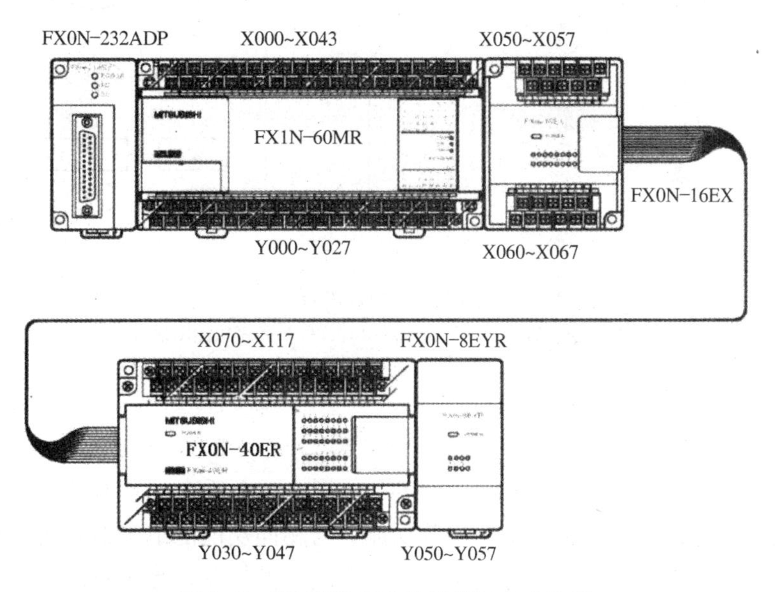

图 1-7　FX 系列 PLC 系统扩展方式示例

4. 三菱 FX 系列 PLC 的编程软件和编程语言认识

（1）编程设备和编程软件认识。PLC 编程器是实现人与 PLC 联系和对话的重要外部设备，用户不仅可以利用编程器进行编程调试，而且还可以对 PLC 的工作状态进行监控、诊断和参数设定等。三菱 FX 系列 PLC 编程设备主要有两种：一种是 FX-20P-E 型手持式编程器，现已基本淘汰不用；另一种是计算机（安装编程软件），如图 1-8 所示。

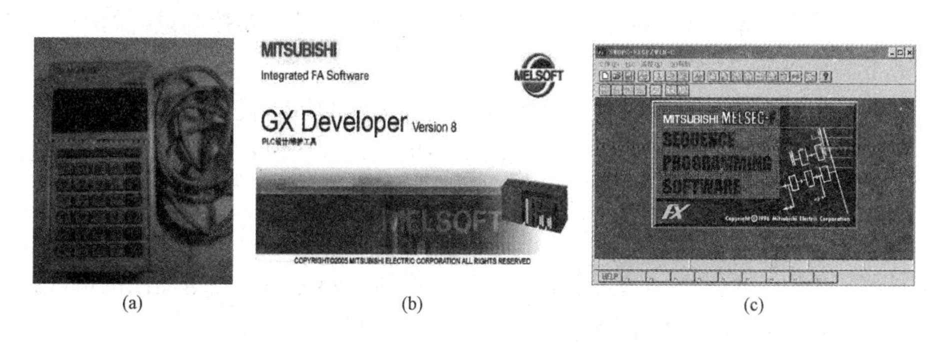

图 1-8　FX 系列 PLC 编程设备和软件

（a）手持编程器；（b）GPP 编程软件；（c）FXGP-WIN/C 编程软件

（2）编程语言认识。PLC编程语言常见的主要有梯形图、指令表和顺序功能图三种，如图1-9所示。另外还有逻辑块图语言和结构文本等编程语言，但应用相对较少。

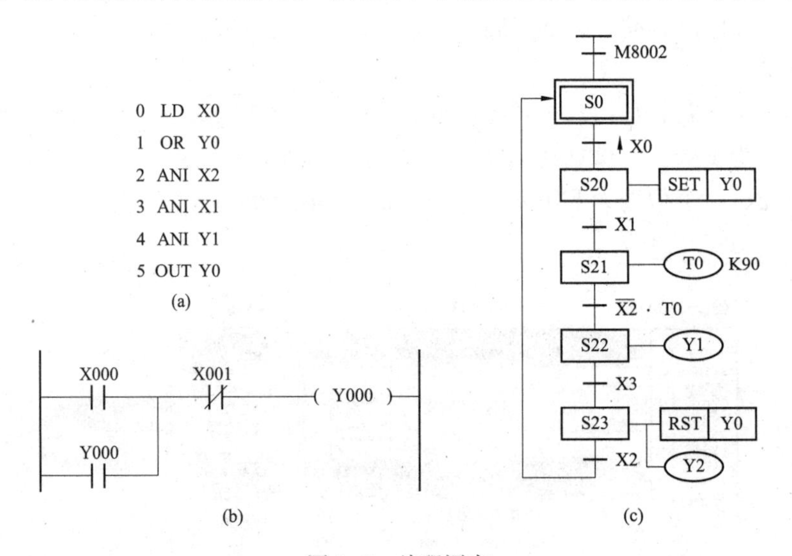

图1-9　编程语言

（a）指令表语言；（b）梯形图语言；（c）顺序功能图语言

1.1.4　思考与拓展

1. PLC的特点

（1）功能完善，性价比高。一台小型PLC内有成百上千个可供用户使用的编程元件，具有很强的功能，可以实现非常复杂的控制功能。与相同功能的继电器相比，具有很高的性能价格比。可编程序控制器可以通过通信联网，实现分散控制，集中管理。

（2）硬件配套齐全，用户使用方便，适应性强。可编程序控制器产品已经标准化、系列化、模块化，配备有品种齐全的各种硬件装置供用户选用。用户能灵活方便地进行系统配置，组成不同功能、不同规模的系统。可编程序控制器的安装接线也很方便，一般用接线端子连接外部设备。

（3）可靠性高，抗干扰能力强。传统的继电器控制系统中使用了大量的中间继电器和时间继电器。由于触点接触不良，容易出现故障，PLC用软件代替大量的中间继电器和时间继电器，仅剩下与输入和输出有关的少量硬件，接线可减少为继电器控制系统的1/10~1/100，因触点接触不良造成的故障大为减少。

PLC采取了一系列硬件和软件抗干扰措施，具有很强的抗干扰能力，平均无故障时间达到数万小时以上，可以直接用于有强烈干扰的工业生产现场，PLC已被广大用户公认为最可靠的工业控制设备之一。

（4）编程方便，易于掌握。梯形图是使用最多的编程语言，其电路符号和表达方式与继电器电路原理图相似，梯形图语言形象直观，易学易懂，熟悉继电器电路图的电气技术人员只要花几天时间就可以熟悉掌握梯形图语言，并用来编制用户程序。

梯形图语言实际上是一种面向用户的一种高级语言，可编程序控制器在执行梯形图的程序时，用解释程序将它“翻译”成汇编语言后再去执行。

(5) 系统的设计、安装、调试工作量少。PLC 用软件功能取代了继电器控制系统中大量的中间继电器、时间继电器和计数器等器件，使控制柜的设计、安装、接线工作量大大减少。

PLC 的梯形图程序一般采用顺序控制设计方法。这种编程方法很有规律，并容易掌握。对于复杂的控制系统，梯形图的设计时间比设计继电器系统电路图的时间要少得多。

PLC 的用户程序可以在实验室模拟调试，输入信号用小开关来模拟，通过 PLC 上的发光二极管可观察输出信号的状态。完成了系统的安装和接线后，在现场的统调过程中发现的问题一般通过修改程序就可以解决，系统的调试时间比继电器系统少得多。

(6) 接口简单，维修方便。可编程序控制器可直接与现场强电设备相连接，接口电路模块化。可以构成网路，减少继电器接点。

PLC 的故障率很低，且有完善的自诊断和显示功能。PLC 或外部的输入装置和执行机构发生故障时，可以根据 PLC 上的发光二极管或编程器提供的信息迅速的查明故障的原因，用更换模块的方法可以迅速地排除故障。

(7) 体积小，能耗低。对于复杂的控制系统，使用 PLC 后，可以减少大量的中间继电器和时间继电器，小型 PLC 的体积相当于几个继电器大小，因此可将开关柜的体积缩小到原来的确 $1/10 \sim \frac{1}{2}$。

PLC 的配线比继电器控制系统的配线要少得多，故可以省下大量的配线和附件，减少大量的安装接线工时，同时减少大量费用。

2. PLC 的分类

PLC 的 I/O 接口所能接受的输入信号个数和输出信号个数称为 PLC 输入/输出（I/O）点数，PLC 根据输入输出点数的多少可以分为超小型、小型、中型、大型、超大型 PLC 五类；根据结构可以分为整体式和模块式两类。整体式 PLC 的电源部件、CPU、存储器、输入/输出接口、扩展接口、外设接口等整合在一起；模块式 PLC 的电源模块、CPU 模块、输入或输出模块可以根据被控对象灵活配置，CPU 模块上有通信端口与编程设备等进行通信，也可用专门的通信模块，如图 1-10 所示。

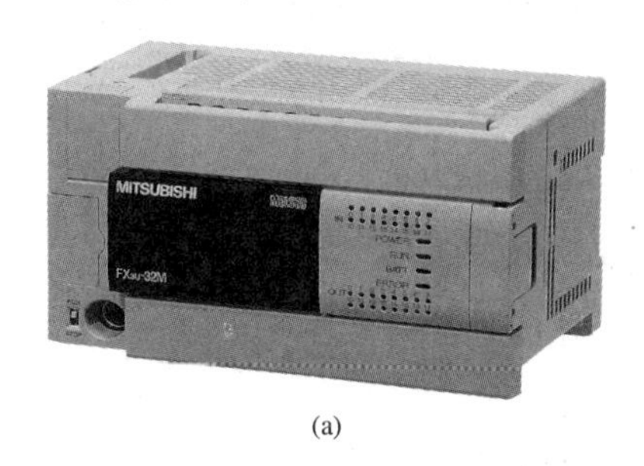

(a)

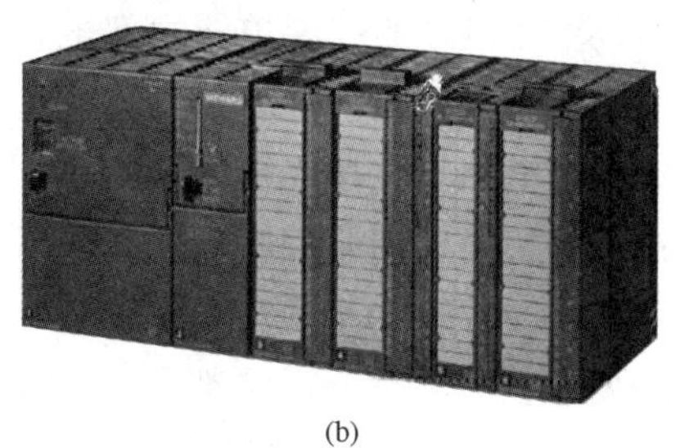

(b)

图 1-10　整体式和模块式 PLC

(a) 整体式 PLC；(b) 模块式 PLC

3. PLC 的应用范围

可编程序控制器自问世以来发展极为迅速。在工业控制方面正逐步取代传统的继电器控制系统，成为现代工业自动化生产的三大支柱之一。

(1) 顺序逻辑控制。顺序逻辑控制是PLC最基本、最广泛的应用领域，它正逐步取代传统的继电器控制。

(2) 运动控制。PLC和计算机数控（CNC）设备集成在一起，可以完成机床的运动控制。

(3) 定时和计数控制。定时和计数精度高，设置灵活，且高精度的时钟脉冲可用于准确的实时控制。

(4) 模拟量控制。PLC能完成数模转换或者模数转换，控制大量的物理参数，例如，温度、压力、速度和流量等。

(5) 数据处理。PLC具备数据运算、逻辑运算、比较传送及转换等数据处理功能。

(6) 通信和联网。PLC与PLC之间、PLC与上级计算机之间、PLC与人机界面之间或PLC与智能装置之间通过信道连接起来，实现通信，以构成功能更强、性能更好、信息流畅的控制系统。因此，PLC有很强的通信和联网功能。

巩 固 练 习

一、选择题

1. 不属于PLC的外部输入设备的是（　　）。

A. 按钮　　B. 限位开关　　C. 指示灯

2. 不属于PLC的外部输出设备的是（　　）。

A. 指示灯　　B. 接触器线圈　　C. 继电器触点

3. PLC说明书中提到的PLC存储器容量一般指的就是（　　）存储器的容量。

A. 系统程序　　B. 用户程序

4. （　　）只能驱动直流负载。

A. FX2N-48MR-001　　B. FX2N-32MS　　C. FX2N-48MT

二、判断题

1. PLC的RAM存储器在失电状态下可以保存数据。（　　）

2. 三菱FX系列PLC的扩展单元内部也有CPU。（　　）

3. 三菱FX系列PLC属于整体式PLC。（　　）

4. PLC的软继电器是由存储器的“0”“1”二进制位等效出来的。（　　）

5. PLC在每个扫描周期的程序执行阶段可以改写输入映像寄存器的值。（　　）

三、简答题

1. PLC主要包括哪几部分，各部分的作用是什么？

2. PLC的“软”继电器和实际的继电器有什么区别？

3. PLC的工作方式是什么？

4. PLC按照结构形式可以分为哪两类，它们有什么区别？

5. 说明下列PLC的型号含义：

FX2N-32MR、FX2N-32ER、FX1N-40MT、FX2N-8EYR。

6. 三菱FX系列PLC外部接线主要包括哪几部分？

7. FX 系列 PLC 的扩展单元和扩展模块有什么区别和相同点？

8. FX 系列 PLC 有哪几种常用的编程语言？

任务2 指示灯的PLC控制

1.2.1 任务概述

用开关 SA1 和 SA2 控制三个指示灯 HL1、HL2 和 HL3，用三菱 FX 系列 PLC 实现以下控制要求：

（1）开关 SA1 和 SA2 都闭合时，指示灯 HL1 才点亮。

（2）开关 SA1 闭合且 SA2 断开时，指示灯 HL2 才点亮。

（3）开关 SA1 和 SA2 只要有一个闭合，指示灯 HL3 就点亮。

1.2.2 任务资讯

1. 输入继电器 X 和开关量输入接口

（1）输入继电器 X。PLC 每一个输入端子对应一个输入继电器，它是 PLC 接受外部输入设备输入信号的窗口。PLC 通过输入接口将外部输入信号状态（接通时为“1”，断开时为“0”）读入并存储在输入映像寄存器中。

如图 1-11 所示，当按下按钮 SB1 时，外部输入信号通过输入端子进入 PLC 输入电路，使得输入继电器 X0 的线圈得电，在内部程序中 X0 的动合触点闭合，动断触点断开；当松开按钮时，线圈失电，动合触点断开，动断触点闭合。

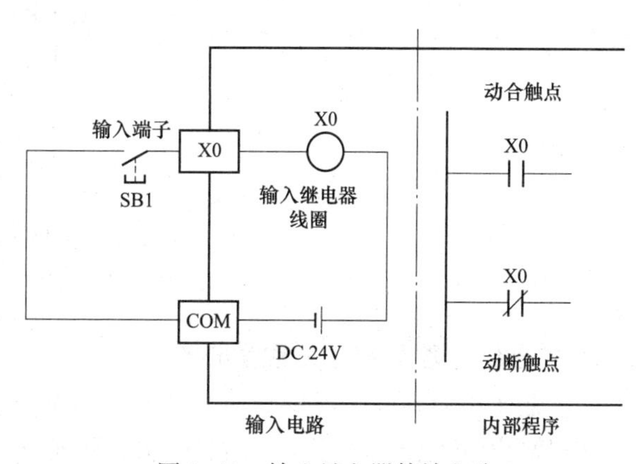

图 1-11 输入继电器等效电路

输入继电器必须由外部输入信号驱动，不能用程序驱动，所以在程序中不可能出现其线圈。由于输入继电器（X）为输入映像寄存器中的状态，所以其触点的使用次数不限。

FX 系列 PLC 的输入继电器以八进制进行编号，FX2N 系列 PLC 输入继电器的编号范围为 X000~X267（184 点）。其中，基本单元输入继电器的编号是固定的，扩展单元和扩展模块是按与基本单元最靠近处顺序进行编号。例如，基本单元 FX2N-48M 的输入继电器编号为 X000~X027（24 点），如果接有扩展单元或扩展模块，则扩展的输入继电器从 X030 开始编号。基本单元 FX2N-64M 的输入继电器编号为 X000~X037（32 点），如果接有扩展单元或扩展模块，则扩展的输入继电器从 X040 开始编号。

（2）开关量输入接口电路。常用的开关量输入接口按其使用的电源有交流和直流两种，使用直流电源时又可以分为内置直流电源和外置直流电源两种。例如，FX 系列 PLC 输入回路采用的是内置 24V 直流电源，而有的 PLC 可以采用外置的 24V 直流电源或交流电源，如图 1-12 所示。西门子 S7-200 PLC 既可以采用外置的 24V 直流电源，也可以采用内置的 24V 直流电源。

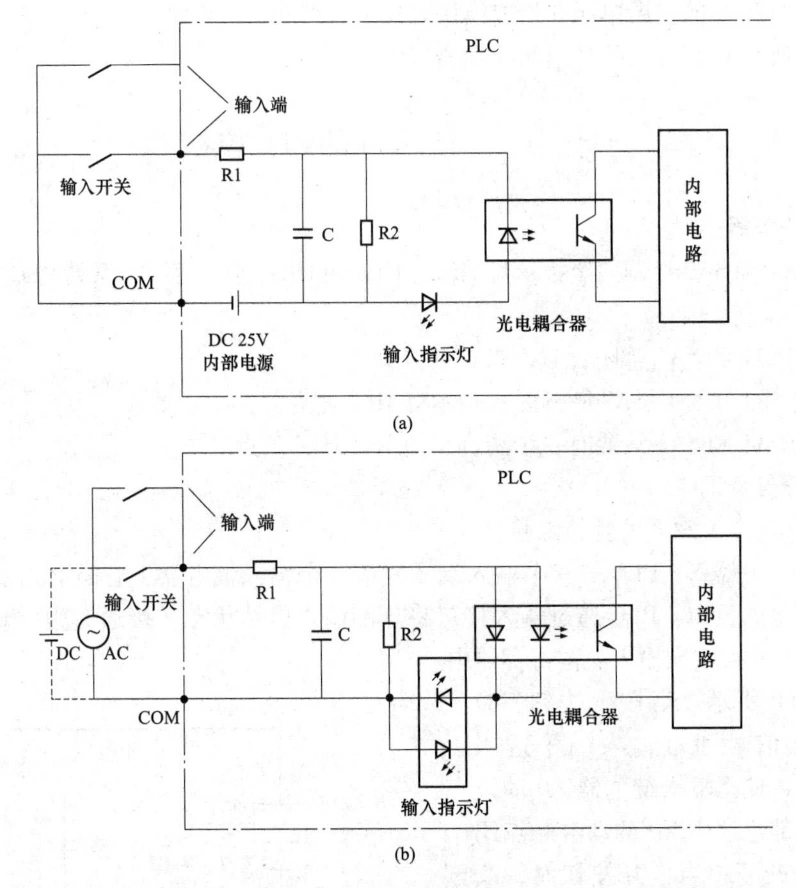

图 1-12 常用的输入接口形式

（a）电源内置的开关量输入接口；（b）电源外置的开关量输入接口

2. 输出继电器 Y 和开关量输出接口

（1）输出继电器 Y。PLC 的输出继电器是 PLC 驱动外部输出设备的窗口。当 PLC 内部程序使得输出继电器的线圈接通时，一方面该输出继电器程序内部的动合触点和动断触点分别闭合、断开（输出继电器的内部触点使用次数不受限制），另一方面在输出等效电路中与该输出继电器对应的唯一的一个动合触点（不一定是继电器的机械触点）闭合，通过输出端子接通外部输出设备，如图 1-13 所示。

FX 系列 PLC 的输出继电器也是八进制编号其中 FX2N 编号范围为 Y000～Y267（184 点）。与输入继电器一样，基本单元的输出继电器编号是固定的，扩展单元和扩展模块的编号按与基本单元最靠近处顺序进行编号。例如，基本单元 FX2N-48M 的输出继电器编号为 Y000～Y027（24 点），如果接有扩展单元或扩展模块，则扩展的输出继电器从 Y030 开始编号。基本单元 FX2N-64M 的输出继电器编号为 Y000～Y037（32 点），如果接有扩展单元或扩展模块，则扩展的输出继电器从 Y040 开始编号。

（2）开关量输出接口电路。常用的开关量输出接口按输出开关器件不同有三种类型，分别是继电器输出、晶体管输出和双向晶闸管输出，其基本原理电路如图 1-14 所示。

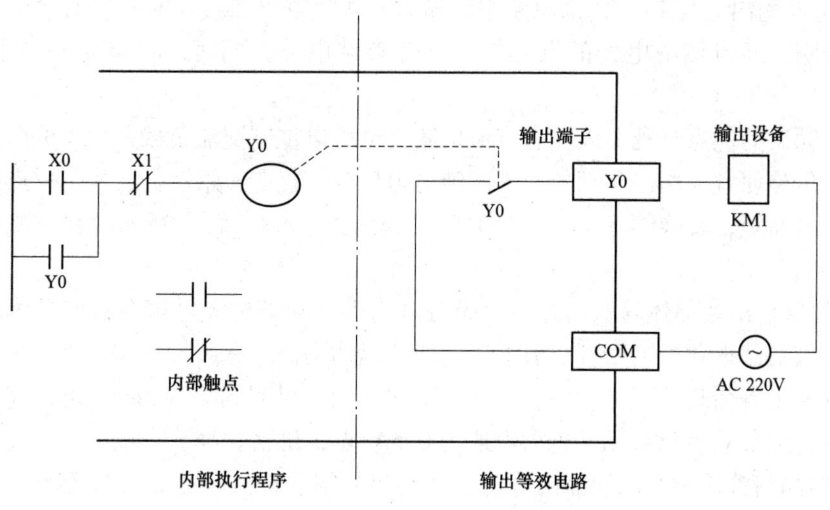

图 1-13 输出继电器等效电路

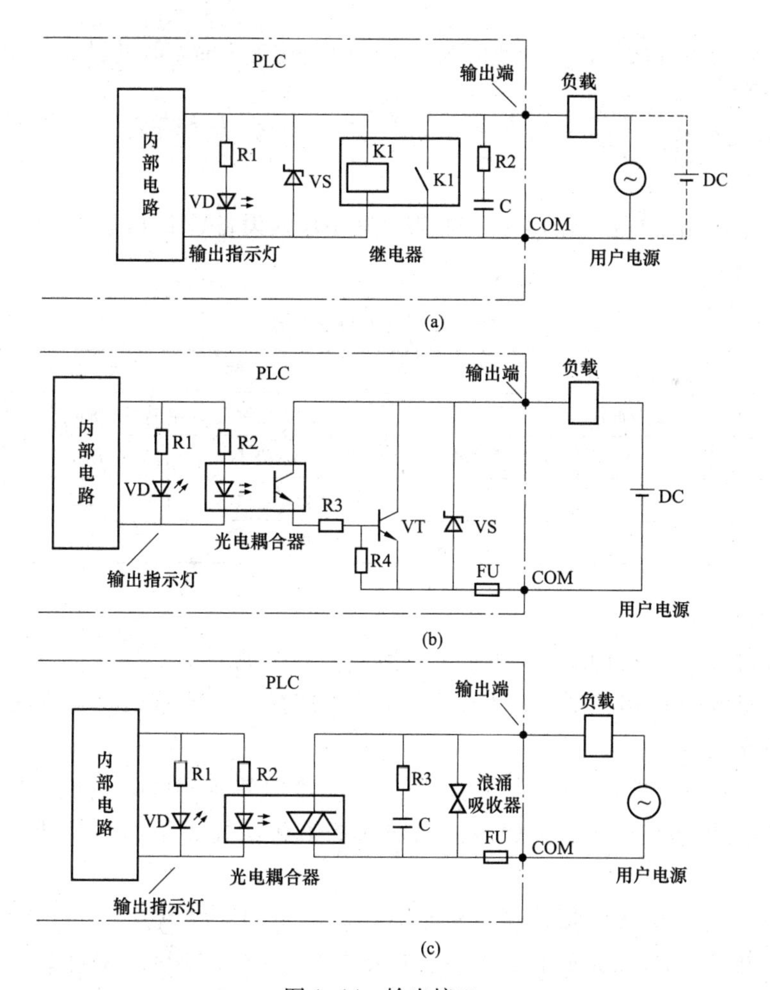

图 1-14 输出接口

(a) 继电器输出接口；(b) 晶体管输出接口；(c) 晶闸管输出接口

1）继电器输出。当PLC内部电路中的输出“软”继电器接通时，接通输出电路中的固态继电器线圈，通过该继电器的触点接通外部负载电路，同时，相应的LED状态指示灯点亮。

继电器输出的优点是既可以控制直流负载，也可以控制交流负载；耐受电压范围宽，导通压降小，价格便宜；输出驱动能力强，纯电阻负载2A/点，感性负载80VA/点以下。缺点是机械触点寿命短，转换频率低，响应时间长，约为10ms，触点断开时有电弧产生，容易产生干扰。

2）晶体管输出。晶体管输出是一种无触点输出，它通过光电耦合器使晶体管饱和或截止以控制外部负载电路的通断，也有LED输出状态指示灯。

晶体管输出寿命长，可靠性高，频率响应快，响应时间约为0.2ms，可以高速通断，但是只能驱动直流负载，负载驱动能力一般为0.5A/点，价格较高。

3）双向晶闸管输出。双向晶闸管输出（也叫晶闸管输出）也是一种无触点输出，它通过光电耦合器使双向晶闸管导通或关断以控制外部负载电路的通断，相应的输出点配有LED状态指示灯。

双向晶闸管输出寿命长，响应速度快，响应时间约为1ms，但是只能驱动交流负载，负载驱动能力较差。

1.2.3 任务实施

1. I/O分配

表1-1所示为指示灯控制的I/O分配表，其中输入设备是2个开关（动合触点），输出设备是3个指示灯。

表1-1　　指示灯控制I/O分配表

输入设备			输出设备		
设备名称	文字符号	输入地址	设备名称	文字符号	输出地址
开关1	SA1	X0	指示灯1	HL1	Y0
开关2	SA2	X1	指示灯2	HL2	Y1
			指示灯3	HL3	Y2

2. 硬件接线

PLC的外部接线除了主电路以外主要包括PLC的电源回路、输入回路和输出回路三部分。假设本任务选择的PLC型号是FX2N-48MR，在接线之前首先要弄清该PLC接线端子的排列以及端子功能。

（1）FX2N-48MR端子排列认识。图1-15所示为FX2N-48MR的端子排列图，可以看出PLC上下各两排接线端子，上面两排以输入端子X为主，下面两排端子以输出端子Y为主。

上面两排的端子L、N、接地端用来连接PLC本身的工作电源，一般选择交流220V电源。上面第一排的COM端是所有输入端子的公共端。端子“24+”引自PLC内部24V直流电源的正极，可以为传感器一类的有源输入设备提供工作电源。标有黑色原点的接线端子是空端子，不能接线。

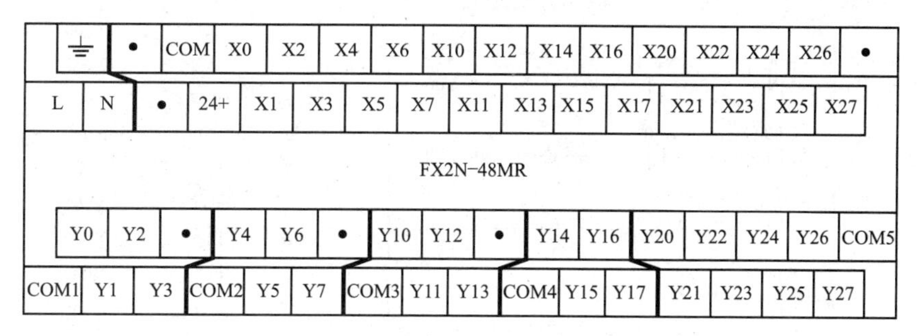

图 1-15 FX2N-48MR 端子排列图

下面两排的输出端子分成相互隔离的 5 组，公共端分别是 COM1～COM5。同一组输出必须用同一电压类型和等级的电源，不同的组采用的电源电压类型和等级可以不同。例如，Y0～Y3 的公共端是 COM1，这一组使用的电源电压可以是 AC 220V；Y4～Y7 的公共端是 COM2，这一组使用的电源电压可以是 DC 24V。

（2）按图接线。

如图 1-16 所示为指示灯控制的电气原理图，PLC 的输入回路电源由 PLC 内部提供，PLC 的输出回路电源与 PLC 本身工作电源共用一个交流 220V 电源。图 1-17 所示为电动机点动控制的电器元件布置图，请根据电气原理图将电器元件连接起来。

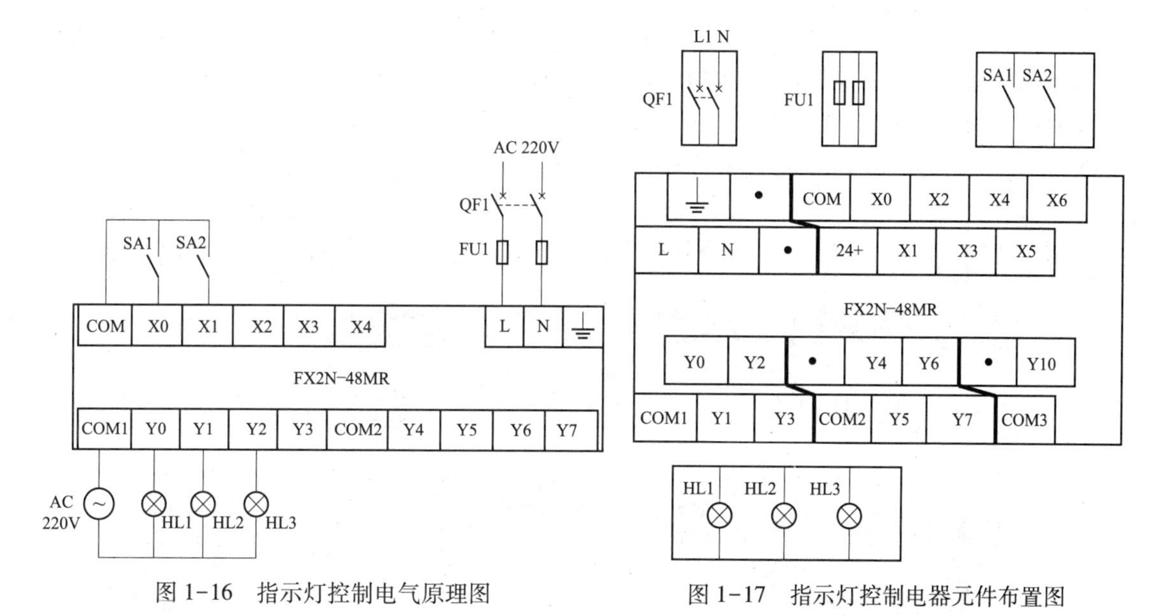

图 1-16 指示灯控制电气原理图

图 1-17 指示灯控制电器元件布置图

3. 程序设计

PLC 程序如图 1-18 所示，左边是梯形图程序，右边是指令表程序。很明显，梯形图程序要比指令表程序直观得多，所以 PLC 编程通常都使用梯形图程序语言。

梯形图程序分为 3 段，原理如下：

（1）第 1 段程序（0~2 步）：开关 SA1 和 SA2 都闭合时，X000 和 X001 都得电，它们的动合触点都闭合，Y000 才接通，指示灯 HL1 才点亮，体现了“与”的开关量逻辑关系。

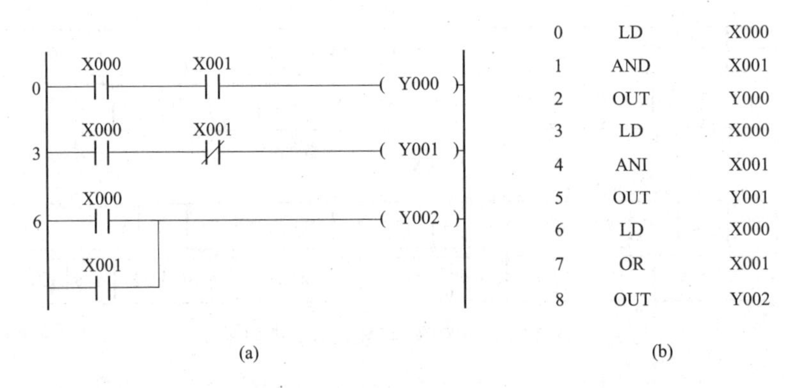

图 1-18　指示灯控制的梯形图程序和指令表程序

（a）梯形图；（b）指令表

（2）第 2 段程序（3~5 步）：开关 SA1 闭合且 SA2 断开时，X000 得电，其动合触点闭合；X001 不得电，其动断触点闭合，所以 Y1 接通，指示灯 HL2 点亮，体现了“与非”的开关量逻辑关系。

（3）第 3 段程序（6~8 步）：开关 SA1 和 SA2 只要有一个闭合，X000 或 X001 就得电，其动合触点闭合使得 Y001 接通，指示灯 HL3 点亮，体现了“或”的开关量逻辑关系。

4. 程序编辑调试

程序设计完成后，还需要用编程软件将其写入到 PLC 内部才能运行，三菱 FX 系列 PLC 可以使用的编程软件有 SWOPC-FXGP/WIN-C、GX Developer 和 GX Works 三种，后两种可以针对所有的三菱 PLC 编程，第一种只能针对 FX 系列 PLC 编程。下面以 SWOPC-FXGP/WIN-C 编程软件的使用为例介绍程序编辑调试的方法。

（1）在软件中选择 PLC 型号。打开 SWOPC-FXGP/WIN-C 编程软件后，可以通过文件下拉菜单或工具栏的“新文件”命令新建文件，首先要选择 PLC 类型，如图 1-19 所示。

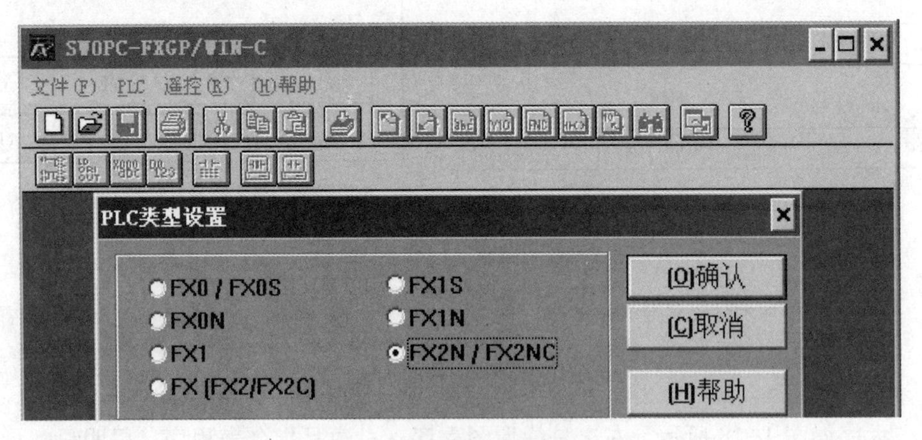

图 1-19　选择 PLC 类型

（2）编辑梯形图程序并编译。单击方便窗口中相应的编程元件，将会显示“输入元件”对话框，在对话框中输入编程元件的地址，单击“确认”键即可完成编程元件的输入，如图 1-20 所示。在梯形图窗口中输入如图 1-18 所示的梯形图，编辑完成后按 F4 进行编译转化。

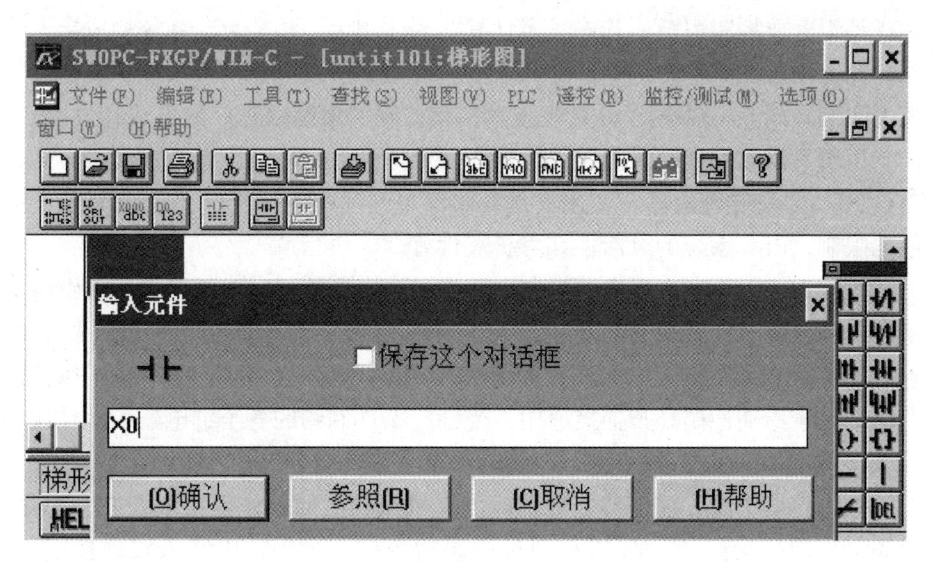

图 1-20 输入编程元件

梯形图编译转化完成后，单击“视图”菜单的“指令表”可以查看与梯形图对应的指令表。指令表可以分成步序号、指令助记符和操作数三部分，有的指令没有操作数，例如，END 结束指令。

(3) 程序传送。将 PLC 的工作模式切换到停止模式，然后通过 PLC 下拉菜单的“传送”命令可以实现程序的“读入”“写出”和“核对”，如图 1-21 所示。选择“写出”即可将程序传入 PLC，在传送前可以指定传送的步序范围以缩短传送时间。

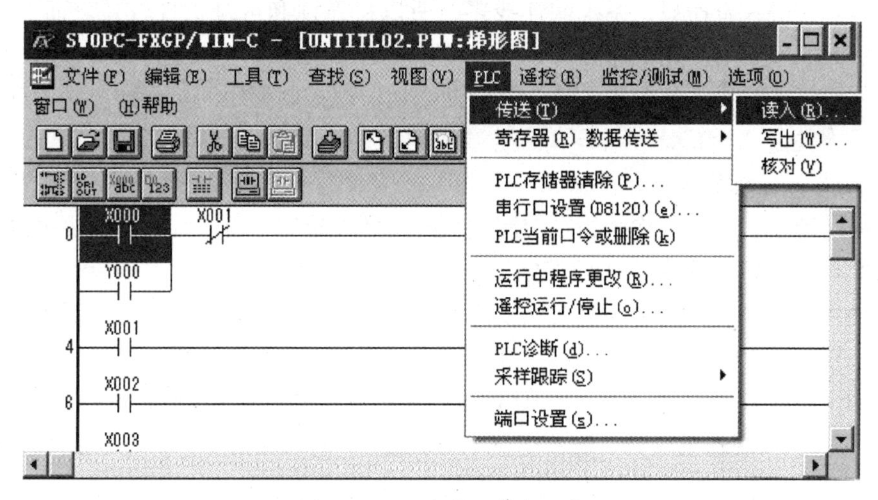

图 1-21 程序的上传与下载

(4) 运行调试。程序传送完毕后，将 PLC 的工作模式切换到运行模式就可以调试运行。通过监控/测试下拉菜单的“开始监控”命令可以实现程序的在线监控。

1.2.4 思考与拓展

1. PLC 控制系统与传统继电器控制系统的区别

(1) 从控制方法上看，继电器控制系统控制逻辑采用硬件接线，利用继电器机械触点的串联或并联等组合成控制逻辑，其连线多且复杂、体积大、功耗大，系统构成后，想再改变或增加功能较为困难。另外，继电器的触点数量有限，所以电器控制系统的灵活性和可扩展性受到很大限制。而 PLC 采用了计算机技术，其控制逻辑是以程序的方式存放在存储器中，要改变控制逻辑只需改变程序，因而很容易改变或增加系统功能。系统连线少、体积小、功耗小，而且 PLC 的“软继电器”实质上是存储器单元的状态，所以“软继电器”的触点数使用次数无限制，PLC 系统的灵活性和可扩展性好。

（2）从工作方式上看，在继电器控制电路中，当电源接通时，电路中所有继电器都处于受制约状态，即该吸合的继电器都同时吸合，不该吸合的继电器受某种条件限制而不能吸合，这种工作方式称为并行工作方式。而 PLC 的用户程序是按一定顺序循环执行的，所以各软继电器都处于周期性循环扫描接通中，受同一条件制约的各个继电器的动作次序决定于程序扫描顺序，这种工作方式称为串行工作方式。

（3）从控制速度上看，继电器控制系统依靠机械触点的动作以实现控制，工作效率低，机械触点还会出现抖动问题。而 PLC 通过程序指令控制半导体电路来实现控制，速度快，程序指令执行时间在微秒级，且不会出现触点抖动问题。

（4）从定时和计数控制上看，电器控制系统采用时间继电器的延时动作进行时间控制，时间继电器的延时时间易受环境温度和湿度变化的影响，定时精度不高。而 PLC 采用半导体集成电路作定时器，时钟脉冲由晶体振荡器产生，精度高，定时范围宽。用户可根据需要在程序中设定定时值，修改方便，不受环境的影响，且 PLC 具有计数功能，而继电器控制系统一般不具备计数功能。

（5）从可靠性和可维护性上看，由于继电器控制系统使用了大量的机械触点，存在机械磨损、电弧烧伤等，寿命短，系统的连线多，所以可靠性和可维护性较差。而 PLC 大量的开关动作由无触点的半导体电路完成，其寿命长、可靠性高，PLC 还具有自诊断功能，能查出自身的故障，随时显示给操作人员，并能动态地监视控制程序的执行情况，为现场调试和维护提供了方便。

2. PLC 与计算机的区别

（1）应用范围。计算机除了用在控制领域外，还大量用于科学计算、数据处理、计算机通信等方面。而 PLC 主要用于工业控制。

（2）使用环境。计算机对环境要求较高，一般要在干扰小、具有一定的温度和湿度要求的机房内使用。而 PLC 适应于工程现场的环境。

（3）输入/输出。计算机系统的 I/O 设备与主机之间采用微电联系，一般不需要电气隔离。而 PLC 一般控制强电设备，需要电气隔离，输入/输出均用“光—电”耦合，输出还采用继电器、晶闸管或大功率晶体管进行功率放大。

（4）程序设计。计算机具有丰富的程序设计语言，例如，汇编语言、FORTRAN 语言、COBOL 语言、PASCAL 语言、C 语言等，其语句多，语法关系复杂，要求使用者必须具有一定水平的计算机硬件和软件知识。而 PLC 提供给用户的编程语句数量少，逻辑简单，易于学习和掌握。

（5）系统功能。计算机系统一般配有较强的系统软件，例如，操作系统，能进行设备管理、文件管理、存储器管理等。它还配有许多应用软件，以方便用户。而 PLC 一般只有简

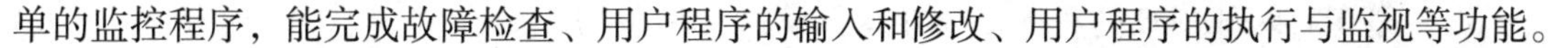

单的监控程序，能完成故障检查、用户程序的输入和修改、用户程序的执行与监视等功能。

(6) 运算速度和存储容量。计算机运算速度快，一般为微秒级。因有大量的系统软件和应用软件，故存储容量大。而 PLC 因接口的响应速度慢而影响数据处理速度。PLC 的指令少，编程也简短，故内存容量小。

(7) 价格。计算机是通用机，功能完善，故价格较高。而 PLC 是专用机，功能较少，其价格是微机的十分之一左右。

3. PLC 选择输入/输出设备的方法

(1) 输入设备的选择。PLC 输入设备可以分为开关量和模拟量两种：前者常见的主要有按钮、选择开关、限位开关和热继电器的触点等，一个开关量输入设备分配一个输入点（即 1 个二进制位）；后者常见的主要有温度传感器、压力传感器、速度传感器等，一个模拟量输入设备分配一个输入通道（一般为 1 个字）。

(2) 输出设备的选择。PLC 输入设备也可以分为开关量和模拟量两种：前者常见的主要有接触器的线圈、继电器的线圈、电磁阀的线圈、指示灯和蜂鸣器等，一个开关量输出设备分配一个输出点（即 1 个二进制位）；后者常见的主要有电动阀门等，一个模拟量输入设备分配一个输入通道（一般为 1 个字）。

需要注意的是，有一些输出设备虽然属于开关量输出设备，但是需要用高速脉冲输出信号来驱动，例如，步进电动机驱动器的脉冲输入端等。对于此类输出设备，在选择 PLC 时应选择晶体管输出的 PLC 基本单元或者相应的特殊功能模块。

巩 固 练 习

一、选择题

1. 三菱 FX 系列 PLC 的输入回路采用（　　）电源。

A. 内置 DC 24V　　B. 外置 DC 24V　　C. 内置 AC 220V　　D. 外置 AC 220V

2. 下面（　　）地址是错误的。

A. X0　　B. X10　　C. X8　　D. X20

3. PLC 中输入回路与内部电路采用（　　）隔离。

A. 光电耦合器件　　B. 继电器　　C. 机械　　D. 双向可控硅

4. 下面（　　）不能作为 PLC 的输出设备。

A. 接触器线圈　　B. 指示灯　　C. 蜂鸣器　　D. 限位开关

5. 下面（　　）不能作为 PLC 的输入设备。

A. 按钮　　B. 限位　　C. 转换开关　　D. 指示灯

二、判断题

1. 输入继电器 X 的线圈可以出现在程序中。（　　）

2. 输入继电器 X 和输出继电器 Y 在程序中触点使用的次数没有限制。（　　）

3. PLC 每个输入和输出点都有相应的状态指示灯。（　　）

4. PLC 的输出元件有继电器、晶体管、双向晶闸管三种类型，它们的主要区别是速度不同，输出容量不一，但使用的电源性质没有区别。（　　）

5. 三菱 FX 系列 PLC 的程序需要在运行模式下写入 PLC。 (　　)

三、问答题

1. 简述 PLC 控制系统与传统继电器控制系统和计算机的区别和联系。

2. 简述三菱 FX 系列 PLC 编程软件的使用步骤。

3. 简述 PLC 选择输入/输出设备的方法。

四、设计题

1. 按照图 1-22（a）时序图所示的功能设计相应的梯形图。

2. 按照图 1-22（b）时序图所示的功能设计相应的梯形图。

3. 按照图 1-22（c）时序图所示的功能设计相应的梯形图。

4. 开关 SA1 和 SA2 都闭合或都断开时指示灯 HL1 才亮。开关 SA1 和 SA2 均用动合触点连接输入端子，请分配 I/O 并设计梯形图程序。

5. 开关 SA1 和 SA2 状态相反时指示灯 HL1 才亮。开关 SA1 和 SA2 均用动合触点连接输入端子，请分配 I/O 并设计梯形图程序。

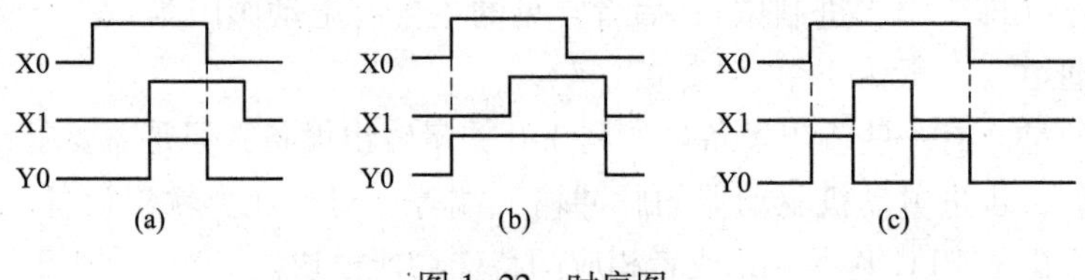

图 1-22　时序图

6. 根据下面的真值表设计相应的梯形图程序。

X0	X1	X2	Y0
0	0	1	1
0	1	0	1
1	0	0	1

三菱 FX 系列 PLC 基本指令应用

任务1　电动机长动的 PLC 控制

2.1.1　任务概述

图 2-1 所示为电动机长动的主电路和继电器控制电路。按下启动按钮 SB1，接触器 KM1 得电并通过并联在启动按钮 SB1 一侧的辅助动合触点实现自锁，三相异步电动机 M1 连续运行；按下停止按钮 SB2，接触器 KM1 失电，电动机 M1 停止运行。本任务要求通过 FX 系列 PLC 来实现电机的长动控制，有过载保护。

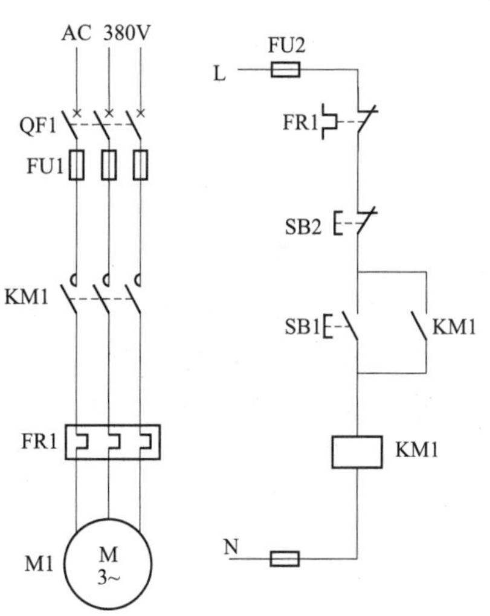

图 2-1　电动机长动主电路和继电器控制电路

2.1.2　任务资讯

1. LD、LDI、OUT 指令使用方法

(1) LD：取指令，用于动合触点与左母线的连接，表示动合触点逻辑运算的开始。

(2) LDI：取反指令，用于动断触点与左母线的连接，表示动断触点逻辑运算的开始。

(3) OUT：输出指令，驱动线圈的输出，将运算结果输出到指定的继电器。在梯形图中线圈可以并联但不能串联，因此 OUT 指令可以连续使用。

LD、LDI、OUT 指令使用示例如图 2-2 所示，很明显，梯形图这种编程语言相对于语句表编程语言要直观形象得多，而且不需要记忆指令助记符。另外，这两种编程语言是可以通过编程软件来回切换的。

注意：OUT 指令的操作元件不能是输入继电器 X，因为输入继电器 X 的通断只能由对应的 PLC 外部输入回路的通断来决定。

2. AND/ANI 指令使用方法

(1) AND：与指令，表示单个动合触点的串联。

(2) ANI：与非指令，用于单个动断触点的串联。

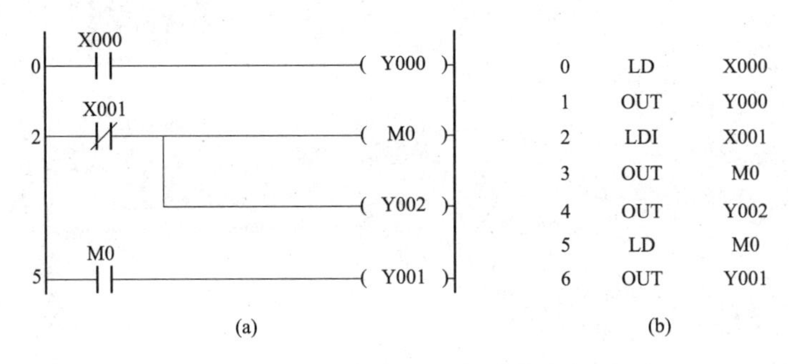

图 2-2　LD、LDI、OUT 指令使用方法

（a）梯形图；（b）语句表

AND 和 ANI 只能用于单个触点的串联，使用示例如图 2-3 所示。

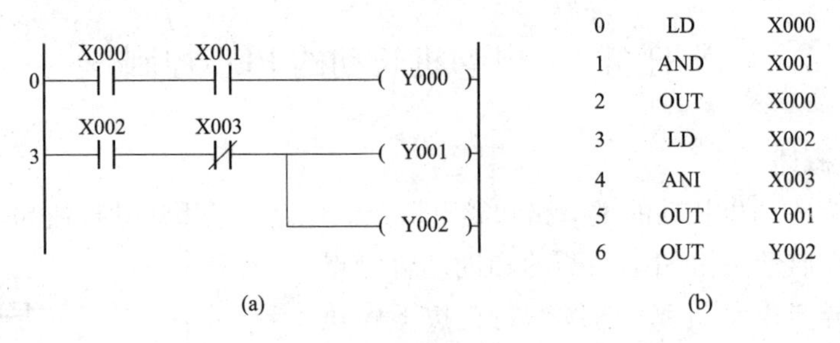

图 2-3　AND、ANDI 指令使用方法

（a）梯形图；（b）指令表

3. OR/ORI 指令使用方法

(1) OR：或指令，用于单个动合触点的并联。

(2) ORI：或非指令，用于单个动断触点的并联。

使用说明：OR 和 ORI 只能用于单个触点的并联，使用示例如图 2-4 所示。

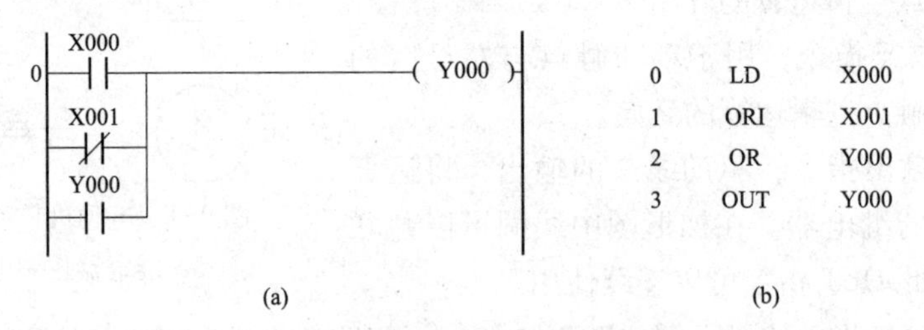

图 2-4　OR 和 ORI 指令使用方法

（a）梯形图；（b）语句表

4. 置位复位指令 SET/RST

(1) SET：置位指令，使 X、Y、M、S 等软元件的线圈接通并保持。

(2) RST：复位指令，使 X、Y、M、S 等软元件的线圈复位断开，另外，也可以将数据寄存器 D 等软元件的内容清零。

SET/RST 指令一般成对使用，如图 2-5 所示。

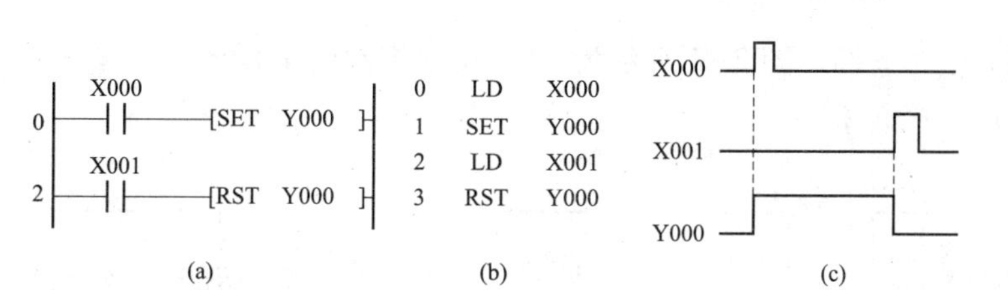

图 2-5　SET、RST 指令的使用示例

（a）梯形图；（b）语句表；（c）时序图

5. 结束指令 END

END 表示程序结束，返回起始地址，没有操作元件。

2.1.3　任务实施

1. I/O 分配

本任务中，输入设备有启动按钮 SB1、停止按钮 SB2 和热继电器 FR1 的动合触点，输出设备只有接触器 KM1 的线圈，它们的输入/输出点分配见表 2-1。

表 2-1　电动机长动控制 I/O 分配表

输入设备			输出设备		
设备名称	文字符号	输入地址	设备名称	文字符号	输出地址
启动按钮	SB1	X0	接触器线圈	KM1	Y0
停止按钮	SB2	X1			
热继电器	FR1	X2			

2. 硬件接线

（1）电气原理图。

图 2-6 所示为 PLC 长动控制的电气原理图，PLC 的输入回路电源由 PLC 内部提供，PLC 的输出回路电源与 PLC 本身工作电源都用交流 220V 电源。

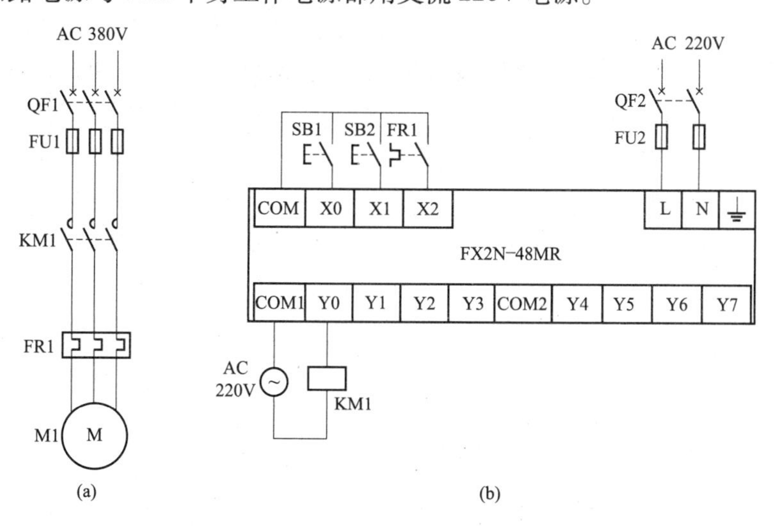

图 2-6　电动机长动控制电气原理图

（a）主电路；（b）控制电路

（2）电器元件布置图。图 2-7 所示为 PLC 长动控制的电器元件布置图，请按照电气原理图将电器元件连接起来。

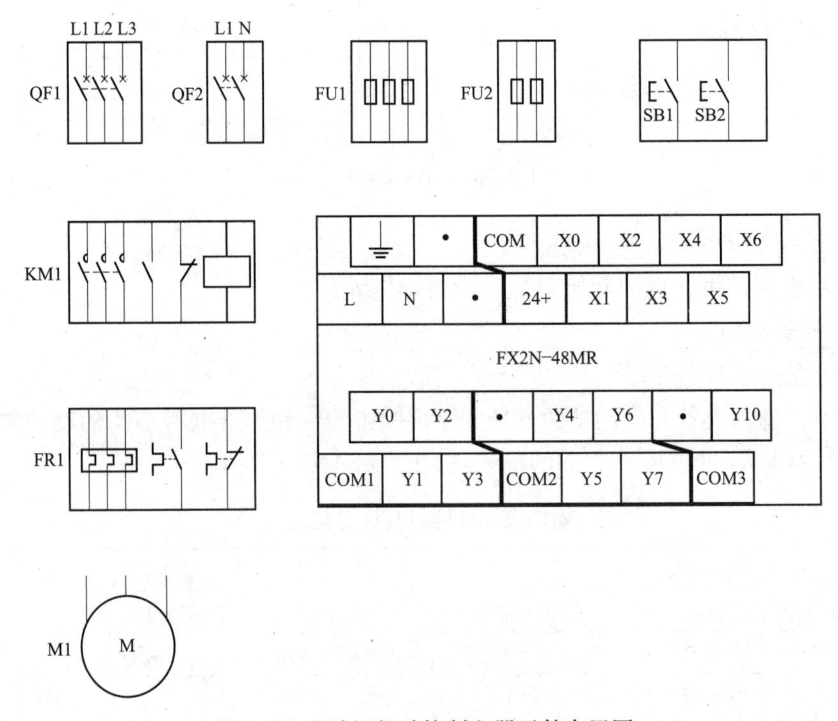

图 2-7　电动机长动控制电器元件布置图

3. 程序设计

图 2-8 所示为 PLC 长动控制的梯形图程序和指令表程序，程序编辑和调试过程略。

程序原理如下：

（1）初始状态下，两个按钮都未按下，热继电器未动作，接触器未得电。梯形图中 X000 的动合触点是断开的，X001 和 X002 的动断触点是闭合的，Y000 的线圈是断开的。

（2）按下启动按钮 SB1，输入继电器 X000 得电，X000 动合触点闭合，Y000 的线圈得电，Y000 动合触点闭合；Y0 通过其动合触点实现自锁，启动按钮 SB1 松开后 Y0 依然得电。

（3）Y0 得电后，若按下停止按钮 SB2 或热继电器 FR1 动作，则 X001 或 X002 得电，其动断触点断开，从而导致 Y0 线圈失电。

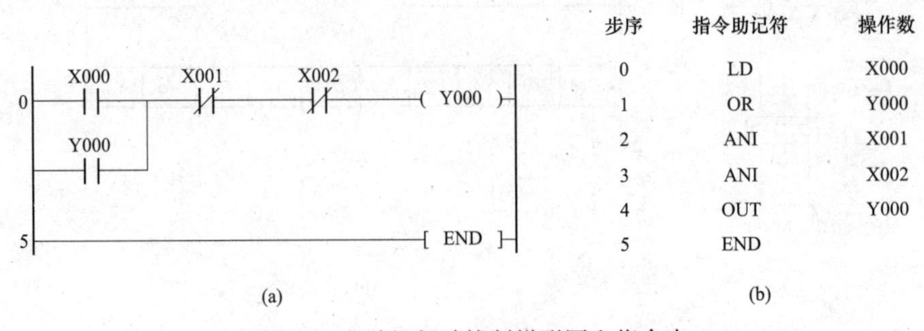

步序	指令助记符	操作数
0	LD	X000
1	OR	Y000
2	ANI	X001
3	ANI	X002
4	OUT	Y000
5	END	

图 2-8　电动机长动控制梯形图和指令表

（a）梯形图；（b）指令表

2.1.4　思考与拓展

1. 如何使用置位复位指令实现电动机长动控制

本任务中，使用置位和复位指令同样能够实现电动机的长动控制，如图 2-9 所示。

2. 如何实现多地点启停控制

（1）多地点控制概述。对于一些大型的生产设备，有时需要能够在设备的多个不同位置都能进行启动和停止的操作，这种控制称为多地点的启停控制。

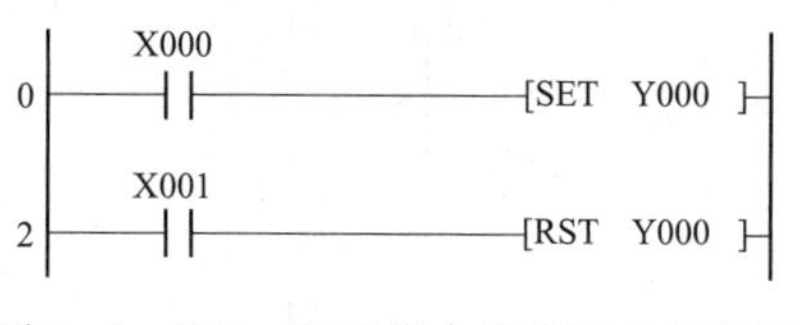

图 2-9　SET、RST 指令实现启保停控制

（2）I/O 分配。表 2-2 为电动机多地点启停控制的输入/输出点分配表。

表 2-2　电动机多地点启停控制 I/O 分配

输入设备			输出设备		
设备名称	文字符号	输入地址	设备名称	文字符号	输出地址
启动按钮 1	SB1	X0	接触器线圈	KM1	Y0
启动按钮 2	SB2	X1			
停止按钮 1	SB3	X2			
停止按钮 2	SB4	X3			
热继电器	FR1	X4			

（3）PLC 外部接线。PLC 外部接线图省略，输入设备默认为动合触点连接。图 2-10 所示为 PLC 多地点启停控制的电气原理图。

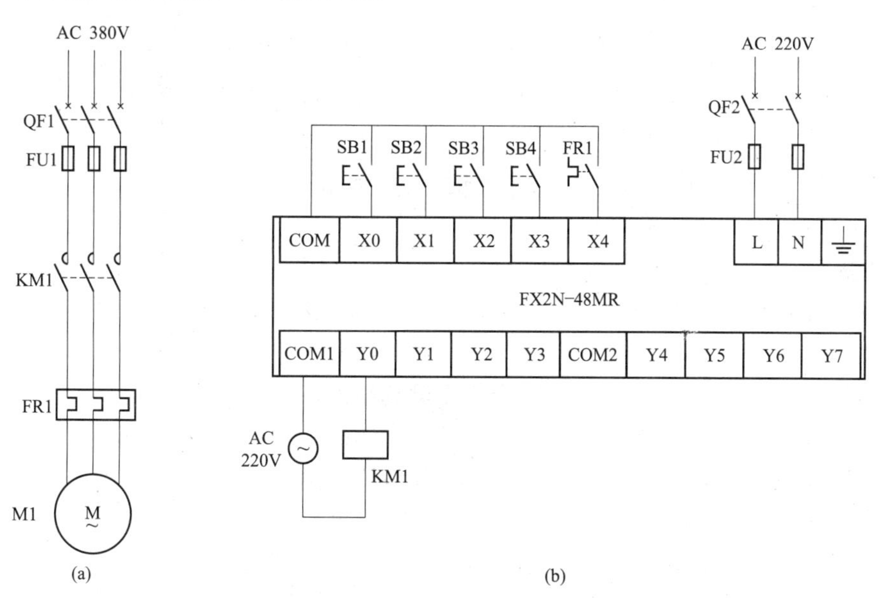

图 2-10　电动机多地点启停控制电气原理图

（a）主电路；（b）控制电路

（4）程序设计。图 2-11 所示为 PLC 多地点启停控制的梯形图程序。程序原理为：按下启动按钮 SB1 或 SB2，输入继电器 X000 或 X001 得电，其动合触点闭合，Y000 得电自锁，

电动机运行；按下停止按钮 SB3 或 SB4，输入继电器 X002 或 X003 得电，其动断触点断开，Y000 失电，电动机停止。

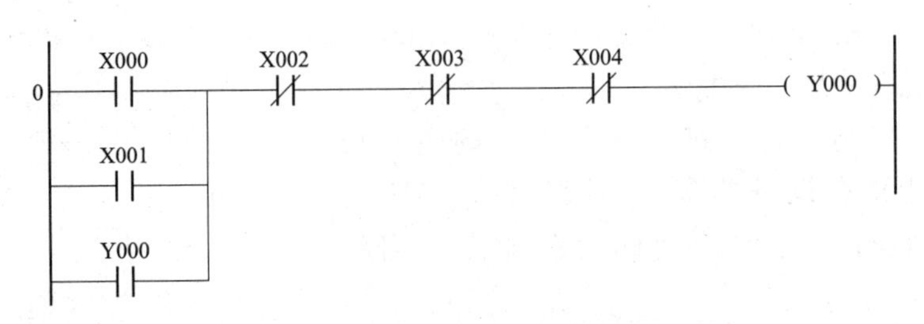

图 2-11　电动机多地点启停控制梯形图

3. 空操作指令 NOP

执行 NOP 时并不做任何事，有时可用 NOP 指令短接某些触点或用 NOP 指令将不要的指令覆盖。当 PLC 执行了清除用户存储器操作后，用户存储器的内容全部变为空操作指令。NOP 指令占一个程序步。

4. 反指令 INV

执行该指令后将原来的运算结果取反。反指令的使用如图 2-12 所示，如果 X000 断开，则 Y000 为 ON，否则 Y000 为 OFF。

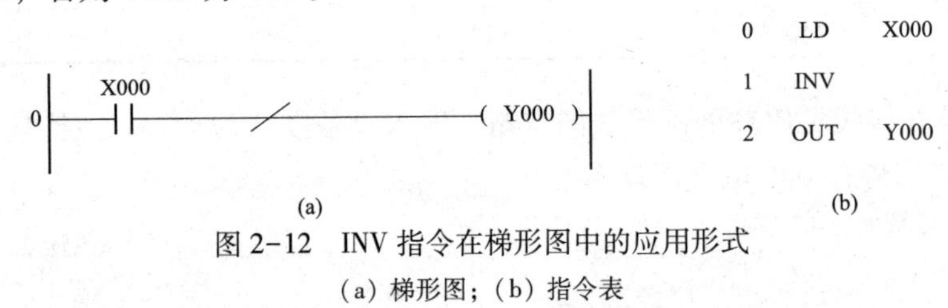

图 2-12　INV 指令在梯形图中的应用形式

（a）梯形图；（b）指令表

巩 固 练 习

一、选择题

1. 三菱 FX 系列 PLC 的（　　）指令用于左母线连接一个动断触点。

A. LD　　B. ANI　　C. LDI　　D. OUT

2. 三菱 FX 系列 PLC 的（　　）指令用于驱动线圈。

A. LD　　B. AND　　C. OR　　D. OUT

3. 三菱 FX 系列 PLC 的（　　）指令用于使线圈接通并保持。

A. LD　　B. RST　　C. SET　　D. OUT

4. 三菱 FX 系列 PLC 的（　　）指令用于串联一个动断触点。

A. LDI　　B. AND　　C. ORI　　D. OUT

5. 三菱 FX 系列 PLC 的（　　）指令用于并联一个动合触点。

A. LD　　B. OR　　C. ORI　　D. OUT

二、判断题

1. 输入设备一般用动合触点连接 PLC 输入端子。　　（　　）

2. 编程软件可以将梯形图程序自动转换为指令表程序。（　　）

3. OUT 指令的操作元件可以是输入继电器 X。（　　）

4. END 指令表示程序结束。（　　）

5. 复位指令 RST 的作用仅限于将软元件的线圈复位断开。（　　）

三、设计题

1. 将图 2-6 中停止按钮 SB2 和热继电器 FR1 连接输入端子的触点换成动断触点后，程序应如何设计？

2. 开关 SA1 闭合时按下按钮 SB1，指示灯 HL1 亮；开关 SA1 断开时按下按钮 SB1，指示灯 HL1 熄灭。试分配 I/O，绘制电气原理图并设计梯形图程序。

3. 按下正转启动按钮 SB1，电动机正转，按下停止按钮 SB3，电动机停止；按下反转启动按钮 SB2，电动机反转，按下停止按钮 SB2 电动机停止。试分配 I/O，绘制电气原理图并设计梯形图程序。

4. 某机床主轴由 M1 拖动，油泵由 M2 拖动，均采用直接启动，工艺要求：

（1）主轴必须在油泵开动后，才能启动；

（2）主轴正常运行为正转，但为调试方便，要求能正向、反向转动；

（3）主轴停止后才允许油泵停止；

（4）有短路、过载及欠电压保护。

试分配 I/O，绘制电气原理图并设计梯形图程序。

任务2　电动机点动长动切换的 PLC 控制

2.2.1　任务概述

图 2-13 所示为电动机点动长动切换控制的主电路和继电器控制电路。按下点动按钮 SB1，电动机 M1 点动运行；按下启动按钮 SB2，接触器 KM1 得电自锁，三相异步电动机 M1 长动运行，直至按下停止按钮 SB3，接触器 KM1 失电，电动机 M1 停止。本任务要求用 FX 系列 PLC 实现电机点动长动切换控制，有过载保护。

2.2.2　任务资讯

1. 辅助继电器 M

PLC 的辅助继电器在程序中的作用类似于继电器——接触器电路中的中间继电器，它既不能直接引入外部输入信号，也不能直接驱动外部负载，主要起状态暂存、辅助运算等功能。有的时候，恰当地使用辅助继电器，还能够起到简化程序结构的作用。

FX2N 系列 PLC 辅助继电器采用 M 与十进制数共同组成编号，它的动合触点与动断触点在 PLC 内部编程时没有使用次数的限次。

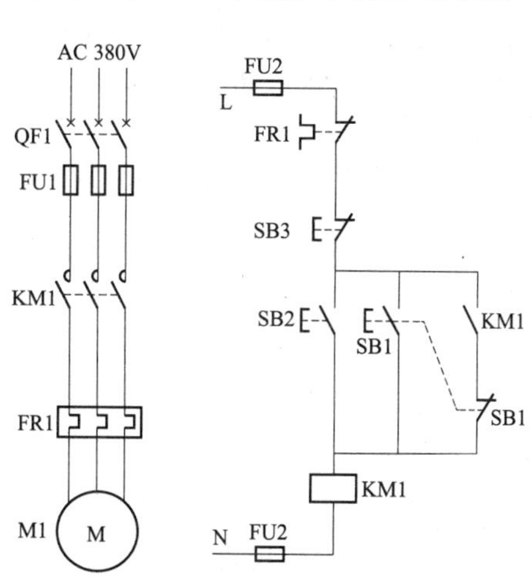

图 2-13　电动机点动长动切换控制主电路和继电器控制电路

(1) 通用辅助继电器（M0~M499）。FX2N系列PLC共有500点通用辅助继电器。通用辅助继电器没有断电保持功能，当PLC运行时突然断电，则全部线圈复位；当电源恢复时，除了因外部输入信号而接通的以外，其余的仍将保持断开的状态。

根据需要可通过程序设定，将M0~M499变为断电保持辅助继电器。

(2) 断电保持辅助继电器（M500~M3071）。与普通辅助继电器不同的是，断电保持辅助继电器具有断电保护功能，当PLC电源中断时保持其原有的状态，并在重新通电后再现其状态。其中M500~M1023可由软件将其设定为通用辅助继电器。

(3) 特殊辅助继电器。FX2N系列PLC有256个特殊辅助继电器，可分成两大类：

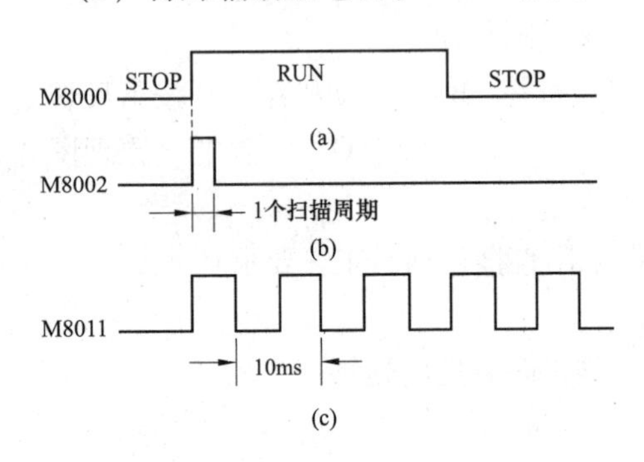

图2-14 M8000、M8002和M8011波形图
(a) M8000；(b) M8002；(c) M8011

1) 只能使用其触点，线圈由PLC自行驱动。

M8000：PLC处于运行模式时一直接通，PLC处于停止模式或失电时断开。

M8002：PLC从停止模式切换到运行模式时接通1个扫描周期。

M8011、M8012、M8013和M8014分别是产生10ms、100ms 、1s和1min时钟脉冲的特殊辅助继电器。

图2-14所示为M8000、M8002和M8011的波形图。

2) 可以由用户驱动线圈。

M8033：若使其线圈得电，则PLC停止时保持输出映像存储器和数据寄存器内容。

M8034：若使其线圈得电，则将PLC的输出全部禁止。

M8039：若使其线圈得电，则PLC按D8039中指定的扫描时间工作。

2. 双线圈现象及处理方法

在一段梯形图程序中如果同一个元件的线圈出现两次或两次以上的现象称为“双线圈”现象，根据PLC自左至右、自上而下的顺序逐行扫描程序机制，该元件的通断状态取决于最后一个线圈的状态。

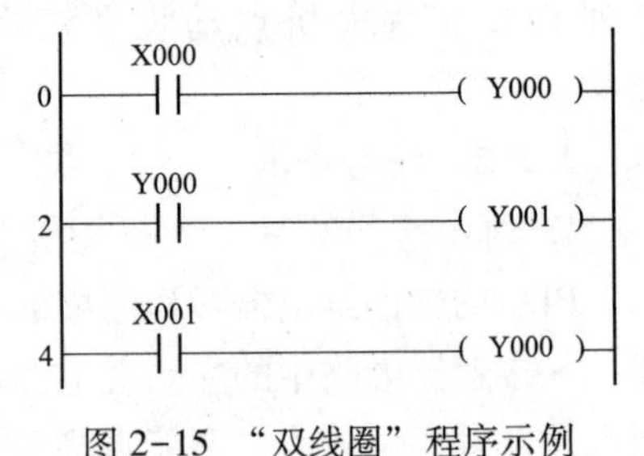

图2-15 “双线圈”程序示例

图2-15所示，假如X000得电、X001失电，则程序最后扫描执行的结果是Y000失电而Y001得电，因为Y000线圈出现了两次，其状态取决于第二个线圈的扫描结果。

2.2.3 任务实施

1. I/O分配

分析完控制要求后，首先要确定PLC控制系统需要几个输入设备和输出设备，然后给这几个输入/输出设备分配相应的输入点和输出点。本任务中，输入设备有启动按钮、停止按钮和热继电器，输出设备是接触器的线圈，它们的输入/输出点分配见表2-3。

表 2-3　　电动机点动长动切换控制 I/O 分配

输入设备			输出设备		
设备名称	文字符号	输入地址	设备名称	文字符号	输出地址
点动按钮	SB1	X0	接触器线圈	KM1	Y0
长动按钮	SB2	X1			
停止按钮	SB3	X2			
热继电器	FR1	X3			

2. 硬件接线

图 2-16 所示为电动机点动长动切换控制电气原理图。

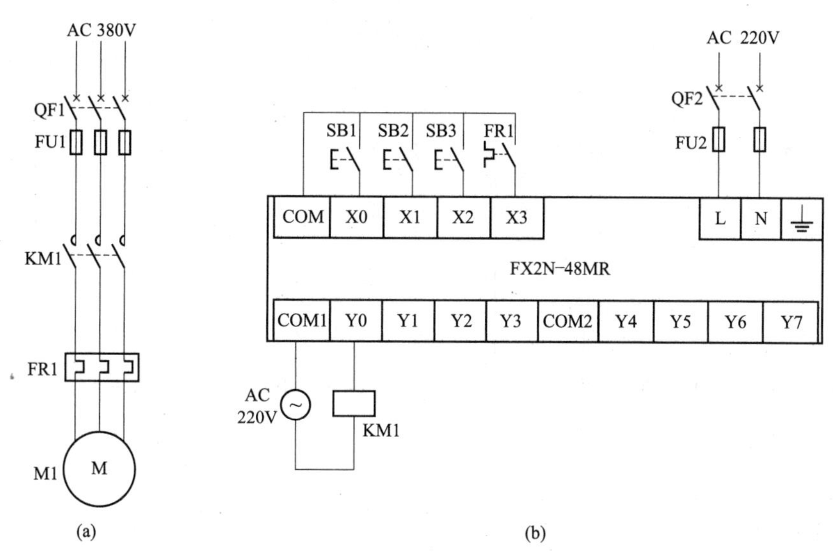

图 2-16　电动机点动长动切换控制电气原理图

（a）主电路；（b）控制电路

图 2-17 所示为电器元件布置图，请根据图 2-16 将下列电器元件连接起来。

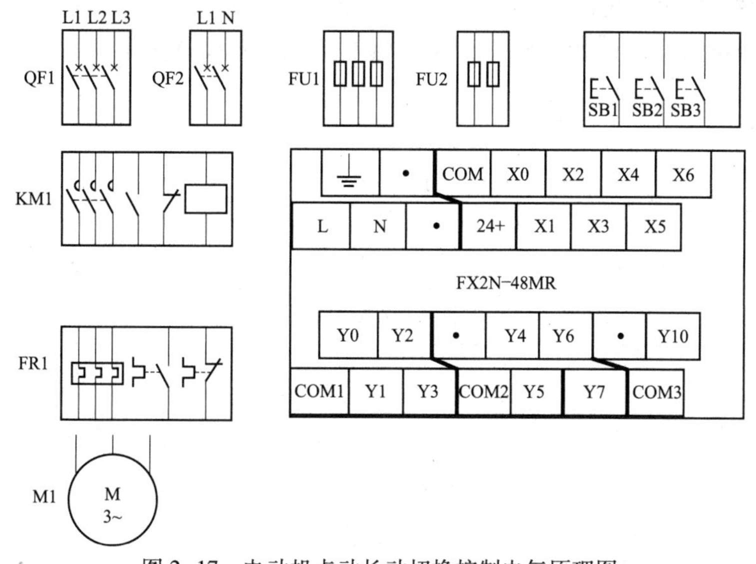

图 2-17　电动机点动长动切换控制电气原理图

3. 程序设计

某同学根据控制要求设计梯形图如图 2-18 所示，梯形图编辑完成后转化并传入 PLC，调试运行时发现电动机点动有效，而按下电动机长动按钮时电动机也只能点动而不能连续运行。

错误原因：梯形图中输出继电器 Y000 的线圈出现了两次。PLC 在扫描程序时是按照从左至右，自上而下的顺序逐行扫描执行的，当同一个元件的线圈出现两次或两次以上时，相互之间会产生冲突使得程序无法得到预期的效果。

修改方案：分别利用辅助继电器 M1 和 M2 来代表电动机点动运行和长动运行两种情况，然后将 M1 和 M2 逻辑相或来驱动输出继电器 Y0 的线圈，其梯形图如图 2-19 所示。

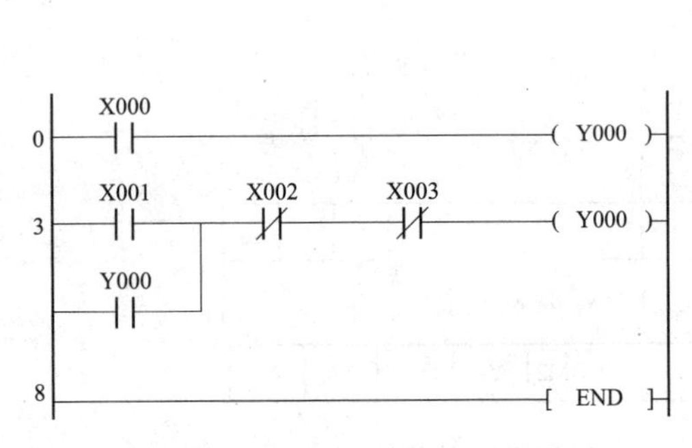

图 2-18　某同学设计的错误梯形图

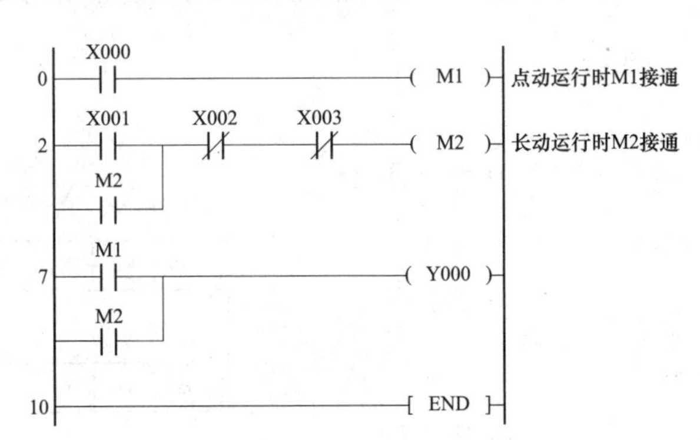

图 2-19　电动机点动长动切换控制正确梯形图

2.2.4　思考与拓展

1. 梯形图的编辑原则

(1) 梯形图的每一逻辑行总是起始于左母线，终止于右母线，线圈不能与左母线直接相连，右母线通常可以省略不画。

(2) 线圈和右母线之间不能有触点。

(3) 线圈不能和左母线直接相连。

(4) 梯形图中的触点可以任意串联或并联，但线圈只能并联而不能串联。

(5) 输入继电器只能在 PLC 输入回路中由外部的输入设备来驱动，因此它的线圈在梯形图中是不能出现的，在梯形图中只能使用它的触点。

(6) 一般情况下，同一个编程元件的线圈不能出现两次或两次以上，除非能够通过跳转或子程序调用等功能指令使它们不被同时扫描执行。

2. 用转换开关实现电动机点动长动的切换

使用转换开关也可以实现电动机点动长动的切换控制，输入/输出点分配见表 2-4。

表 2-4　电动机点动长动切换控制 I/O 分配

输入设备			输出设备		
设备名称	文字符号	输入地址	设备名称	文字符号	输出地址
转换开关	SA1	X0	接触器线圈	KM1	Y0
点动按钮	SB1	X1			
长动按钮	SB2	X2			
停止按钮	SB3	X3			
热继电器	FR1	X4			

其切换控制电气原理图如图 2-20 所示。

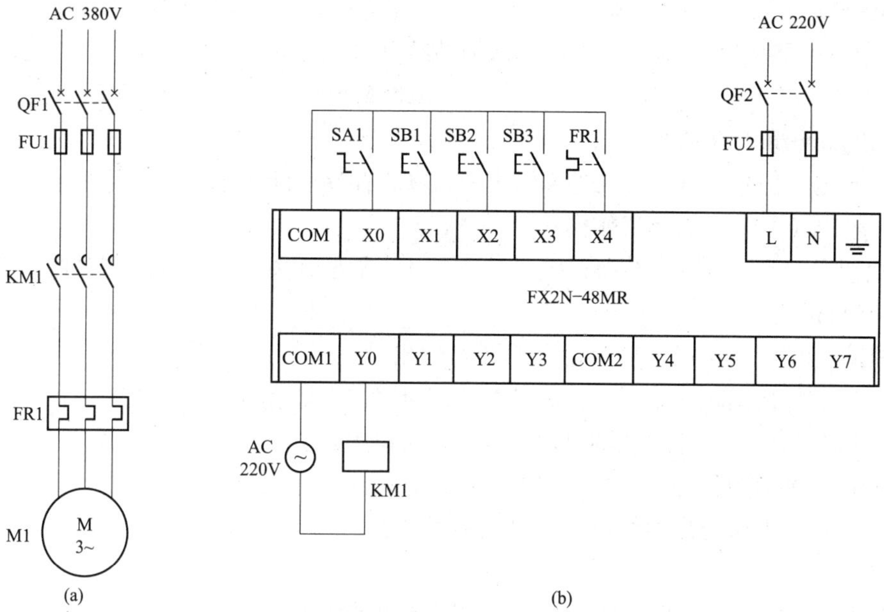

图 2-20 用转换开关实现电动机点动长动切换控制电气原理图

（a）主电路；（b）控制电路

梯形图程序如图 2-21 所示，当转换开关 SA1 断开时，X000 不得电，X000 动断触点闭合、动合触点断开，按下点动按钮 SB1，电动机点动运行；当转换开关 SA1 闭合时，X0 得电，X0 动断触点断开、动合触点闭合，按下长动按钮 SB2，电动机长动运行，直至按下停止按钮时停止运行。

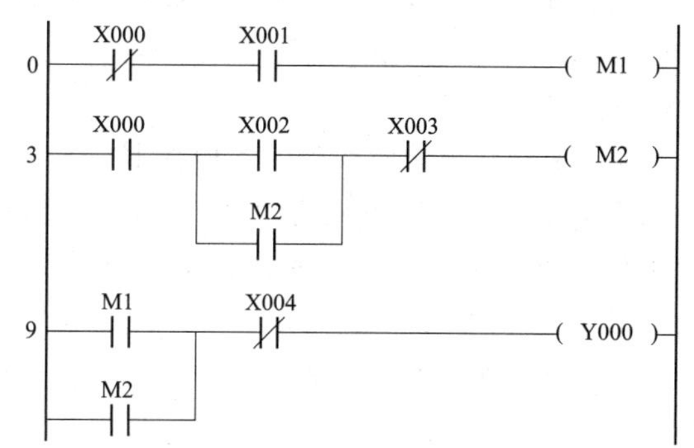

图 2-21 用转换开关实现电机点动长动切换控制梯形图程序

思考：能否用一个转换开关和两个按钮实现电机点动长动的切换？

巩 固 练 习

一、选择题

1. PLC 处于运行模式时（　　）一直接通。

A. M8000　　B. M8002　　C. M8011　　D. M8013

2. PLC从停止模式切换到运行模式时（　　）接通1个扫描周期。

A. M8000　　B. M8002　　C. M8011　　D. M8013

3.（　　）是产生1s时钟脉冲的特殊辅助继电器。

A. M8011　　B. M8012　　C. M8013　　D. M8014

4. 辅助继电器M的作用是（　　）。

A. 采集输入信号　　B. 驱动外部输出设备　　C. 存储中间状态　　D. 延时

5. 一般用（　　）切换工作模式。

A. 按钮　　B. 转换开关　　C. 限位开关　　D. 接触器

二、判断题

1. 辅助继电器M可以直接驱动PLC外部输出设备。（　　）

2. 在PLC梯形图程序中同一个元件的线圈可以出现两次或两次以上。（　　）

3. 在PLC梯形图程序中线圈可以并联，也可以串联。（　　）

4. 在PLC梯形图程序中线圈可以和左母线直接相连。（　　）

5. 在PLC梯形图程序中线圈右侧可以串联触点。（　　）

三、设计题

1. 按下启动按钮SB1后，指示灯HL1以1Hz的频率闪烁，按下停止按钮SB2后指示灯熄灭。试分配I/O，绘制电气原理图并设计梯形图程序。

2. 将转换开关SA1闭合时，按下按钮SB1，接触器KM1得电，电动机M1连续运行，直至按下停止按钮SB2时停止运行；将转换开关SA1断开时，按下按钮SB1，接触器KM1得电，电动机M1点动运行。试分配I/O，绘制电气原理图并设计梯形图程序。

任务3　电动机星—三角减压启动的PLC控制

2.3.1　任务概述

图2-22所示为笼型电动机星—三角减压启动的主电路和继电器控制电路，按下启动按钮SB1，接触器KM1、KM2得电，三相笼型电动机M1定子绕组接成星型减压启动；延时3s后通电延时的时间继电器KT1动作使得接触器KM2失电、KM3得电，电动机M1定子绕组接成三角形全压运行；按下停止按钮SB2，电动机M1停止。KM2和KM3有电气互锁，热继电器FR1实现过载保护。本任务要求用FX系列PLC实现电动机的星—三角减压启动控制。

2.3.2　任务资讯

1. 定时器T

（1）定时器概述。PLC的定时器相当于继电器系统中的时间继电器，但三菱PLC中的定时器只有通电延时功能。如表2-5所示，三菱PLC定时器的范围为T0~T255，按功能分为通用定时器和积算定时器两类，按分辨率分为1、10ms和100ms三类。每个定时器都有一个16位的设定值、一个16位的当前值寄存器和一个状态位。其中设定值可用常数K、H或数据寄存器D的内容来设定，其中K表示十进制整数，H表示十六进制数。设定值用K来设定时，取值范围为1~32 767。

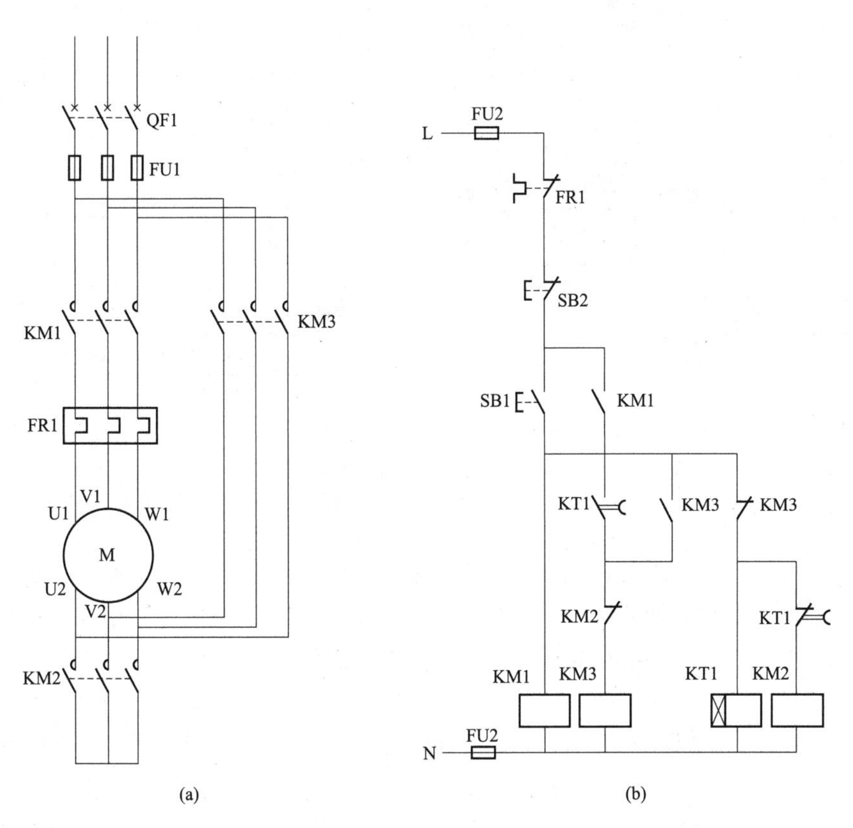

图 2-22　电动机星—三角减压启动控制电气原理图

（a）主电路；（b）控制电路

表 2-5　　S7-200 SMART PLC 定时器的分类及特征

定时器类型	分辨率（ms）	最长定时值（s）	定时器范围
通用定时器	100	3276.7	T0～T199
	10	327.67	T200～T245
积算定时器	100	3276.7	T250～T255
	1	32.767	T246～T249

（2）通用定时器的使用方法。通用定时器的线圈接通时，对时钟脉冲累积计数，其值保存在当前值寄存器中，当前值达到设定值时，状态位置 1，其触点动作（动合触点闭合，动断触点断开），当前值保持不变。若通用定时器的线圈断开，则当前值清零，状态位置 0，其触点复位（动合触点断开，动断触点闭合）。

如图 2-23 所示，当输入继电器 X0 动合触点闭合时，100ms 通用定时器 T0 线圈接通，从 0 开始对 100ms 时钟脉冲进行计数，当当前值寄存器计数值与设定值寄存器设定值相等即延时 2s 时，定时器的动合触点闭合，接通输出继电器 Y1。当输入继电器 X0 动合触点断开时，定时器马上复位，当前值寄存器清零，所有触点全部复位。需要注意的是，若 X0 动合触点在 T0 当前值未达到设定值时就断开，则 T0 复位，其动合触点不会接通。

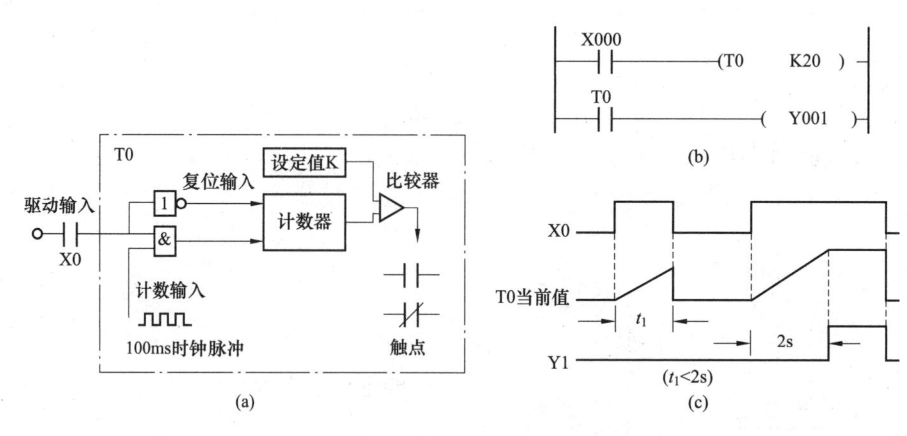

图 2-23 通用定时器应用示例

（a）定时器等效电路；（b）梯形图；（c）波形图

（3）积算定时器的使用方法。与通用定时器不同，积算定时器在延时过程中如果发生PLC 断电或定时器线圈断开的情况，当前值寄存器能够保持当前的计数值不变，PLC 重新通电或定时器线圈重新接通后继续累积，即其当前值具有保持功能，只有将积算定时器复位，当前值才变为 0。

如图 2-24 所示，当输入继电器 X0 动合触点闭合时，积算定时器 T250 接通并从 0 开始对 100ms 时钟脉冲计数，当前值寄存器的计数值未达到设定值时 X0 动合触点断开，定时器的当前值寄存器计数值保持不变；当 X0 动合触点再次闭合后，T250 当前值寄存器在原先的计数值基础上累计计数，直到其计数值等于设定值，T250 动合触点接通输出继电器Y1。当输入继电器 X1 动合触点闭合时，积算定时器 T250 被复位，其动合触点断开，Y1失电。

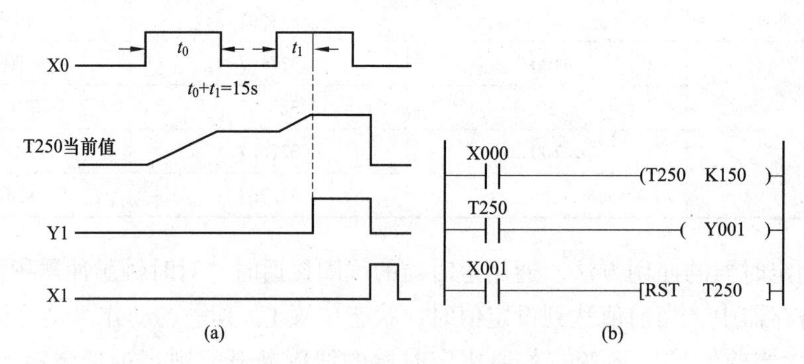

图 2-24 积算定时器程序示例

（a）波形图；（b）梯形图

2. 输入设备采用动断触点的处理方法

外部输入设备一般采用动合触点连接到 PLC 的输入端子，但有的时候也会出现用动断触点连接输入端子的情况，这时需要在编程时对程序中相应的点有所调整。

如图 2-25 和图 2-26 所示，两个程序都是启保停电路，但是图 2-25 中停止按钮用的是动合触点，程序中对应的输入继电器 X1 需要采用动断触点；而图 2-26 中停止按钮用的是动断触点，程序中对应的输入继电器 X1 就要采用动合触点，否则程序就无法正常运行。

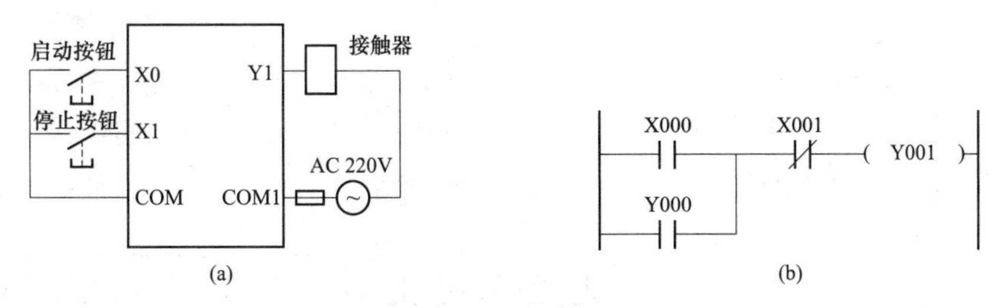

图 2-25　停止按钮使用动合触点的启保停电路

（a）PLC 输入输出接线图；（b）梯形图

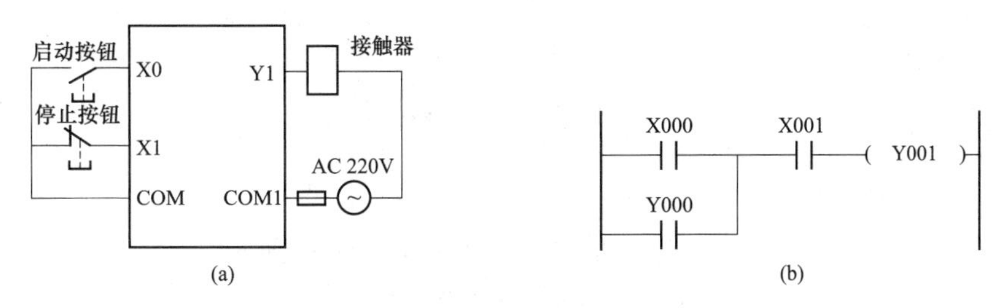

图 2-26　停止按钮使用动断触点的起保停电路

（a）PLC 输入输出接线图；（b）梯形图

需要注意，PLC 是不能够识别外部输入设备到底是采用动合触点还是动断触点的，它只能识别 PLC 输入回路的通断，因此 PLC 外部输入设备用动合触点或动断触点都可以，但是程序中对应的内部元件用什么触点需要根据输入设备的功能和外部触点形式综合考虑。

2.3.3　任务实施

1. I/O 分配

笼型电动机星—三角减压启动控制的 I/O 分配表，见表 2-6。

表 2-6　　电动机星—三角减压启动控制的 I/O 分配

输入设备			输出设备		
设备名称	文字符号	输入地址	设备名称	文字符号	输出地址
启动按钮	SB1	X0	主接触器线圈	KM1	Y0
停止按钮	SB2	X1	星型接触器线圈	KM2	Y1
热继电器	FR1（常闭点）	X2	三角形接触器线圈	KM2	Y2

2. 硬件接线

图 2-27 所示为 PLC 外部接线图，为了增加控制系统的可靠性，在 PLC 的输出电路中需要加入 KM2 和 KM3 的电气互锁。

图 2-28 所示为电器元件布置图，请按照图 2-27 将电器元件连接起来。

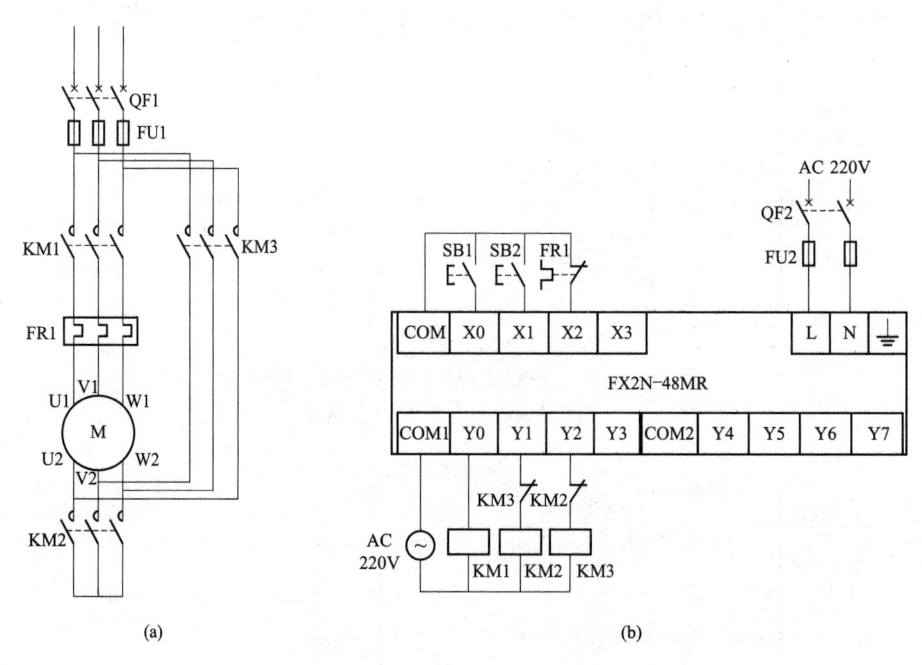

图 2-27　电动机星—三角减压启动控制电气原理图

（a）主电路；（b）控制电路

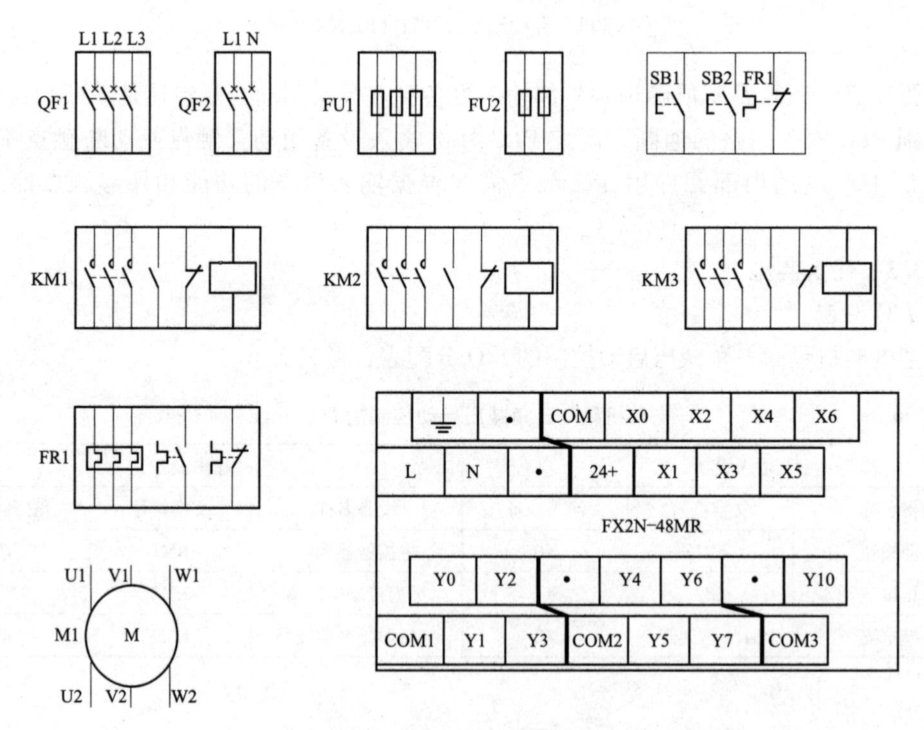

图 2-28　电动机星—三角减压启动控制电器元件布置图

3. 程序设计

图 2-29 所示为三相笼型异步电动机星—三角减压启动的梯形图程序。

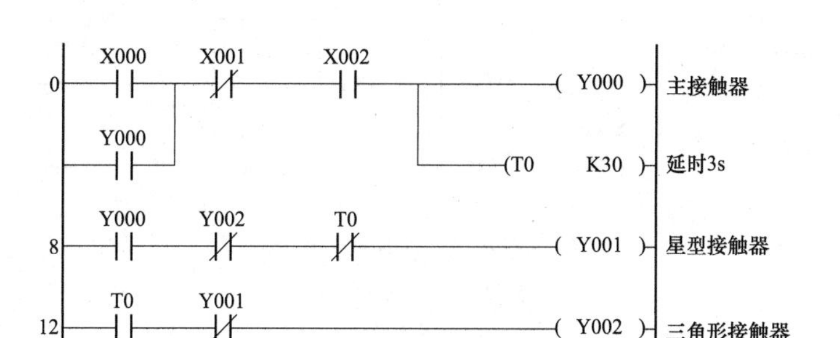

图 2-29 电动机星—三角减压启动控制梯形图

程序原理如下：按下启动按钮 SB1，X000 接通，Y000 接通并自保持，主接触器 KM1 接通，同时，星型接触器 KM3 接通，电动机定子绕组接成星型减压启动。延时 3s 后，定时器 T0 的动断触点将 Y1 断开，T0 的动合触点将 Y2 接通，使得星型接触器 KM2 断开，三角形接触器 KM3 接通，电动机定子绕组接成三角形全压运行；按下停止按钮 SB2 或电动机过载时，X001 动断触点或 X002 动合触点断开使 Y000 失电，电动机停止。为了使程序更加可靠，Y001 和 Y002 线圈互锁，如此则该 PLC 控制系统具有“硬”“软”双重互锁。

2.3.4 思考与拓展

1. 星—三角切换时出现短路现象的处理方法

在星—三角减压启动控制中，由于星型接触器和三角形接触器通断切换时间极短，偶尔会发生因电弧而导致的电源短路跳闸的情况，可以考虑在程序中增加 1 个定时器，使得星型接触器失电几百毫秒后再让三角形接触器得电，从而避免跳闸现象，如图 2-30 所示（I/O 分配和 PLC 外部接线图与上面的任务相同）。

2. 定时器的典型电路

（1）短信号的通电延时。假设要求按下启动按钮（X000），延时 3s 接触器线圈（Y000）得电，按下停止按钮（X1），接触器线圈立即失电。可以使用图 2-31 所示的梯形图实现该功能。

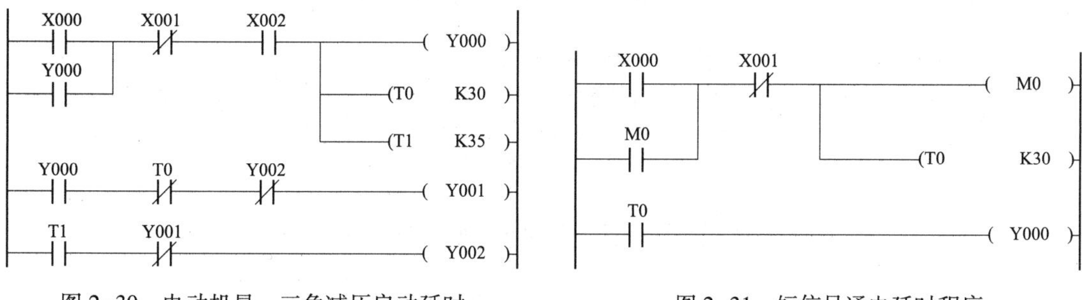

图 2-30 电动机星—三角减压启动延时切换控制梯形图程序

图 2-31 短信号通电延时程序

（2）断电延时。三菱 FX 系列 PLC 的计时器只有通电延时功能，如果要实现断电延时功能就必须要通过断电延时电路，如图 2-32 所示。

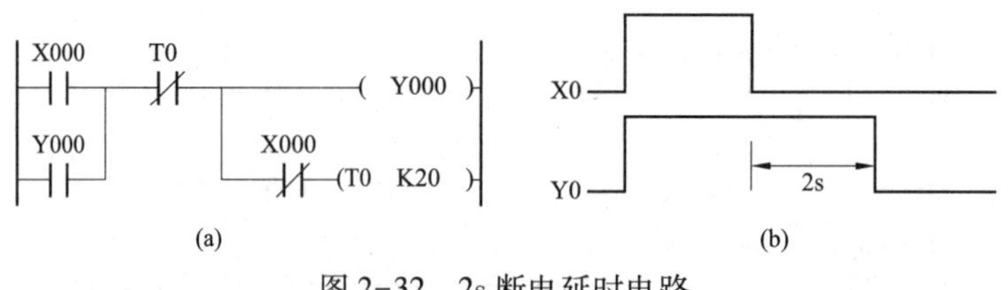

图 2-32　2s 断电延时电路

（a）梯形图；（b）时序图

图 2-32 中，当 X000 接通时，Y000 接通；当 X000 断开时，计时器 T0 开始延时，2s 后延时时间到，其动断触点断开，Y000 断开。

（3）定时关断。如图 2-33 所示，当 X000 接通时，Y000 接通，同时计时器 T0 开始延时；3s 后延时时间到（X000 已断开），T0 动断触点断开，Y000 和 T0 断开。这里 X000 接通的时间不能超过 T0 的延时时间，否则 3s 后 T0 断开，其动断触点闭合复位，Y000 又接通了。

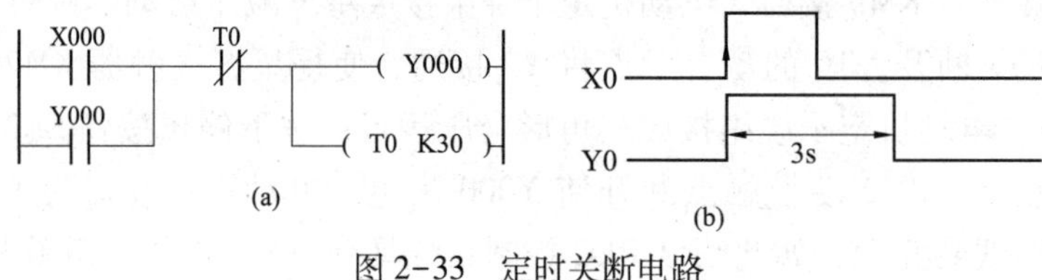

图 2-33　定时关断电路

（a）梯形图；（b）时序图

（4）闪烁电路。在 PLC 控制中经常需要用到接通和断开时间比例固定的交替信号，可以通过特殊辅助继电器 M8013（1s 钟时钟脉冲）等来实现，但是这种脉冲脉宽不可调整，可以通过下面的电路来实现脉宽可调的闪烁电路，如图 2-34 所示。

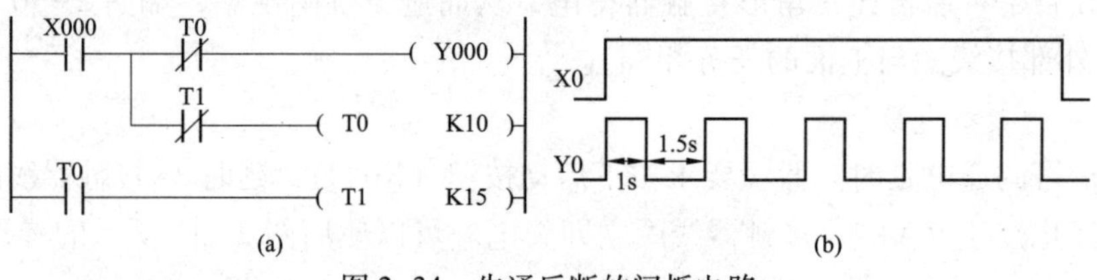

图 2-34　先通后断的闪烁电路

（a）梯形图；（b）时序图

（5）定时器与定时器串级扩展延时范围。单个计时器的延时时间受设定值范围的限制最多延时 3276.7s，如果需要更长的延时功能，可以通过计时器与计时器串级电路来实现，如图 2-35 所示。

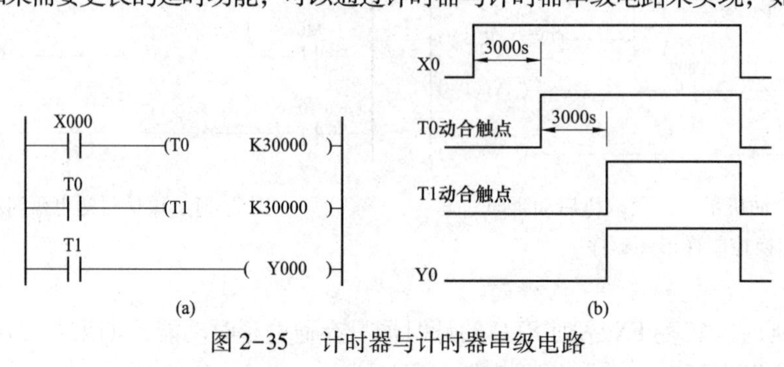

图 2-35　计时器与计时器串级电路

（a）梯形图；（b）波形图

3. 电路块连接指令 ANB/ORB

（1）ANB，电路块与指令。表示将电路块的始端与前一个电路串联连接，如图 2-36 所示。

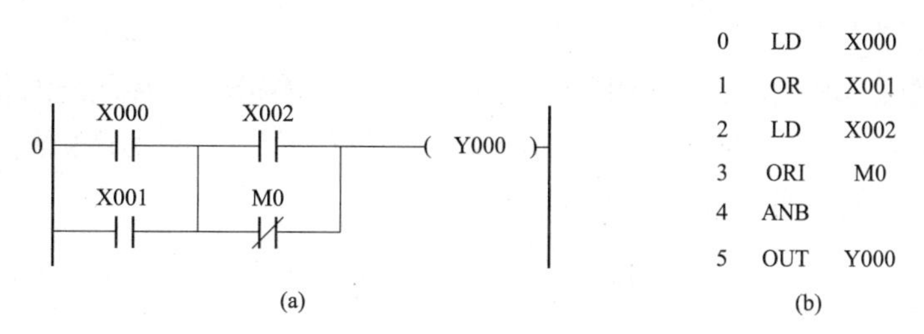

0	LD	X000
1	OR	X001
2	LD	X002
3	ORI	M0
4	ANB	
5	OUT	Y000

图 2-36　ANB 指令在梯形图中的表示
（a）梯形图；（b）指令表

使用说明：每个电路块都要以 LD 或 LDI 为开始。ANB 指令使用次数不受限制，也可以集中起来使用。

（2）ORB，电路块或指令。表示将电路块的始端与前一个电路并联连接，如图 2-37 所示。

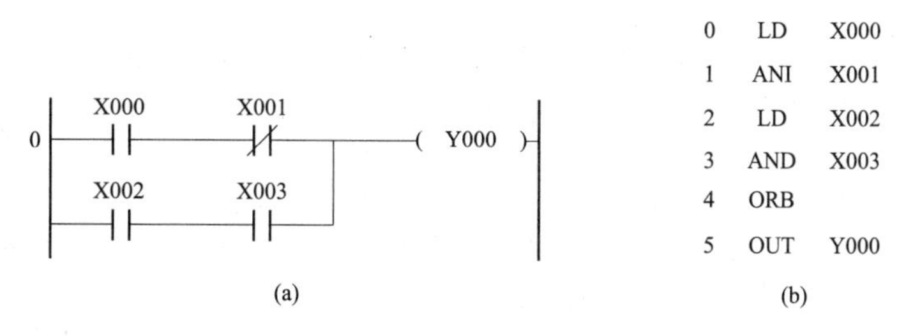

0	LD	X000
1	ANI	X001
2	LD	X002
3	AND	X003
4	ORB	
5	OUT	Y000

图 2-37　ORB 指令在梯形图中的应用
（a）梯形图；（b）语句表

4. 堆栈指令 MPS、MRD、MPP

堆栈是 PLC 中一段特殊的存储区域，从上到下分为 11 层，按照“先进后出、后进先出”的原则进行存取。MPS、MRD、MPP 指令分别为进栈指令、读栈指令和出栈指令，如图 2-38 所示。

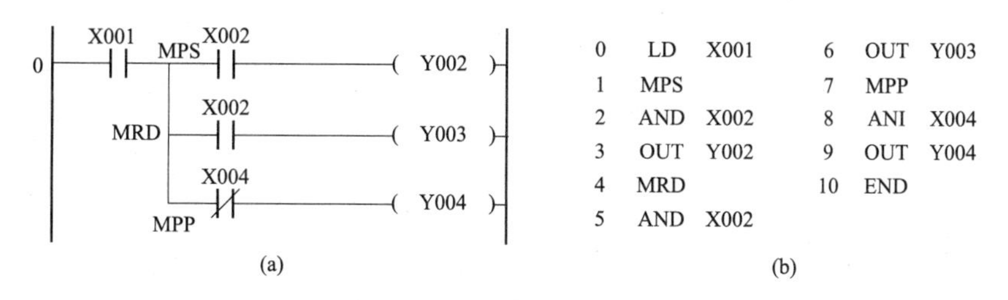

0	LD	X001	6	OUT	Y003
1	MPS		7	MPP	
2	AND	X002	8	ANI	X004
3	OUT	Y002	9	OUT	Y004
4	MRD		10	END	
5	AND	X002			

图 2-38　MPS/MRD/MPP 指令在梯形图中的表示
（a）梯形图；（b）指令表

（1）MPS（Push）：进栈指令。将逻辑运算结果压入堆栈的第一层，堆栈中原先各层的数据依次向下移动一层。

（2）MRD（Read）：读栈指令。是读出栈顶数据的专用指令，在使用 MRD 指令时，栈内的数据不发生上弹或下压的传送。

（3）MPP（POP）：出栈指令。堆栈内各层数据依次向上一层栈单元传送，栈顶数据在弹出后就从栈内消失。

使用时需注意，MPS 和 MPP 分别是数据进栈和出栈的指令，必须配对使用，连续使用的次数应少于 11 次。MPS、MRD、MPP 指令均不带操作元件，其后不跟任何软组件编号。

图 2-39 所示为使用两层堆栈的示例。

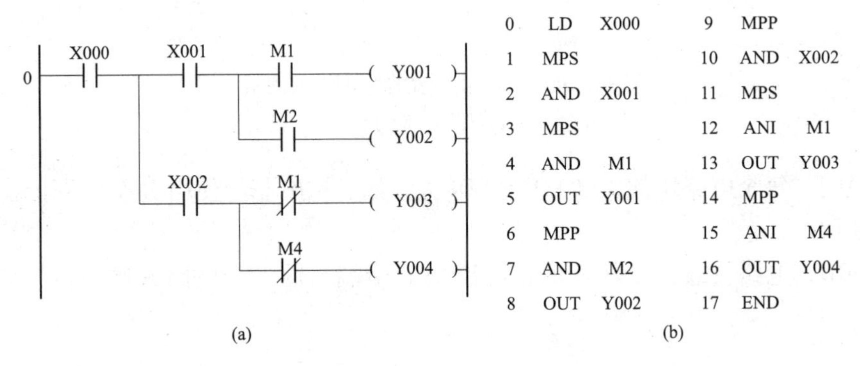

0	LD	X000	9	MPP	
1	MPS		10	AND	X002
2	AND	X001	11	MPS	
3	MPS		12	ANI	M1
4	AND	M1	13	OUT	Y003
5	OUT	Y001	14	MPP	
6	MPP		15	ANI	M4
7	AND	M2	16	OUT	Y004
8	OUT	Y002	17	END	

图 2-39　双层堆栈应用示例

（a）梯形图；（b）指令表

5. 主控触点指令 MC、MCR

（1）MC：主控指令。公共串联接点的连接指令，在主控电路块起点使用（公共串联接点为新起母线）。

（2）MCR：主控复位指令。MC 指令的复位指令，在主控电路块终点使用。

操作元件：Y M，常数 n 为嵌套数，选择范围为 N0～N7。

示例如图 2-40 所示，使用说明如下：

1）在图 2-40 中，当 X000 接通时，执行 MC 与 MCR 之间的指令。当 X000 断开时，主控切断，Y001 和 Y002 线圈全部失电。

2）MC 指令后，母线（LD，LDI）移至 MC 触点之后，要返回原母线，需用返回指令 MCR。MC 和 MCR 指令必须配对使用。

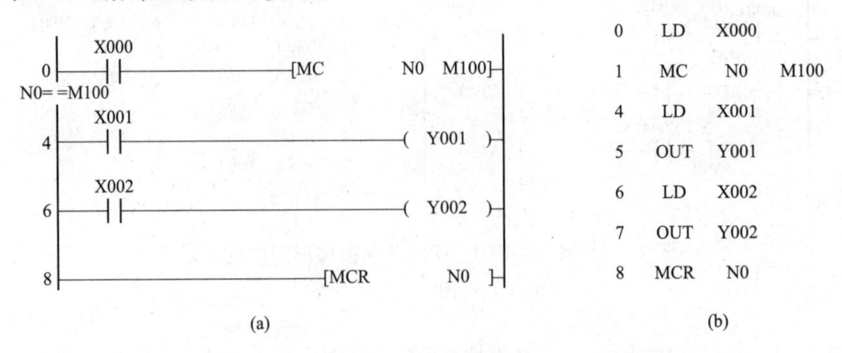

0	LD	X000	
1	MC	N0	M100
4	LD	X001	
5	OUT	Y001	
6	LD	X002	
7	OUT	Y002	
8	MCR	N0	

图 2-40　MC/MCR 指令在梯形图中的应用

（a）梯形图；（b）指令表

3）使用不同的Y，M元件号，可多次使用MC指令。

4）MC指令可多次嵌套使用，即在MC指令内再使用MC指令时，嵌套级数编号就由小增大，返回时用MCR指令，按从大到小的嵌套级开始解除。

巩 固 练 习

一、选择题

1. 定时器T0要实现定时10s则设定值应设为（　　）。

A. K1　　B. K10　　C. K100　　D. K1000

2. 定时器（　　）为10ms通用定时器。

A. T0　　B. T200　　C. T246　　D. T250

3. 定时器T245设定值为K100时，延时时间为（　　）s。

A. 1　　B. 10　　C. 100　　D. 0.1

4. 定时器T246设定值为K1000时，延时时间为（　　）s。

A. 1　　B. 10　　C. 100　　D. 0.1

5. 三菱FX系列PLC定时器当前值寄存器为（　　）。

A. 8位　　B. 16位　　C. 32位　　D. 64位

二、判断题

1. 通用定时器的线圈断开时其当前值保持不变。（　　）

2. 积算定时器的线圈断开时其当前值清零。（　　）

3. 停止按钮或热继电器只能用动断触点接PLC输入端子。（　　）

4. 定时器的设定值只能为常数，最大为32 767。（　　）

5. 定时器线圈可以用其触点实现自锁。（　　）

三、设计题

1. 某流水线上通过限位开关SQ1检测是否有工件通过，每当有工件通过则SQ1接通1次。要求在5min内没有工件通过时让指示灯HL1点亮，按下复位按钮后指示灯熄灭并重新计时。分配I/O，绘制电气原理图并设计梯形图程序。

2. 根据图2-41所示的时序图设计相应的梯形图。

3. 按下启动按钮后某电动机M1启动，其风机电动机M2也同时启动；按下停止按钮后电动机M1立即停止，风机电动机M2延时10s后再停止。分配I/O，绘制电气原理图并设计梯形图程序。

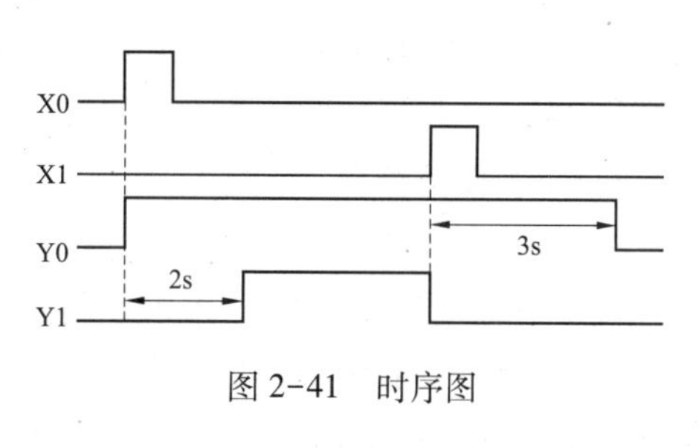

图2-41　时序图

4. 按下启动按钮，电动机M1立即启动，延时3s后电机M2启动；按下停止按钮，电动机M1立即停止，延时5s后电动机M2停止。分配I/O，绘制电气原理图并设计梯形图程序。

5. 按下启动按钮SB1，接触器KM1得电、KM2不得电，笼型电动机启动运行；按下停止按钮SB2，接触器KM1失电、KM2得电，电动机能耗制动，3s后接触器KM2失电，能耗制动结束。分配I/O，绘制电气原理图并设计梯形图程序。

6. 有M1、M2、M3三台电动机，按下启动按钮后，M1先启动运行，延时3s后M2启动运行，再延时3s后M3启动运行，按下停止按钮后三台电机全部停止。请分配I/O，绘制电气原理图并设计梯形图程序。

7. 某皮带输送系统中有三条皮带机，分别用电动机M1、M2、M3驱动，如图2-42所示，控制要求如下。

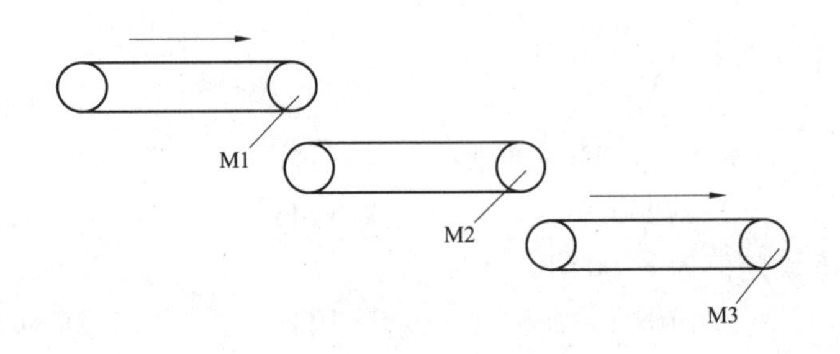

图2-42 皮带输送系统示意图

（1）按下启动按钮，最后一条皮带先启动即电机M3先运行，每延时3s，依次起动其他皮带机，即按M3→M2→M1的顺序依次启动（逆物流方向起动）；

（2）按下停止按钮，先停最前面一条皮带即电机M1先停止，每延时5s后，依次停止其他皮带机，即按M1→M2→M3的顺序依次停止（顺物流方向停止，防止物料堵塞）。

请分配I/O，绘制电气原理图并设计梯形图程序。

任务4 电动机循环正反转的PLC控制

2.4.1 任务概述

按下启动按钮SB1，三相异步电动机M1正向运转5s，停止3s，再反向运转5s，停止3s，然后再正向运转，如此循环3次后停止运转。电动机正转时指示灯HL1以1Hz频率闪烁，电动机反转时指示灯HL2以1Hz频率闪烁，电动机停止循环后所有指示灯熄灭。任何时刻按下停止按钮SB2，电动机M1立即停止运行，要求用FX系列PLC实现控制并有过载保护。本任务中电动机正、反转接触器线圈额定电压为交流220V，正反转指示灯额定电压为直流24V。

2.4.2 任务资讯

1. 内部计数器

每个内部计数器都有一个设定值、一个当前值寄存器和一个状态位。内部计数器是在执行扫描操作时对内部信号（如X、Y、M、S、T等）的通断进行计数并保存在当前值寄存器中，当前值达到设定值时计数器状态位置位，触点动作。其中设定值可用常数K/H或数据寄存器D的内容来设定。设定值用K来设定时，取值范围为1~32 767。内部输入信号的接通和断开时间应比PLC的扫描周期稍长。

（1）16位增计数器。FX2N系列PLC的16位增计数器有通用型（C0~C99）和断电保

持型（C100~C199）两种。图 2-43 是 16 位通用增计数器程序示例，X002 每由断到通一次，计数器 C0 的当前值加 1，当前值等于设定值 10 时，C0 状态位置位，C0 动合触点闭合使得 Y001 得电；当 X001 接通时，计数器 C0 当前值清零，状态位复位，C0 动合触点断开，Y001 失电。

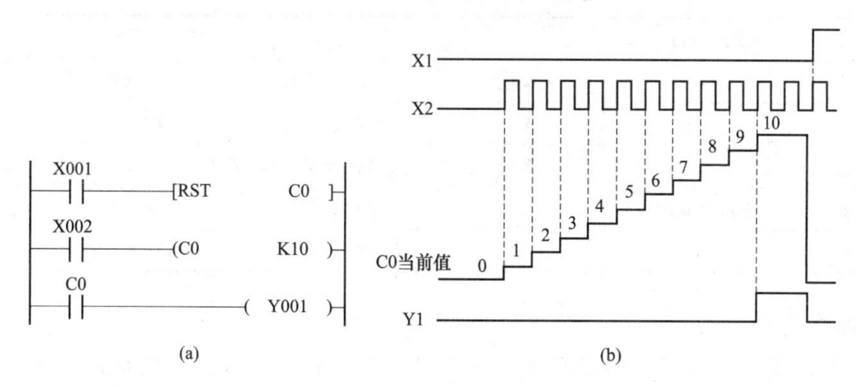

图 2-43　16 位通用增计数器程序示例

（a）梯形图；（b）波形图

（2）32 位增/减双向计数器。FX2N 系列 PLC 的 32 位增/减计数器有通用型（C200~C219）和断电保持型（C220~C234）两种。C200~C234 的计数方向分别由特殊辅助继电器 M8200~M8234 设定，对应的特殊辅助继电器接通时为减计数器，反之则为增计数器。

这类计数器与 16 位增计数器除位数不同外，还在于它能通过控制实现加/减双向计数。设定值范围均为-214 783 648~-+214 783 647。32 位增/减计数器的设定值与 16 位计数器一样，可直接用常数 K 也可间接用数据寄存器 D 间接设定。在间接设定时，要用编号相邻的两个数据计数器。

C200~C234 的计数方向分别由特殊辅助继电器 M8200~M8234 设定，对应的特殊辅助继电器接通时为减计数，反之则为增计数。

如图 2-44 所示，X000 用来控制特殊继电器 M8200，X000 动合触点闭合时，M8200 置 1，为减计数方式。X002 为计数输入，当 C200 计数当前值由 9→10 时，计数器的动合触点闭合使 Y001 接通。当前值大于 10 时计数器仍为 ON 状态，只有当前值由 10→9 时，计数器动合触点才会断开。复位输入端 X1 接通时，计数器的当前值清 0，输出触点也随之复位。

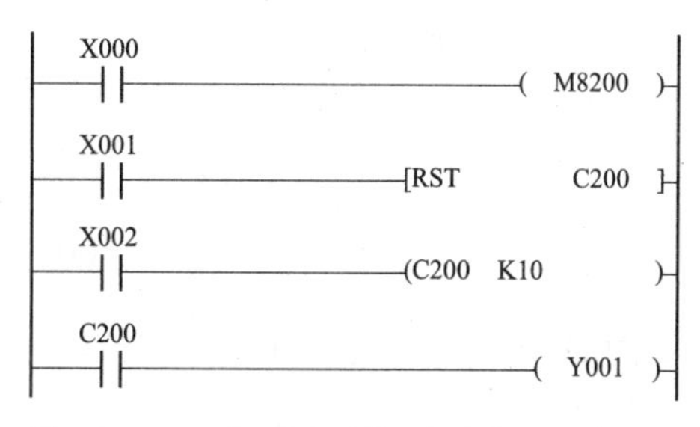

图 2-44　32 位通用型增/减计数器程序示例

2. 高速计数器

高速计数器通过中断方式对外部信号进行计数，与扫描周期无关。FX2N 系列 PLC 有 C235~C255 共 21 点高速计数器。用来作为高速计数器输入的 PLC 输入端口有 X000~X007，X000~X007 不能重复使用，即若某一个输入端已被某个高速计数器占用，它就不能再用于其他高速计数器，也不能用做它用。

2.4.3 任务实施

1. I/O 分配

电动机循环正、反转的 I/O 分配表，见表 2-7。

表 2-7 电动机循环正、反转 I/O 分配表

输入设备			输出设备		
设备名称	文字符号	输入地址	设备名称	文字符号	输出地址
启动按钮	SB1	X0	正转接触器线圈	KM1	Y0
停止按钮	SB2	X1	反转接触器线圈	KM2	Y1
热继电器	FR1（常闭点）	X2	正转指示灯	HL1	Y4
			反转指示灯	HL2	Y5

2. 硬件接线

电动机循环正、反转的电气原理图，如图 2-45 所示。因为交流接触器 KM1 和 KM2 线圈额定电压为交流 220V，而指示灯 HL1 和 HL2 额定电压为直流 24V，所以要分组接线。

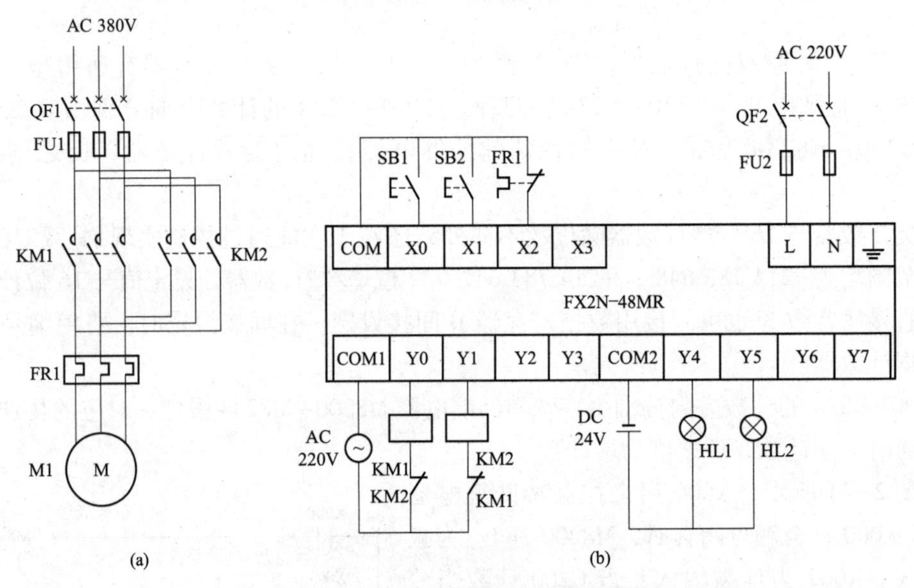

图 2-45 电动机循环正反转控制电气原理图

（a）主电路；（b）控制电路

图 2-46 为电器元件布置图，请按照图 2-45 将电器元件连接起来。

3. 程序设计

电动机循环正、反转梯形图程序如图 2-47 所示，程序原理如下：

（1）电动机正转。第 0~12 步程序为电动机正转 5s 的控制程序。需要注意两点：一是因为外部热继电器的动断触点接输入端子 X2，因此程序中用的是 X2 的动合触点；二是 T3 的动合触点串联计数器 C0 的动断触点作为正转 3s 的循环条件，即反转暂停 3s 结束后若循环次数未到 3 次则继续正转 5s。

（2）正转暂停。第 13~21 步程序为电动机正转结束后暂停 3s 的控制程序。

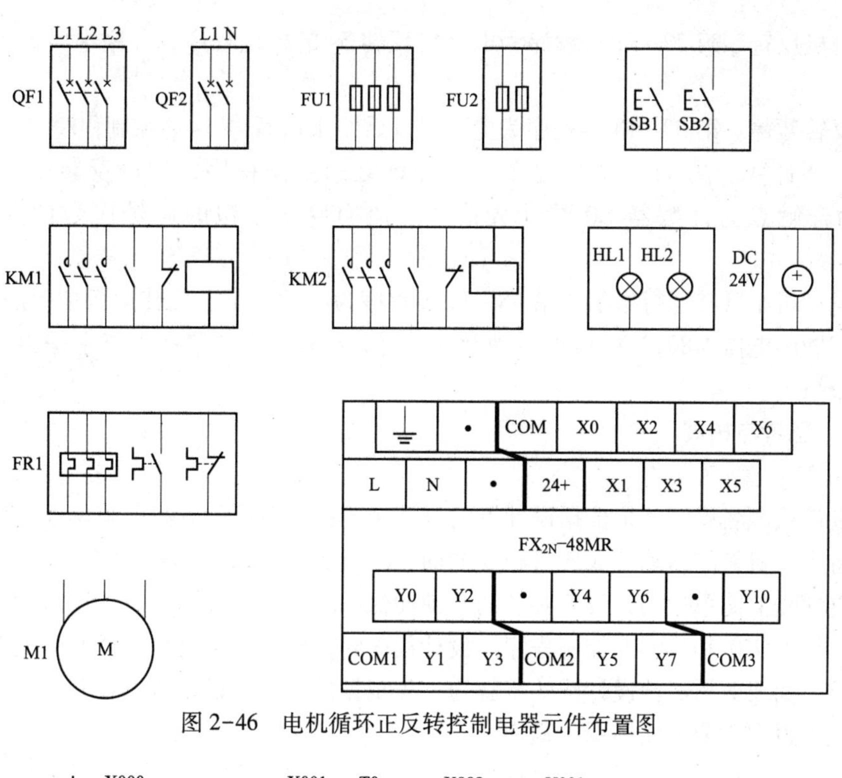

图 2-46　电机循环正反转控制电器元件布置图

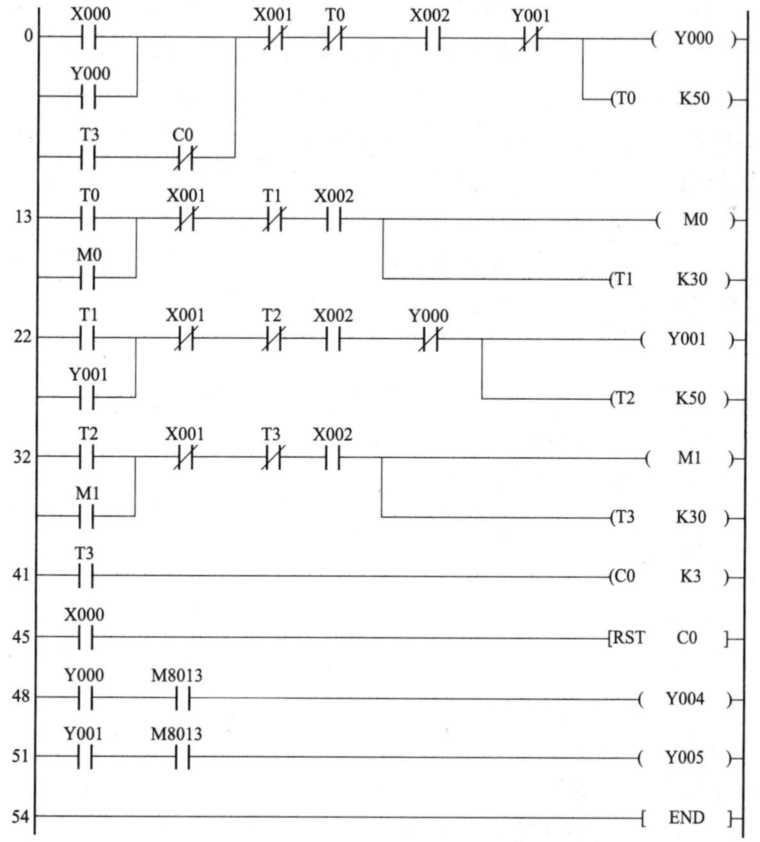

图 2-47　电动机循环正、反转控制梯形图

(3) 电机反转。第22~31步程序为电动机反转5s的控制程序，程序中增加了与正转的互锁控制。

(4) 反转暂停。第32~40步程序为电动机反转结束后暂停3s的控制程序。

(5) 循环计数。第41~47步程序为循环计数的控制程序，使用反转暂停延时定时器T3的动合触点为计数器C0的计数信号，使用启动按钮的信号作为计数器的复位信号。

(6) 电动机正反转运行指示：第48~54步程序为电动机正、反转运行指示的控制程序，其中特殊辅助继电器M8013为1s的时钟脉冲，将其动合触点串联在电路中是为了实现指示灯闪烁的效果。

2.4.4 思考与拓展

1. 经验设计法

经验设计法顾名思义就是依据设计者的设计经验进行设计的方法。采用经验设计法设计程序时，将生产机械的运动分成各自独立的简单运动，分别设计这些简单运动的控制程序，再根据各自独立的简单运动，设置必要的联锁和保护环节。这种设计方法要求设计者掌握大量的控制系统的实例和典型的控制程序。设计程序时，还需要经过反复修改和完善，才能符合控制要求。简要概括经验设计法的步骤为：先根据控制要求设计基本控制程序，再逐步完善程序，最后设置必要的联锁保护程序。

(1) 经验设计法的特点。经验设计法对于一些比较简单程序设计是比较奏效的，可以收到快速、简单的效果。但是，由于这种方法主要是依靠设计人员的经验进行设计，所以对设计人员的要求也就比较高，特别是要求设计者有一定的实践经验，对工业控制系统和工业上常用的各种典型环节比较熟悉。经验设计法没有规律可遵循，具有很大的试探性和随意性，往往需经多次反复修改和完善才能符合设计要求，所以设计的结果往往不很规范，因人而异。

经验设计法一般适合于设计一些简单的梯形图程序或复杂系统的某一局部程序（如手动程序等）。如果用来设计复杂系统梯形图，存在考虑不周、设计麻烦、设计周期长等问题。

用经验设计法设计复杂系统的梯形图程序时，要用大量的中间元件来完成记忆、联锁、互锁等功能，由于需要考虑的因素很多，它们往往又交织在一起，分析起来非常困难，并且很容易遗漏一些问题。修改某一局部程序时，很可能会对系统其他部分程序产生意想不到的影响，往往花了很长时间，还得不到一个满意的结果。

用经验设计法设计的梯形图是按设计者的经验和习惯的思路进行设计的。因此，梯形图程序的可读性差，同时给PLC系统维护、改进也带来许多困难。

(2) 经验设计法示例。下面通过电动机正、反转的例子来讲解经验设计法的基本思路。

任务描述：按下正转启动按钮，电动机开始正转；按下反转的启动按钮，电动机反转；任何时刻按下停止按钮，电动机停止运行。

1) 分析任务描述，可分解为电动机正转和电动机反转两个基本控制程序。

2) 确定输入/输出设备，并列写I/O分配表，见表2-8。

表 2-8　　电动机正反转 I/O 分配表

输入设备			输出设备		
设备名称	文字符号	输入地址	设备名称	文字符号	输出地址
正转启动按钮	SB1	X0	正转交流接触器	KM1	Y0
反转启动按钮	SB2	X1	反转交流接触器	KM2	Y1
停止按钮	SB3	X2			
热继电器（常闭点）	FR	X3			

3）画出电动机正、反转的电气原理图，如图 2-48 所示。

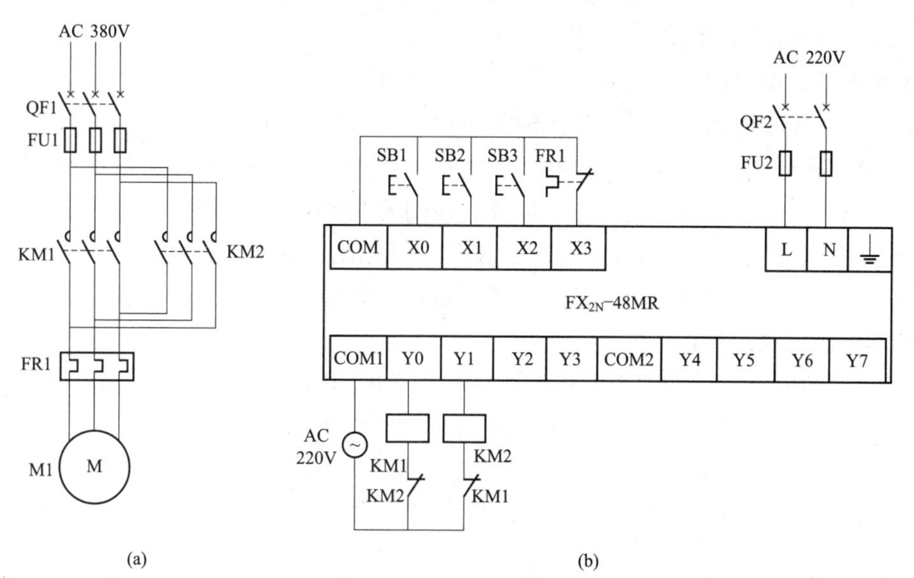

图 2-48　电动机正反转的电气原理图

（a）主电路；（b）控制电路

4）设计梯形图。电动机正转的梯形图，如图 2-49 所示。

电动机反转的梯形图，如图 2-50 所示。

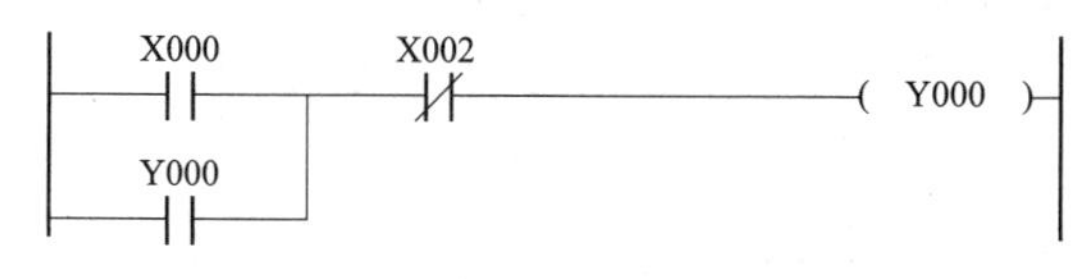

图 2-49　电动机正转的梯形图

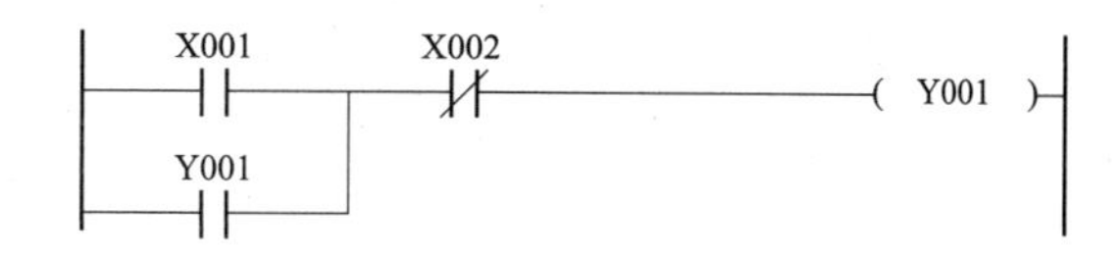

图 2-50　电机反转的梯形图

把正转和反转的梯形图整合到一起，并加上互锁环节及过载保护，得到最终梯形图，如图 2-51 所示。

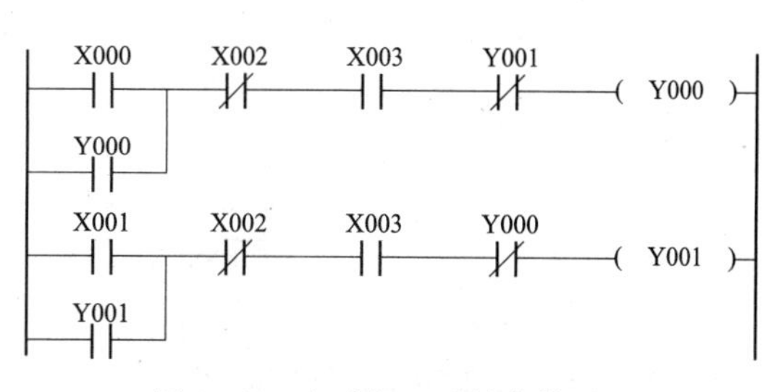

图 2-51　电动机正反转的梯形图

2. 继电器电路移植法

用 PLC 改造继电器控制系统时，因为原有的继电器控制系统经过长期的使用和考验，已被证明能够完成系统要求的控制功能，而且继电器电路图与梯形图在表示方法和分析方法上有很多相似之处，因此可以根据继电器控制电路设计梯形图，即将继电器控制电路转换为具有相同功能的 PLC 外部硬件接线图和梯形图。使用这种方法时一定要注意，梯形图与继电器控制电路有着本质的区别，梯形图是 PLC 程序，而继电器控制电路是由硬件组成的。

（1）继电器控制电路移植法设计梯形图的步骤。

1）了解和熟悉被控设备的工艺过程和机械的动作情况。

2）确定 PLC 的输入信号和输出负载，画出 PLC 外部接线图。

3）确定与继电器电路图的中间继电器器、时间继电器对应的梯形图中的辅助继电器 M 和定时器 T 的元件号。

4）根据上述对应关系画出梯形图。

（2）继电器控制电路移植法设计梯形图的注意事项。

根据继电器控制电路来设计梯形图时，应注意以下几个方面：

1）应遵守梯形图语言中的语法规定。例如，在继电器控制电路中，触点可以放在线圈的左边和右边，而在梯形图中，触点只能放在线圈的左边，线圈必须与右母线连接。

2）动断触点提供的输入信号的处理。在继电器控制电路中使用的动断触点，如果在梯形图转换过程中仍采用动断触点，使其与继电器控制电路相一致，那么在输入信号接线时就一定要接本触点的动合触点。

3）外部联锁电路的设立。为了防止外部 2 个不可同时动作的接触器同时动作，除在梯形图中设立软件互锁外，还应在 PLC 外部接线图中设置硬件互锁。

4）时间继电器瞬动触点的处理。对于有瞬动触点的时间继电器，可以在梯形图的定时器线圈的两端并联辅助继电器，这个辅助继电器的触点可以当作时间继电器的瞬动触点使用。

5）热继电器过载信号的处理。如果热继电器为自动复位型，其触点提供的过载信号就必须通过输入点将信号提供给 PLC；如果热继电器为手动复位型，可以将其动断触点串联在 PLC 输出电路中的交流接触器的线圈上。当然，过载时接触器断电，电动机停转，但 PLC 的输出依然存在，因为 PLC 没有得到过过载的信号。

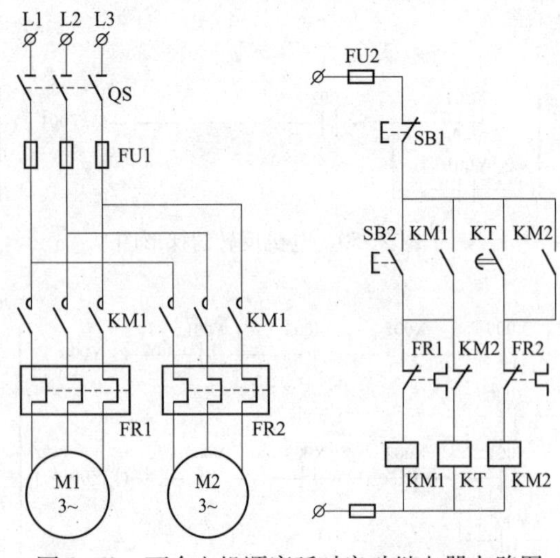

图 2-52　两台电机顺序延时启动继电器电路图

（3）继电器控制电路移植法使用示例。

下面用两台电动机延时启动控制为例说明继电器控制电路移植法的使用方法。

1）控制要求。按下启动按钮 SB2，接触器 KM1 线圈得电自锁，电动机 M1 运行；延时 3s 后时间继电器 KT 动合触点闭合，接触器 KM2 线圈得电自锁，电机 M2 运行；按下停止按钮 SB1 或电机过载时电机停止运行。如图 2-52 所示为两台电动机延时启动的继电器电路图。

2）I/O 分配，见表 2-9。

表 2-9　　电动机顺序延时启动控制 I/O 分配表

输入设备			输出设备		
设备名称	文字符号	输入地址	设备名称	文字符号	输出地址
启动按钮	SB2	X0	M1 接触器线圈	KM1	Y0
停止按钮	SB1	X1	M2 接触器线圈	KM2	Y1
M1 热继电器	FR1	X2			
M2 热继电器	FR2	X3			

3）PLC 外部接线，主电路与图 2-52 相同，控制电路改成图 2-53 所示的 PLC 外部接线图，主电路省略。

4）程序设计如图 2-54 所示。将图 2-52 中的继电器控制电路逆时针转 90°，然后将输入设备、输出设备的触点、线圈改成对应软元件的触点和线圈，熔断器不需要体现在程序中，时间继电器 KT 用定时器 T0 代替。

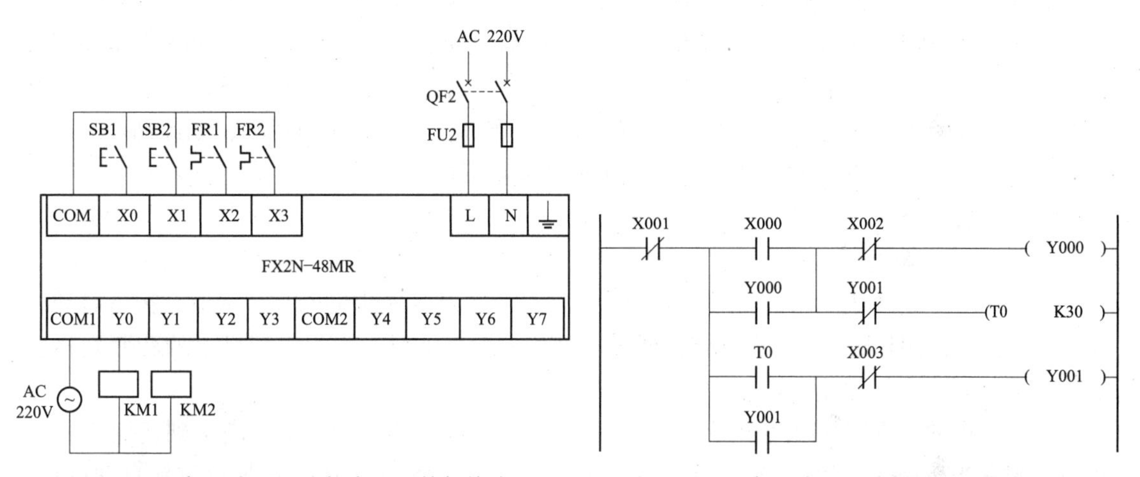

图 2-53　两台电动机延时启动 PLC 外部接线图　　图 2-54　两台电动机延时启动 PLC 梯形图程序

巩　固　练　习

一、选择题

1.（　　）为 16 位通用型增计数器。

A. C0　　B. C100　　C. C200　　D. C220

2. 计数器 C200 的计数方向由（　　）设定。

A. M8200　　B. M8000　　C. M8002　　D. M8013

3.（　　）编程方法需要现有的继电器控制电路。

A. 经验设计法　　B. 继电器电路移植法

C. 顺控设计法　　D. 逻辑式设计法

二、判断题

1. 内部计数器可以对高频脉冲计数。（　　）

2. 内部计数器的线圈断开时其当前值清零。 (　　)

3. 高速计数器通过中断方式对外部信号进行计数，与扫描周期无关。 (　　)

4. 内部计数器的设定值只能为常数，最大为32767。 (　　)

5. X10可以作为高速计数器输入的PLC输入端。 (　　)

三、设计题

1. 按下按钮SB1三次后指示灯HL1点亮，按下按钮SB2后指示灯熄灭。分配I/O并设计梯形图程序。

2. 按下按钮SB1三次后指示灯HL1点亮，再按下按钮SB1三次后指示灯熄灭。分配I/O并设计梯形图程序。

3. 第一次按下按钮SB1，指示灯HL1点亮；第二次按下SB1，指示灯HL2点亮；第三次按下SB1，指示灯HL3点亮；按下按钮SB2，指示灯全部熄灭。分配I/O并设计梯形图程序。

4. 用定时器T0和计数器C0设计一个延时时间为24h的梯形图。

5. 按下正转启动按钮SB1，三相异步电动机M1正向运转5s，停止3s，再反向运转5s，停止3s，然后再正向运转，如此循环3次后停止运转。按下反转启动按钮SB2，三相异步电动机M1反向运转5s，停止3s，再正向运转5s，停止3s，然后再正向运转，如此循环3次后停止运转。按下停止按钮SB3后，完成一个循环周期后电动机停止。

6. 自动装药机控制，控制要求如下：

(1) 按下按钮SB1、SB2或者SB3，可选择每瓶装入3、5片或者7片，通过指示灯HL1、HL2或者HL3表示当前每瓶的装药量。当选定要装入瓶中的药片数量后，按下启动按钮SB4，电动机M1驱动皮带机运转，通过药品检测限位SQ1，检测皮带机上的药瓶到达装瓶的位置，则皮带机停止运转。

(2) 当电磁阀YV1打开装有药片装置后，通过光电传感器SQ2，对进入到药瓶的药片进行记数，当药瓶的药片达到预先选定的数量后，电磁阀YV1关闭，皮带机重新自动启动，使药片装瓶过程自动连续地运行。

(3) 如果当前的装药过程正在运行时，需要改变药片装入数量（例如由7片改为5片），则只有在当前药瓶装满后，从下一个药瓶开始装入改变后的数量。

(4) 如果在装药的过程中按下停止按钮SB5，则在当前药瓶装满后，系统停止运行。

分配I/O并设计梯形图程序。

任务5　运料小车的PLC控制

2.5.1　任务概述

如图2-55所示，运料小车在初始位置停在左边，左限位开关SQ1为ON。按下启动按钮SB1后，小车开始前进，碰到右限位开关SQ2后停止，装料电磁阀YV1得电，装料斗开始装料，7s后装料关闭小车自动后退，碰到左限位开关SQ1时停止，小车底门卸料电磁阀YV2得电，小车开始卸料，5s后卸料结束小车自动右行进入下一个工作周期，按下停止按钮SB2则所有动作立即停止。

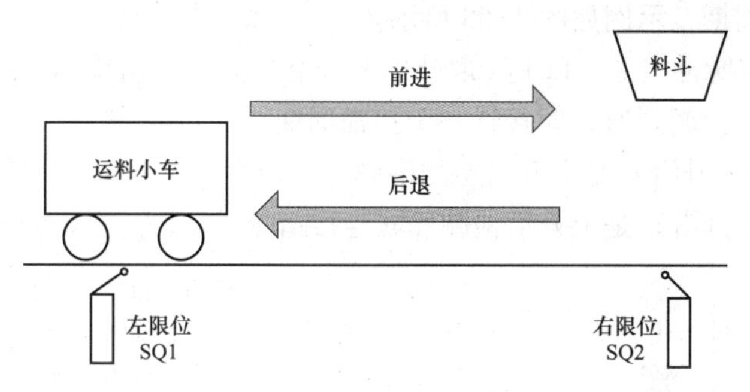

图 2-55　运料小车示意图

2.5.2　任务资讯

1. 限位开关

依据生产机械的行程发出命令，以控制其运动方向和行程长短的主令电器称为限位开关或者行程开关。限位开关按其结构分为机械结构的接触式有触点行程开关和电气结构的非接触式接近开关。图 2-56 所示为机械接触式限位开关，图 2-57 所示为接近开关。机械接触式限位开关只有两根线，接线时无电源极性要求。接近开关可以分为电感式、电容式、霍尔式和光电式等，其接线有两线式和三根线，三线式接近开关与三菱 FX 系列 PLC 连接时，棕色线接 24V+，蓝色线接输入回路公共端 COM，黑色线接输入端子。

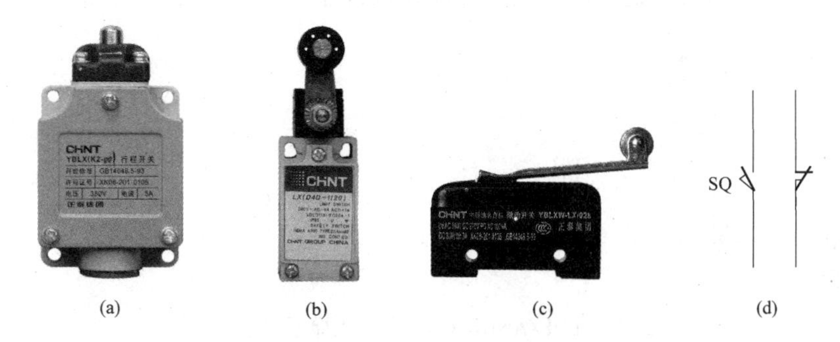

图 2-56　机械接触式限位开关

（a）直动式限位开关；（b）滚轮式限位开关；（c）微动开关；（d）图形和文字符号

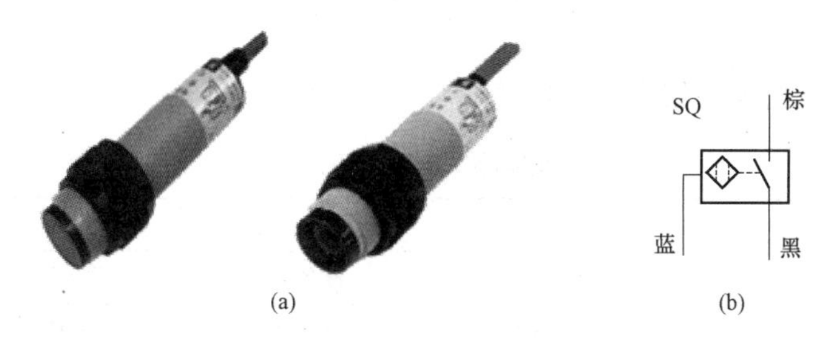

图 2-57　接近开关

（a）接近开关图片；（b）图形和文字符号

2. 触点脉冲指令

通过触点脉冲指令可以使得某个信号仅在上升沿（由断到通时）或下降沿（由通到断

时）接通 1 个扫描周期，示例如图 2-58 所示。

（1）上升沿触点脉冲指令。LDP（取脉冲上升沿）是上升沿检测运算开始指令，仅在指定软元件的上升沿（由断到通）时接通一个扫描周期。

ANDP（与脉冲上升沿）是上升沿检测串联连接指令。

ORP（或脉冲上升沿）是上升沿检测并联连接指令。

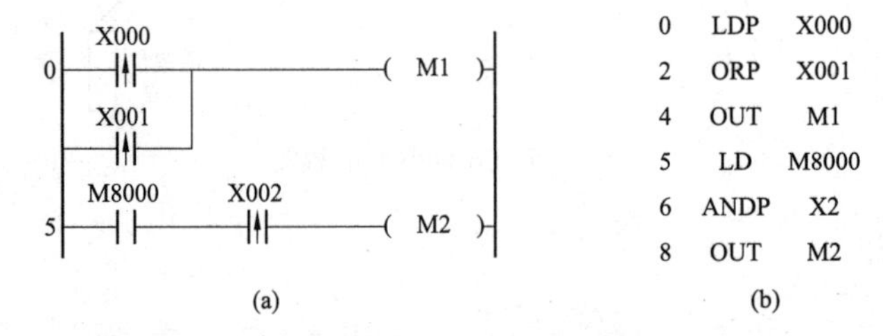

图 2-58 LDP/ANDP/ORP 指令在梯形图中的表示

（a）梯形图；（b）指令表

（2）下降沿触点脉冲指令。LDF（取脉冲下降沿）是下降沿脉冲运算开始指令，仅在指定软元件的下降沿（由通到断）时接通一个扫描周期，示例如图 2-59 所示。

ANDF（与脉冲下降沿）是下降沿检测串联连接指令。

ORF（或脉冲下降沿）是下降沿检测并联连接指令。

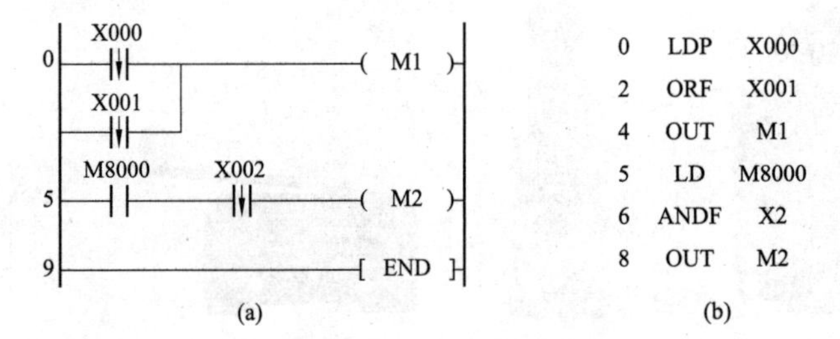

图 2-59 LDF/ANDF/ORF 指令在梯形图中的表示

（a）梯形图；（b）语句表

2.5.3 任务实施

1. I/O 分配

运料小车 I/O 分配表，见表 2-10。

表 2-10 运料小车 I/O 分配表

输入设备			输出设备		
设备名称	文字符号	输入地址	设备名称	文字符号	输出地址
启动按钮	SB1	X0	右行接触器线圈	KM1	Y0
停止按钮	SB2	X1	左行接触器线圈	KM2	Y1
左限位开关	SQ1	X2	装料电磁阀线圈	YV1	Y2
右限位开关	SQ2	X3	卸料电磁阀线圈	YV2	Y3
热继电器	FR1	X4			

2. 硬件接线

图 2-60 所示为运料小车控制的电气原理图。本任务中两个限位开关均使用机械接触式限位开关，接触器和电磁阀的线圈均使用交流 220V 的电源，左行和右行接触器线圈之间需要有电气互锁。

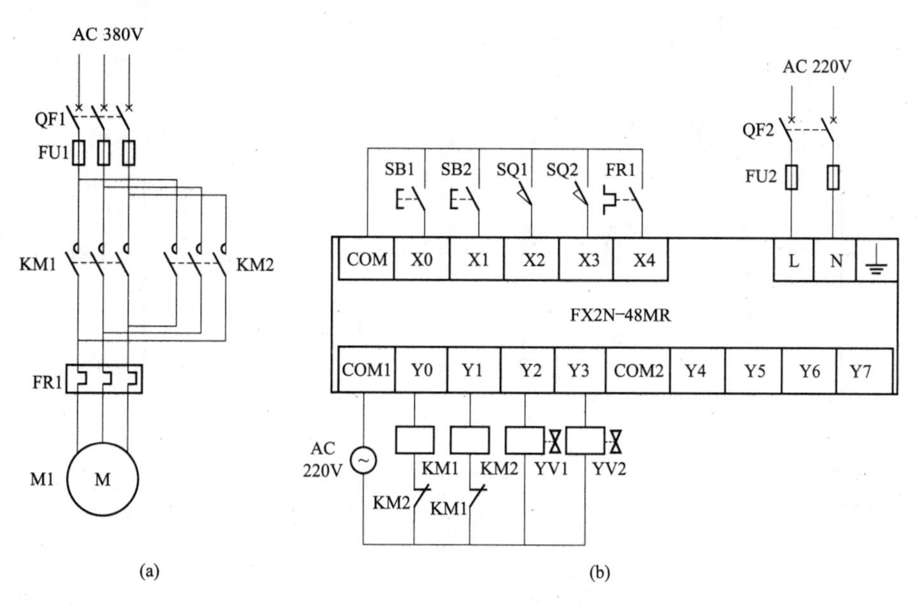

图 2-60　运料小车控制电气原理图

（a）主电路；（b）控制电路

图 2-61 所示为运料小车的电器元件布置图，请按照图 2-60 将电器元件连接起来。

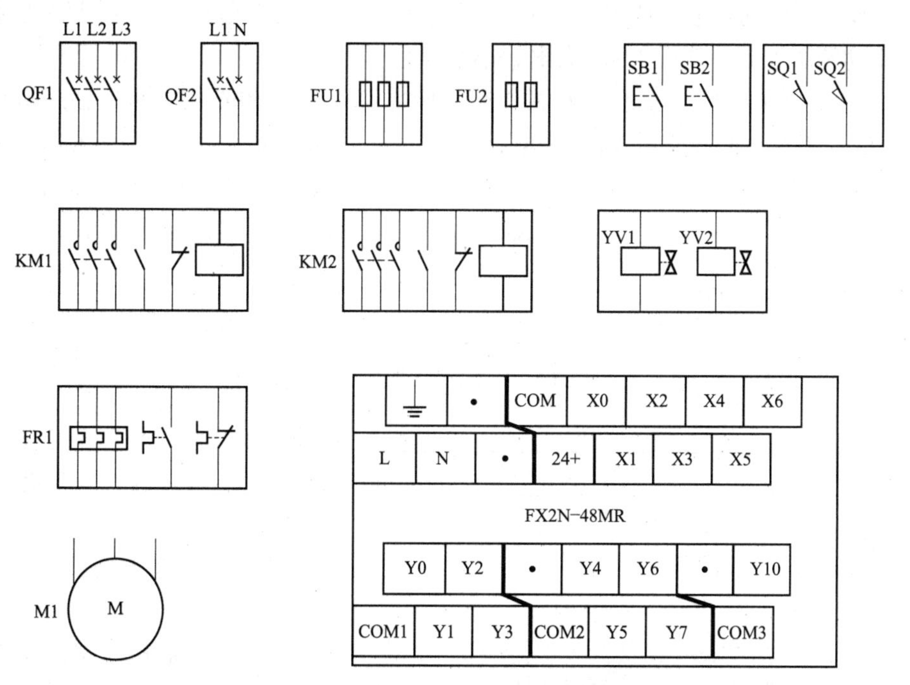

图 2-61　运料小车控制电器元件布置图

3. 程序设计

图 2-62 所示为运料小车控制的梯形图程序，程序原理如下：

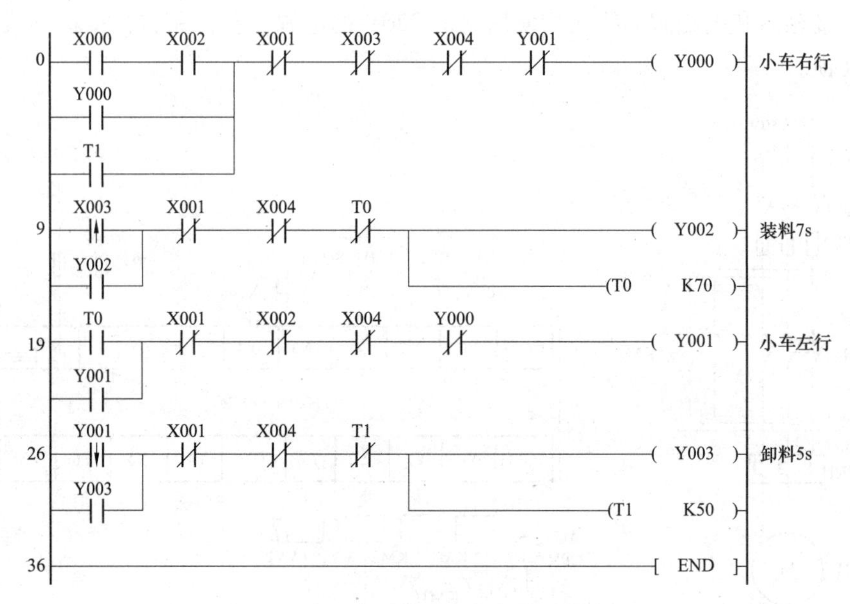

图 2-62　运料小车控制梯形图

（1）小车在左限位处按下启动按钮时，X000 和 X002 得电，使得 Y000 得电自锁，小车右行。小车右行至右限位处时，右限位信号 X003 动断触点断开使得 Y000 失电，小车停止。

（2）通过右限位信号 X003 的上升沿脉冲使得 Y002 得电自锁，开始装料并延时，7s 后 T0 动断触点断开使得 Y002 失电，停止装料。

（3）通过 T0 的动合触点使得 Y1 得电自锁，小车左行。小车左行至左限位处时，左限位信号 X2 动断触点断开使得 Y001 失电，小车停止。

（4）小车停止左行时，通过 Y001 的下降沿脉冲信号使得 Y003 得电自锁，开始卸料并延时，5s 后 T1 动断触点断开使得 Y003 失电，停止卸料，同时 T1 的动合触点使得 Y000 得电自锁，小车再次右行，开始下一个循环，直至按下停止按钮或电机过载为止。

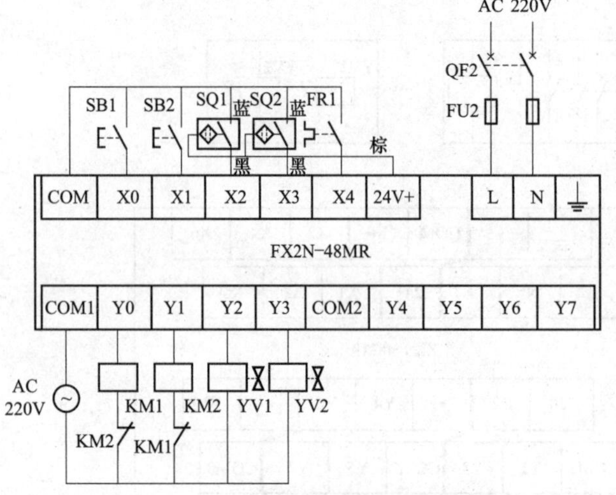

图 2-63　两地自动往返运料小车 PLC 接线

注意：第 26 步程序不能使用左限位信号 X002 的上升沿脉冲信号作为启动信号来启动 Y003，因为小车初始位置就在左限位处，PLC 上电时 X002 会发出一个上升沿脉冲信号，从而导致小车卸料信号在没按启动按钮的情况下直接得电。

2.5.4　思考与拓展

1. NPN 式接近开关的接线方法

以运料小车 PLC 接线图为例，如图 2-63 所示。SQ1、SQ2 分别为左右

两个接近开关，采用 NPN 三线式接近开关，棕色线接 24V+，黑色线接输入端子，蓝色线接 COM 端。

2. 微分指令

（1）上升沿微分指令 PLS。在输入信号上升沿产生一个扫描周期的脉冲输出。如图 2-64 所示，M0 仅在 X000 的动合触点由断到通时接通一个扫描周期。

（2）下降沿微分指令 PLF。在输入信号下降沿产生一个扫描周期的脉冲输出。如图 2-64 所示，M1 仅在 X001 的动合触点由通到断时接通一个扫描周期。

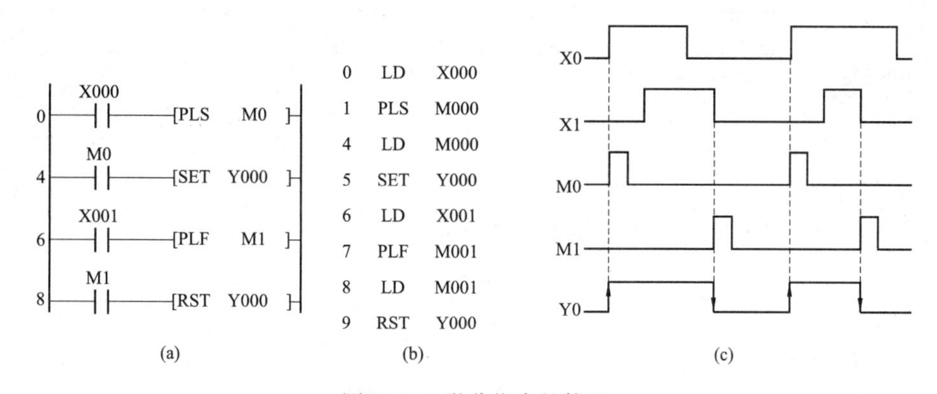

图 2-64　微分指令的使用

（a）梯形图；（b）指令表；（c）时序图

3. 三地运料小车控制

（1）控制要求。图 2-65 所示为三地运料小车运行示意图，启动按钮 SB1 用来开启运料小车，停止按钮 SB2 用来手动停止运料小车，按 SB1 小车从原点启动，接触器 KM1 吸合使小车右行到 SQ2 处停止，电磁阀 YV1 得电使甲料斗装料 5s，然后小车继续右行到碰 SQ3 处停止，此时电磁阀 YV2 得电使乙料斗装料 3s，随后接触器 KM2 吸合小车左行返回原点到 SQ1 处停止，电磁阀 YV3 得电使小车卸料 8s 后完成一次循环，然后周而复始运行，直至按下停止按钮 SB2 时停止。

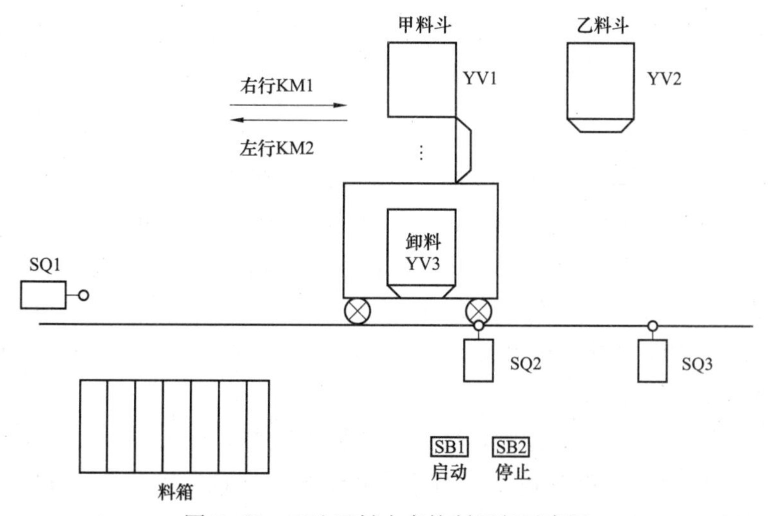

图 2-65　三地运料小车控制运行示意图

（2）I/O分配表。I/O分配见表2-11。

表2-11　　三地运料小车控制I/O分配表

输入设备			输出设备		
设备名称	文字符号	输入地址	设备名称	文字符号	输出地址
启动按钮	SB1	X0	右行接触器线圈	KM1	Y0
停止按钮	SB2	X1	左行接触器线圈	KM2	Y1
左限位开关	SQ1	X2	甲料斗装料电磁阀	YV1	Y2
甲料斗限位开关	SQ2	X3	乙料斗装料电磁阀	YV2	Y3
乙料斗限位开关	SQ3	X4	卸料电磁阀	YV3	Y4
热继电器	FR1	X5			

（3）电气原理图。

图2-66所示为三地运料小车控制的电气原理图。

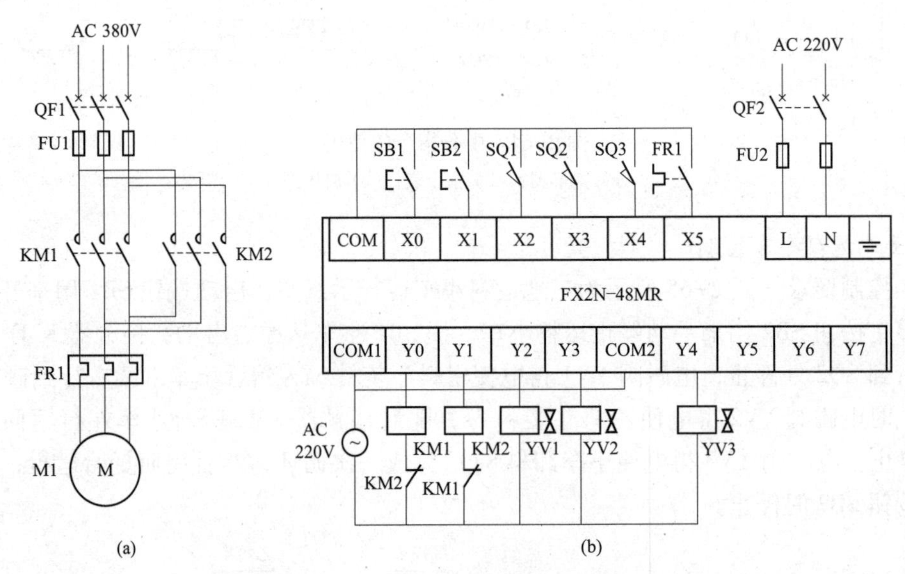

图2-66　三地运料小车控制电气原理图

（a）主电路；（b）控制电路

（4）程序设计。三地运料小车的梯形图程序如图2-67所示，程序原理如下：

1）小车在左限位处按下启动按钮时，X0和X2得电，使得M0得电自锁，小车右行。小车右行至甲料斗限位SQ2处时，甲料斗限位信号X3动断触点断开使得M0失电，小车停止。注意：因为一个周期内小车有两次右行，所以用两个辅助继电器M0和M1分别代表两次右行的中间状态，然后再用M0和M1的动合触点并联起来控制右行输出Y0的线圈，这样可以避免双线圈。

2）通过甲料斗限位信号X3的上升沿脉冲使得Y2得电自锁，甲料斗开始装料并延时，5s后T0动断触点断开使得Y2失电，甲料斗停止装料。注意：为防止小车左行返回时限位SQ2动作使甲料斗误动作，应在甲料斗限位信号X3的上升沿脉冲后串联左行信号Y1的动

断触点。

3）通过 T0 的动合触点使得 M1 得电自锁，小车再次右行。小车右行至乙料斗限位 SQ3 处时，乙料斗限位信号 X4 动断触点断开使得 M1 失电，小车停止右行。

4）通过乙料斗限位信号 X4 的上升沿脉冲使得 Y3 得电自锁，乙料斗开始装料并延时，3s 后 T1 动断触点断开使得 Y3 失电，乙料斗停止装料。

5）通过 T1 的动合触点使得 Y1 得电自锁，小车左行。小车左行至左限位 SQ1 处时，左限位信号 X2 动断触点断开使得 Y1 失电，小车停止左行。

6）小车停止左行时，通过 Y1 的下降沿脉冲信号使得 Y4 得电自锁，开始卸料并延时，8s 后 T2 动断触点断开使得 Y4 失电，停止卸料，同时 T2 的动合触点使得 M0 得电自锁，小车再次右行，开始下一个循环，直至按下停止按钮或电动机过载为止。

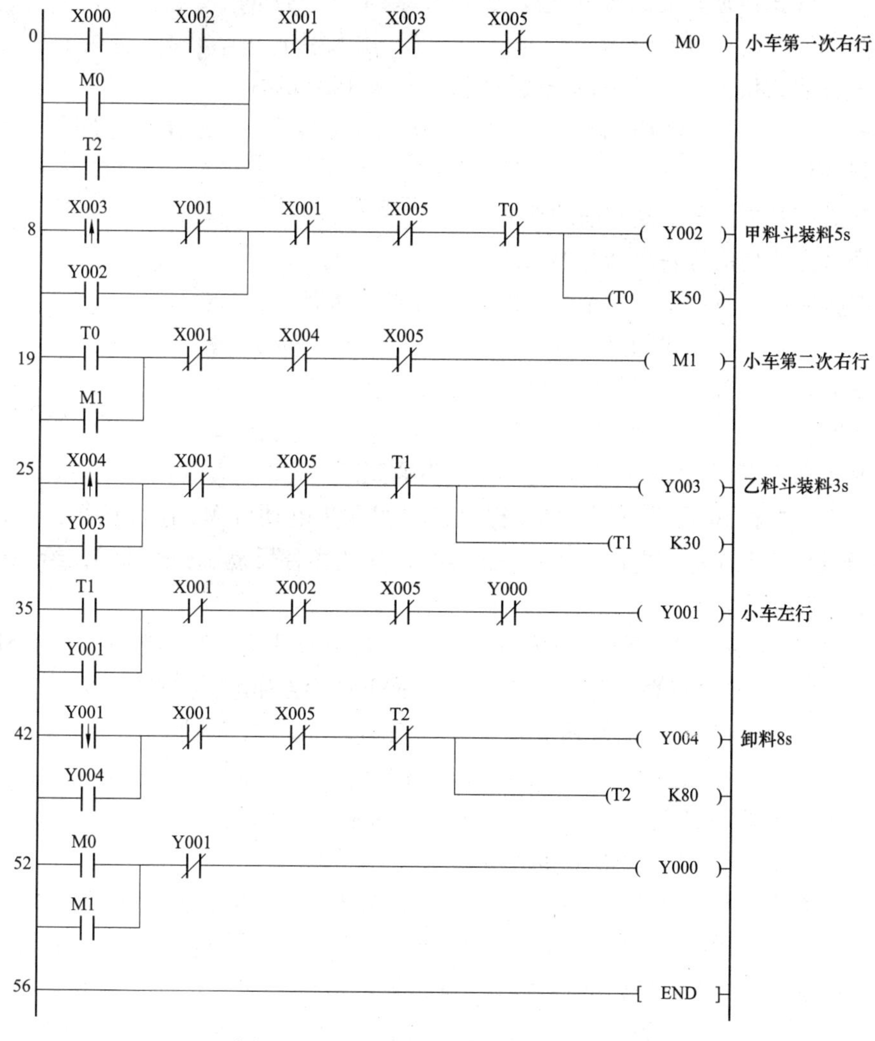

图 2-67　三地运料小车控制梯形图程序

巩 固 练 习

一、选择题

1. 三菱 FX 系列 PLC 上升沿微分指令为（　　）。

A. PLS　　B. SET　　C. PLF　　D. RST

2. 三菱 FX 系列 PLC 下降沿微分指令为（　　）。

A. PLS　　B. SET　　C. PLF　　D. RST

3. NPN 三线式接近开关的棕色线接三菱 FX 系列 PLC 的（　　）。

A. 24+　　B. COM　　C. 输入端子　　D. 空端子

4. NPN 三线式接近开关的蓝色线接三菱 FX 系列 PLC 的（　　）。

A. 24+　　B. COM　　C. 输入端子　　D. 空端子

5. NPN 三线式接近开关的黑色线接三菱 FX 系列 PLC 的（　　）。

A. 24+　　B. COM　　C. 输入端子　　D. 空端子

二、判断题

1. 上升沿指的是信号由断到通的那一刻。（　　）

2. 下降沿指的是信号一直断开的状态。（　　）

3. 触点脉冲指令只能检测单个信号的上升沿或下降沿。（　　）

4. 接近开关属于接触式的接近开关。（　　）

5. 三菱 FX 系列 PLC 一般使用 PNP 式接近开关。（　　）

三、设计题

1. I0.0 由通到断时 Q0.0 得电自锁，I0.1 由通到断时 Q0.0 失电。设计梯形图程序。

2. 按下启动按钮 SB1，接触器 KM1 得电，三相异步电动机 M1 连续运行；再次按下按钮 SB1，接触器 KM1 失电，电动机 M1 停止运行；如此交替反复。分配 I/O，绘制电气原理图并设计梯形图程序。

3. 第一次按下按钮 SB1，指示灯 HL1 点亮、指示灯 HL2 不亮；第二次按下按钮 SB1，指示灯 HL1 不亮、指示灯 HL2 点亮；之后交替反复。分配 I/O，绘制电气原理图并设计梯形图程序。

4. 某三地运料小车，启动按钮 SB1 后小车先在原点（左限位 SQ1 处）装料（YV1）10s，然后小车右行至中限位 SQ2 处停止并卸料（YV2）4s，卸料完毕后小车再次右行至右限位 SQ3 处停止卸料（YV2）6s，卸料完毕后小车左行退回原点位置开始下一个循环。分配 I/O，绘制电气原理图并设计梯形图程序。

5. 某工作台由一台双速电动机驱动，在 A、B 两地之间往复运行。初始位置停在左侧 A 点（限位 SQ1 动作）。按下起动按钮后，工作台高速右行，当距离 B 点 10m 时（该处设有一个接近开关 SQ4）工作台开始低速右行，当碰到右限位开关 SQ2 时工作台停止右行，同时以较快速度向左侧 A 点运行，距离 A 点 10m（该处也设有一个接近开关 SQ3）时工作台开始低速左行，碰到左限位开关时，工作台停止左行，自动右行进入下一个工作周期，不断循环直到按下停止按钮为止。请设计 PLC 的控制系统。

顺序控制系统的PLC控制

任务1　机床液压滑台的PLC控制

3.1.1　任务概述

某组合机床液压滑台进给运动过程如图3-1所示，滑台初始位置在限位SQ1处。按下启动按钮后，滑台快进，电磁阀YV1得电。快进碰到限位SQ2后滑台转为工进，电磁阀YV1和YV2得电。工进碰到限位SQ3后滑台转为快退，电磁阀YV3得电，碰到限位SQ1后停止。在滑台运行过程中按下停止按钮后，滑台立即停止。

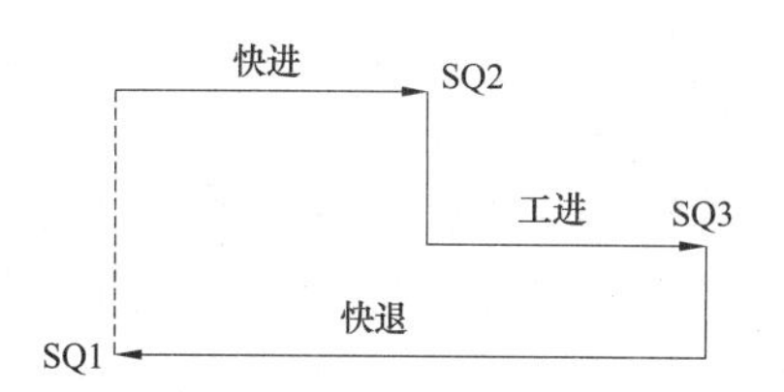

图3-1　组合机床液压滑台运动示意图

3.1.2　任务资讯

1. 顺序控制设计法概述

如果一个控制系统可以分解成几个独立的控制动作，且这些动作必须严格按照一定的先后次序执行才能保证生产过程的正常运行，这样的控制系统称为顺序控制系统，也称为步进控制系统。其控制总是一步一步按顺序进行。在工业控制领域中，顺序控制系统的应用很广，尤其在机械行业，经常利用顺序控制来实现加工的自动循环。

所谓顺序控制设计法就是针对顺序控制系统的一种专门的设计方法。这种设计方法很容易被初学者接受，对于有经验的工程师，也会提高设计的效率，程序的调试、修改和阅读也很方便。PLC的设计者们为顺序控制系统的程序编制提供了大量通用和专用的编程元件，开发了专门供编制顺序控制程序用的功能表图，使这种先进的设计方法成为当前PLC程序设计的主要方法。

2. 顺序功能图的组成

使用顺序控制设计法设计顺序控制系统的程序首先需要绘制顺序功能图，如图3-2所示，顺序控制功能图主要由步、转换条件、有向线段、动作几部分构成。

(1) 步。图3-2中各状态器所在的线框为顺序功能图的“步”。可以用辅助继电器M或者状态继电器S表示各步的序号。“步”对应于工业生产工艺流程中的工步，是控制系统中一个相对稳定的状态，通常有初始步和工作步之分。初始步对应于控制系统工作之前的状

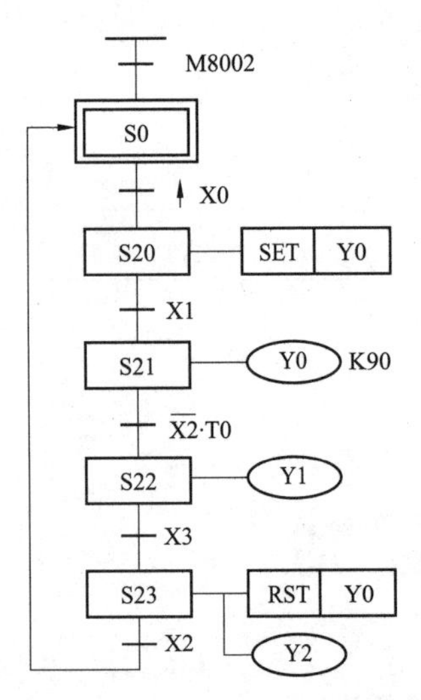

图 3-2　顺序功能图

态，是运行的起点，用双线框表示。初始步可以没有任何输出，但是必不可少。工作步对应于系统正常运行时的状态，用单线框表示。

根据步的运行状态，又可以将“步”分为活动步和静止步。系统正工作于某一步时，相应的工作被执行，该步称为活动步。只有前级步为活动步，同时满足相应的转换条件时，才能激活当前步，同时停止前级步。M8002 为初始化脉冲继电器，在 PLC 由 STOP 变为 RUN 的瞬间，M8002 接通一个扫描周期，用于激活初始步。否则，由于没有活动步，程序不能被执行。

（2）转换条件。图 3-2 中各步之间的短横线称为转换条件，具体条件要求用短横线旁边的文字或布尔代数表达式或图形符号注明。转换条件 X 和 $\overline{X}$，分别表示当 X 为 ON 和 OFF 时条件成立；$\uparrow X$ 和 $\downarrow X$ 分别表示当 X 由 OFF 变为 ON 和由 ON 变为 OFF 时条件成立；$X1+X2$ 和 $X1 \cdot X2$ 分别表示当 $X1+X2$ 和 $X1 \cdot X2$ 的逻辑运算结果为 1 时，转换条件成立。

步与步之间的状态转换需满足两个条件：一是前级步必须是活动步；二是对应的转换条件要成立。满足上述两个条件就可以实现步与步之间的转换。值得注意的是，一旦后续步转换成功成为活动步，前级步就要复位成为非活动步。这样，状态转移图的分析就变得条理十分清楚，无需考虑状态时间的繁杂联锁关系。另外，这也方便程序的阅读理解，使程序的试运行、调试、故障检查与排除变得非常容易，这就是步进顺控设计法的优点。

（3）有向线段。顺序功能图中，带箭头的线段称为有向线段，用来表示顺序流程的进展方向，即步的转换方向。顺序功能图各步由上向下执行时，有向线段的箭头通常省略不画，但是当进展方向为由下向上时，箭头不可省略。

（4）动作。图 3-2 中，T0、Y1、Y2、SET 和 RST 分别为各步的驱动，表示各步所能完成的工作。当某一步为活动步时，相应的驱动被执行。驱动可以为保持型和非保持型的，例如，线圈 Y、M 等为非保持型驱动，当某步由活动步变为静止步时，非保持型驱动也由 ON 变为 OFF。SET 和 RST 等为保持型驱动，当某一步为活动步时，指令被执行，即使该步又变为静止步，被置位或复位的元件仍保持此时的状态不变，除非遇到新的复位或置位、线圈驱动指令。

在顺序功能图中（并行序列除外），不同的步可以有相同的输出，即允许使用“双线圈”。但是，同一步内不能有相同的输出线圈。定时器线圈与其余线圈一样，可以在不同的步之间重复使用，但是应避免在相邻的步中使用同一个定时器线圈，以避免状态转移时定时器线圈不能断开，当前值不能复位。

3. 顺序功能图的结构类型

顺序功能图按照结构形式的不同，可以分为单一序列结构、选择序列结构、并行序列结构、重复、跳步等形式。

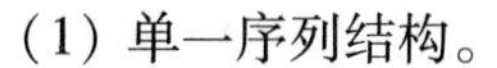

（1）单一序列结构。

图 3-2 所示顺序功能图为单一序列结构顺序功能图。这是一种最简单的结构形式，每步后面只有一个转换条件，每个转换条件后面也只有一步。

（2）选择与并行序列结构。

图 3-3（a）所示为选择序列结构顺序功能图。选择序列的顺序功能图用单线的长划线表示分支的开始和汇合。分支开始线应在各序列转换条件上方，汇合线应在各序列汇合的转换条件之下。

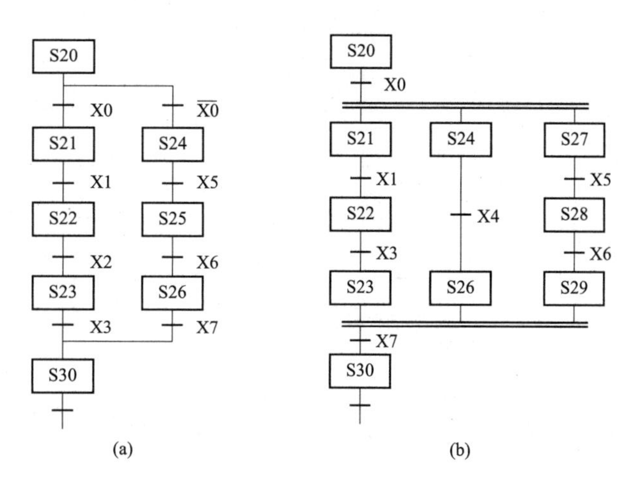

图 3-3　选择与并行序列

（a）选择序列；（b）并行序列

S21～S23，S24～S26 分别为这个选择序列的两个分支序列。S20 为活动步时，若 X0 为 ON，则 S21 被激活，S21 开始的序列被执行。若 X0 为 OFF，则 S24 被激活，S24 开始的序列被执行。需注意的问题是，分支序列中，每次只能选择执行其中的一个序列。各分支可以有不同的步数。分支序列汇合时，S23、S26、S29 中的任意一步为活动步，并满足相应转换条件时，都可以激活 S30。

图 3-3（b）所示为并行序列结构顺序功能图。并行序列的顺序功能图用双线的长划线表示分支的开始和汇合。分支开始线应在并行序列的分支开始转换条件之下，汇合线应在各序列汇合的转换条件之上。S21～S23，S24～S26，S27～S29 分别为这个并行序列的三个分支序列。S20 为活动步时，若 X0 为 ON，则同时激活三个分支序列。各分支可以有不同的步数。与选择序列不同，并行序列的所有分支是同时开始，各自执行的，并不要求同步执行。分支汇合时则需要各分支的末步均为活动步，并满足汇合转换条件。图 3-3 中，只有 S23、S26、S29 均为活动步，并且转换条件 X7 为 ON 时，S30 被激活。

（3）重复、跳步序列结构与多个流程间的跳转。

图 3-4 所示为重复序列结构，当 S22 为活动步，同时满足转换条件 X4 为 ON 时，S20～S22 之间的各步被重复执行，直至 S22 为活动步，同时满足转换条件 X3 位 ON 时，跳出重复，激活 S23。

图 3-5 所示为跳步序列结构，当 S1 为活动步时，若转换条件 X0 为 ON，则激活 S40；若转换条件 X5 为 ON，则激活 S42。

图3-6所示为多个单一序列结构之间的跳转。顺序功能图允许设计多个单一流程。S2、S5分别为两个单一序列的初始步。当S50为活动步时，若满足转换条件X5为ON，则跳转到S5开始的序列，并激活S62。

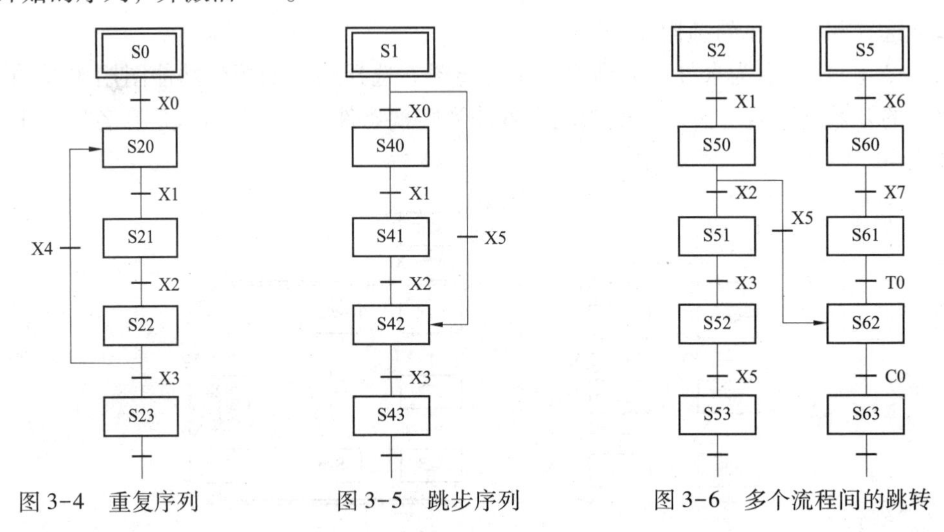

图3-4　重复序列　　图3-5　跳步序列　　图3-6　多个流程间的跳转

4. 顺序功能图的画法

正确绘制顺序功能图是编制步进梯形图的基础。顺序功能图可以将控制的顺序清晰地表示出来。便于机械工程技术人员与电气工程技术人员之间的技术交流与合作。

绘制顺序功能图的步骤如下：

(1) 根据工艺流程要求划分“步”，并确定每步的输出。

(2) 确定步与步之间的转换条件。

(3) 画出步序图。

(4) 将工序图转换为顺序功能图。

(5) 将工序图中的“步”用相应状态继电器S或辅助继电器M代替，并画出每步驱动的线圈。将转换条件用字符或逻辑语言描述出来。

5. 启保停顺序控制设计法

顺序控制设计法常见的有启保停顺序控制设计法、置位复位指令顺序控制设计法和顺控指令设计法等，下面介绍启保停顺序控制设计法。

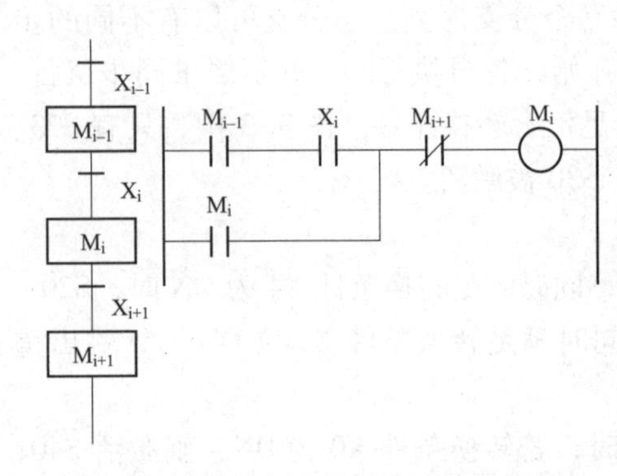

图3-7　启保停顺序控制设计法基本思路

为了便于分析，假设刚开始执行用户程序时，系统已处于初始步（用初始化脉冲M8002将初始步置位），代表其余各步的编程元件均为OFF，为转换的实现做好了准备。

编程时用辅助继电器来代表步。某一步为活动步时，对应的辅助继电器为“1”状态，转换实现时，该转换的后续步变为活动步。由于转换条件大都是短信号，即它存在的时间比它激活的后续步为活动步的时间短，因此应使用有记忆（保持）功能的电路来控制代表步的辅助继电器。如图3-7所示

M_{i-1}、M_i和M_{i+1}是功能表图中顺序相连的3步，X_i是步M_i之前的转换条件。

编程的关键是找出它的起动条件和停止条件。根据转换实现的基本规则，转换实现的条件是它的前级步为活动步，并且满足相应的转换条件，所以步M_i变为活动步的条件是M_{i-1}为活动步，并且转换条件$X_i=1$，在梯形图中则应将M_{i-1}和X_i的常开触点串联后作为控制Mi的启动信号，如图3-7所示。当M_i和X_{i+1}均为“1”状态时，步M_{i+1}变为活动步，这时步M_i应变为不活动步，因此可以将$M_{i+1}=1$作为使M_i变为“0”状态的条件，即将M_{i+1}的常闭触点与M_i的线圈串联。

3.1.3　任务实施

1. I/O分配

机床液压滑台控制的I/O分配表见表3-1。

表3-1　　机床滑台控制I/O分配表

输入设备			输出设备		
设备名称	文字符号	输入地址	设备名称	文字符号	输出地址
启动按钮	SB1	X0	电磁阀线圈	YV1	Y0
停止按钮	SB2	X1	电磁阀线圈	YV2	Y1
左限位	SQ1	X2	电磁阀线圈	YV3	Y2
中限位	SQ2	X3			
右限位	SQ3	X4			

2. 硬件接线

图3-8所示为机床液压滑台控制的电气原理图，液压回路省略。

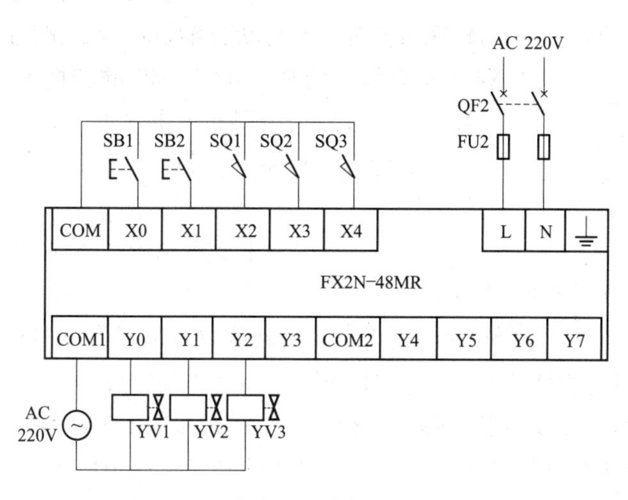

图3-8　机床液压滑台控制电气原理图

图3-9所示为液压滑台控制的电器元件布置图，请按照图3-8将电器元件连接起来。

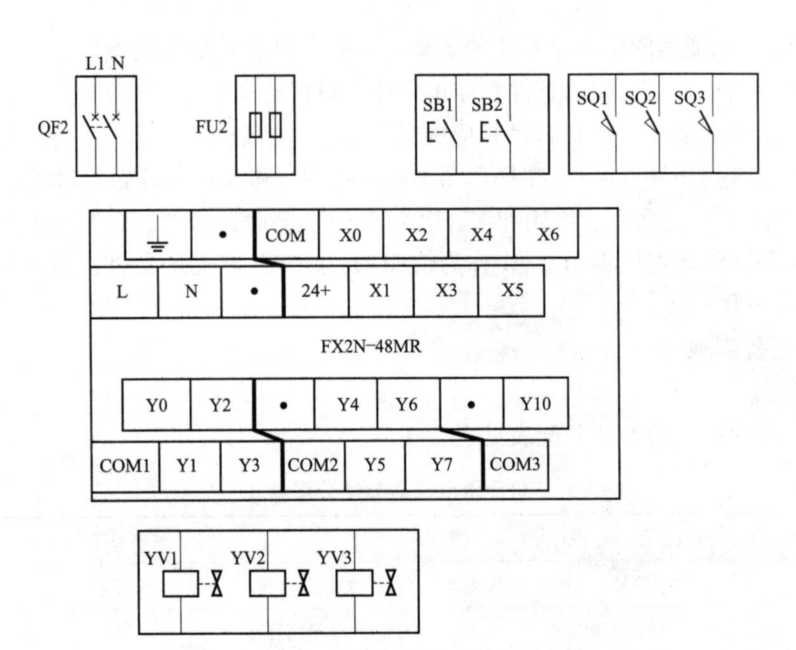

图 3-9　机床液压滑台控制电器元件布置图

3. 程序设计

（1）顺序功能图。图 3-10 所示为机床液压滑台控制的顺序功能图，将机床液压滑台控制系统的一个工作周期划分为初始、快进、工进、快退 4 个步，并用辅助继电器 M 进行编号，用 M0 表示初始步，M1～M3 分别代表快进、工进、快退 3 个步。初始步通过 M8002 激活，M0 到 M1 的转换条件为 X0 的动合触点闭合，M1 到 M2 的转换条件为 X3 的动合触点闭合，M2 到 M3 的转换条件为 X4 的动合触点闭合，M3 到 M0 的转换条件为 X2 的动合触点闭合，工作方式为单周期工作方式。

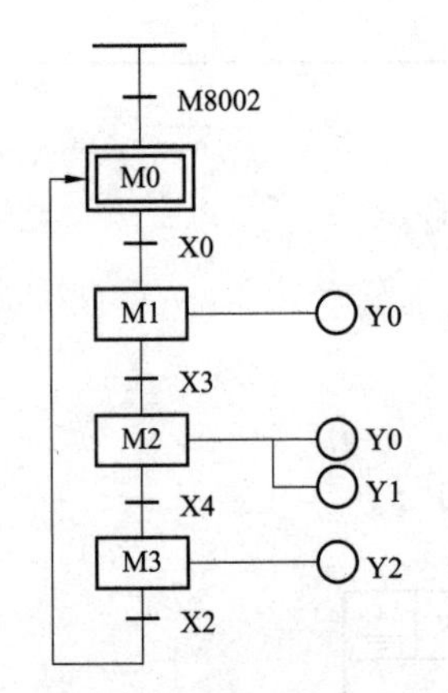

图 3-10　液压滑台顺序功能图

（2）梯形图程序。图 3-11 所示为采用启保停顺控设计法的梯形图。

第 0～21 步程序主要实现步之间的转换。通过初始化脉冲 M8002 启动 M0 后，使用启保停顺序控制设计法实现从初始步 M0 到工作步 M3 的转换以及从工作步 M3 到 M0 的跳转控制。

第 22～28 步程序主要实现从工作步 M1 到 M3 每个步要完成的动作。

第 29～35 步程序主要实现按下停止按钮时置位初始步 M0 并将 M1、M2、M3 全部复位，程序中的 ZRST 指令为区间复位指令，其功能是条件满足时将 M1～M3 全部复位。

3.1.4　思考与拓展

1. 单周期模式和连续循环模式的切换

在图 3-1 所示的机床液压滑台控制系统中，增加一个转换开关 SA1，当开关 SA1 达到右侧 ON 位置时为连续循环模式，即按下启动按钮后滑台周而复始运行；当开关 SA1 达到左侧 OFF 位置时为单周期模式，即按下启动按钮后滑台仅运行一个周期。

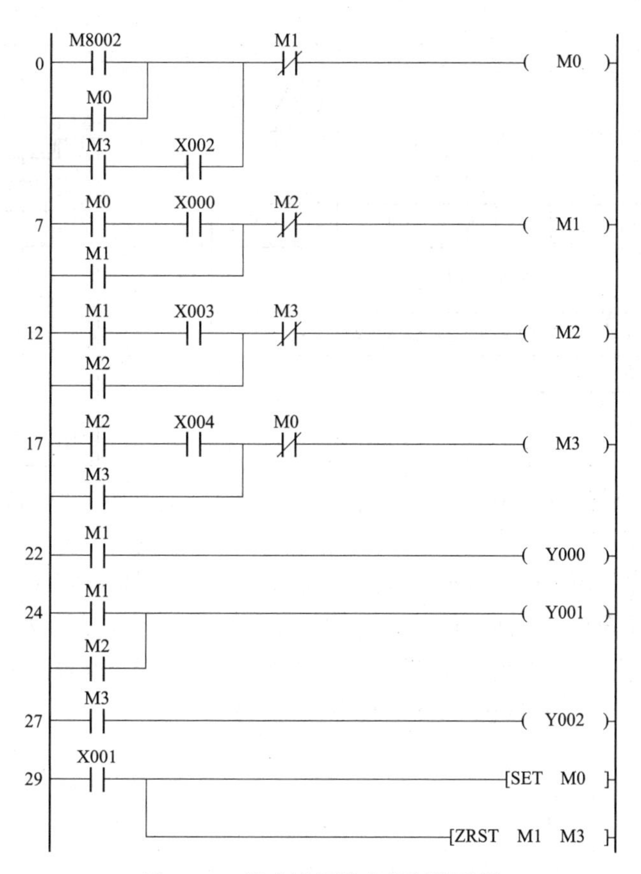

图 3-11　机床液压滑台控制梯形图

（1）I/O 分配表。I/O 分配见表 3-2。

表 3-2　　单周期/连续循环切换的滑台控制 I/O 分配表

输入设备			输出设备		
设备名称	文字符号	输入地址	设备名称	文字符号	输出地址
启动按钮	SB1	X0	电磁阀线圈	YV1	Y0
停止按钮	SB2	X1	电磁阀线圈	YV2	Y1
左限位	SQ1	X2	电磁阀线圈	YV3	Y2
中限位	SQ2	X3			
右限位	SQ3	X4			
转换开关	SA1	X5			

（2）PLC 外部接线图。PLC 外部接线图 3-12 所示。

（3）程序设计。单周期/连续循环切换的滑台控制的顺序功能图如图 3-13 所示，滑台快退碰到左限位后，若开关 SA1 闭合（X5 得电）则从 M3 返回到 M1，为连续循环模式；若开关 SA1 断开（X5 不得电）则从 M3 返回到 M0，为单周期模式。

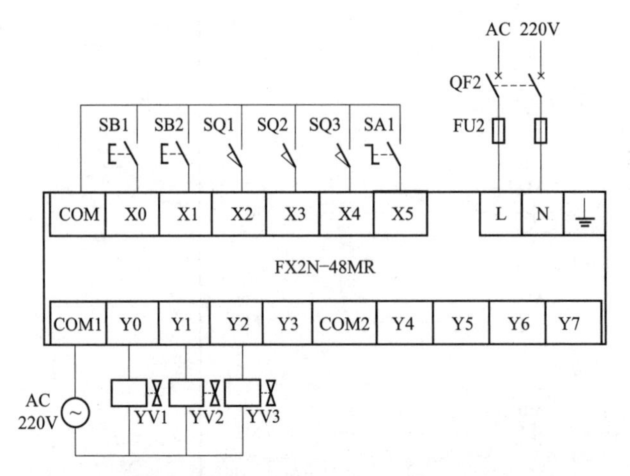

图 3-12 单周期/连续循环切换的滑台控制 PLC 接线图

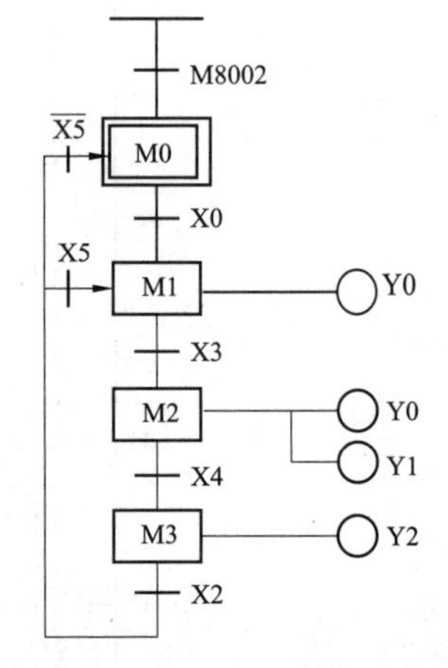

图 3-13 液压滑台顺序功能图

PLC 梯形图程序如图 3-14 所示，程序原理如下：第 0~26 步程序主要实现步之间的转换。通过初始化脉冲 M8002 启动 M0 后，使用启保停顺序控制设计法实现从初始步 M0 到工作步 M3 的转换以及从工作步 M3 到 M0 或 M1 的跳转控制。M3 被激活后，若 X2 得电且 X5 也得电则跳转到 M1；若 X2 得电且 X5 未得电则跳转到 M0。

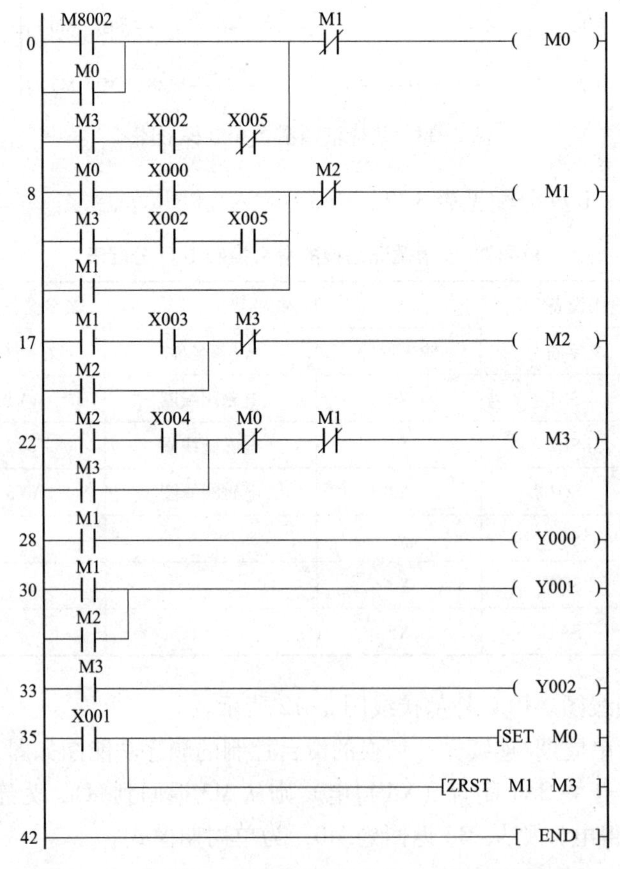

图 3-14 单周期/连续循环切换的滑台控制梯形图程序

第27~33步程序主要实现从工作步M1到M3每个步要完成的动作。

第34~41步程序主要实现按下停止按钮时置位初始步M0并将M1、M2、M3全部复位。

2. 两地运料小车的顺序控制编程

图2-55所示的两地运料小车控制系统，同样可以采用启保停顺序设计法。

（1）I/O分配表。运料小车I/O分配表，见表3-3所示。

表3-3　　运料小车I/O分配表

输入设备			输出设备		
设备名称	文字符号	输入地址	设备名称	文字符号	输出地址
启动按钮	SB1	X0	右行接触器线圈	KM1	Y0
停止按钮	SB2	X1	左行接触器线圈	KM2	Y1
右限位开关	SQ2	X2	装料电磁阀线圈	YV1	Y2
左限位开关	SQ1	X3	卸料电磁阀线圈	YV2	Y3
热继电器	FR1	X4			

（2）电气原理图。电气原理图与图2-60相同。

（3）程序设计。

1）顺序功能图。图3-15所示为运料小车的顺序功能图，将运料小车控制系统的一个工作周期划分为右行、装料、左行、卸料4个步，并用辅助继电器M进行编号，用M0表示初始步，M1至M4分别代表右行、装料、左行、卸料4个步。初始步通过M8002激活，M0到M1的动合触点闭合，M1到M2的转换条件为X2的动合触点闭合，M2到M3的转换条件为T0的动合触点闭合，M3到M4的转换条件为X3的动合触点闭合，M4到M1的转换条件为T1的动合触点闭合，工作方式为连续循环的工作方式。

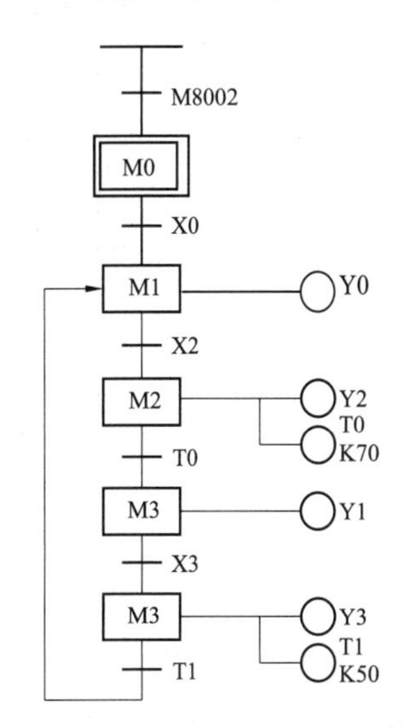

图3-15　运料小车顺序功能图

2）梯形图程序。图3-16所示为采用启保停顺控设计法的梯形图。

第0~26步程序主要实现步之间的转换。通过初始化脉冲M8002启动M0后，使用启保停顺序控制设计法实现从初始步M0到工作步M4的转换以及从工作步M4到M1的循环控制。

第27~40步程序主要实现从工作步M1到M4每个步要完成的动作。

第41~48步程序主要实现按下停止按钮或电动机过载时置位M0并将M1、M2、M3、M4全部复位，程序中的ZRST指令为区间复位指令，功能是条件满足时将M1~M4连续4个辅助继电器全部复位。

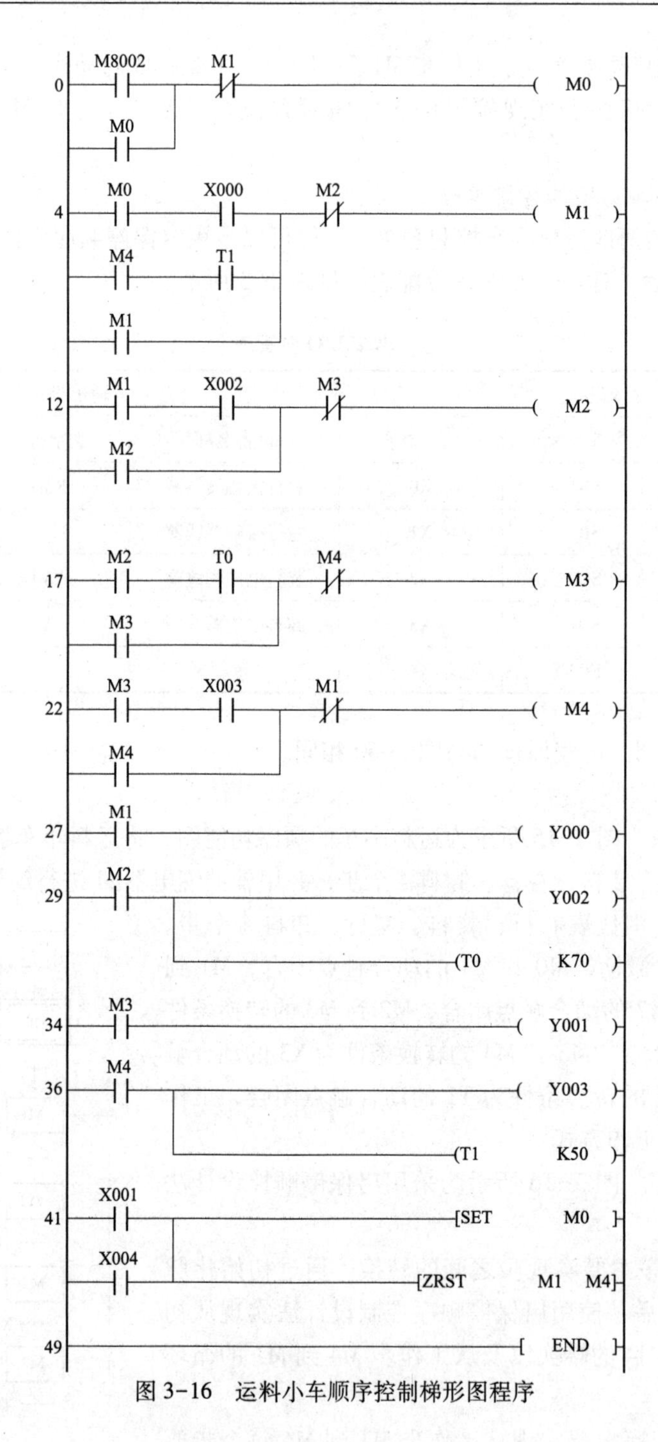

图 3-16　运料小车顺序控制梯形图程序

巩　固　练　习

一、选择题

1. 顺序功能图按照结构形式的不同主要有（　　）。

A. 单一序列　　B. 选择序列　　C. 并行序列　　D. 重复

E. 跳步

2. 当某步由活动步变为静止步时，该步的动作中（　　）不会复位。

A. 用 OUT 指令驱动的 Y 线圈

B. 用 OUT 指令驱动的通用定时器线圈

C. 用 OUT 指令驱动的通用辅助继电器 M 线圈

D. 用 SET 指令驱动的 Y 线圈

3. 顺序功能图中一般用（　　）置位初始步。

A. M8000　　　　B. M8002

C. M8011　　　　D. M8013

4. 在顺序功能图中一般用软元件（　　）来代表步。

A. S　　　　B. M

C. Y　　　　D. D

5. 在顺序功能图中转换条件（　　）表示当 X 由 OFF 变为 ON 时条件成立。

A. $\uparrow X$　　　　B. $\downarrow X$

C. X　　　　D. X

二、判断题

1. 所谓顺序控制设计法就是针对顺序控制系统的一种专门的设计方法。（　　）

2. 在顺序功能图中，步与步不能相连，必须用转换分开。（　　）

3. 在顺序功能图中，转换与转换不能相连，必须用步分开。（　　）

4. 在顺序功能图中，一个流程图至少要有一个初始步。（　　）

5. 在顺序功能图中，每步后只能有一个转换，每个转换后也只能连接着一个步。（　　）

三、设计题

1. 根据下面的时序图画出顺序功能图并用启保停顺序控制设计法设计程序。

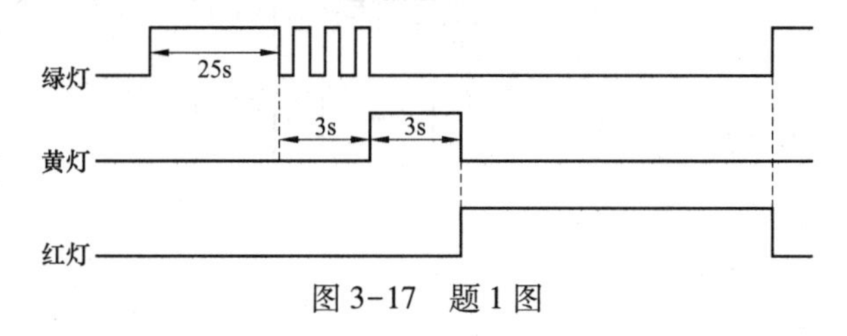

图 3-17　题 1 图

2. 某三地运料小车，启动按钮 SB1 后小车先在原点（左限位 SQ1 处）装料（YV1）10s，然后小车右行至中限位 SQ2 处停止并卸料（YV2）4s，卸料完毕后小车再次右行至右限位 SQ3 处停止卸料（YV2）6s，卸料完毕后小车左行退回原点位置开始下一个循环。请画出顺序功能图并用启保停顺序控制设计法设计程序。

3. 有红黄绿三只彩灯，控制要求如下，请画出顺序功能图并用启保停顺序控制设计法设计程序。

(1) 按下启动按钮 SB1 后，红灯单独闪烁 3 次，之后黄灯单独闪烁 3 次，之后蓝灯单独闪。

（2）按下停止按钮 SB2 后，三只彩灯一起亮 3s 后熄灭。

任务 2　剪板机的 PLC 控制

3.2.1　任务概述

图 3-18 所示为某剪板机的示意图。原始状态时，压钳和剪刀均在上方原位，并压合 SQ2 和 SQ4。按下启动按钮，送板料车开始启动，当板料送到位（SQ1 动作）后，送板料车停止，压钳下压，碰到 SQ3 后停止下压，剪刀下行，剪断板料，延时 10s，剪刀退回，碰到 SQ4 剪刀停止。压钳退回碰到 SQ2 停止，完成一个工作周期，剪完 3 块板料后停止循环。循环过程中如按下停止按钮，则完成本周期剩余动作后回到原位等待。

3.2.2　任务资讯

1. 置位复位指令顺序控制设计法

图 3-19 所示为以转换为中心的编程方式设计的梯形图与功能表图的对应关系。图中要实现 X_i 对应的转换必须同时满足两个条件：前级步为活动步（$M_{i-1}=1$）和转换条件满足（$X_i=1$），所以用 M_{i-1} 和 X_i 的常开触点串联组成的电路来表示上述条件。两个条件同时满足时，该电路接通时，此时应完成两个操作：将后续步变为活动步（用 SET　Mi 指令将 M_i 置位）和将前级步变为不活动步（用 RST　M_{i-1} 指令将 M_{i-1} 复位）。这种编程方式与转换实现的基本规则之间有着严格的对应关系，用它编制复杂的功能表图的梯形图时，更能显示出它的优越性。

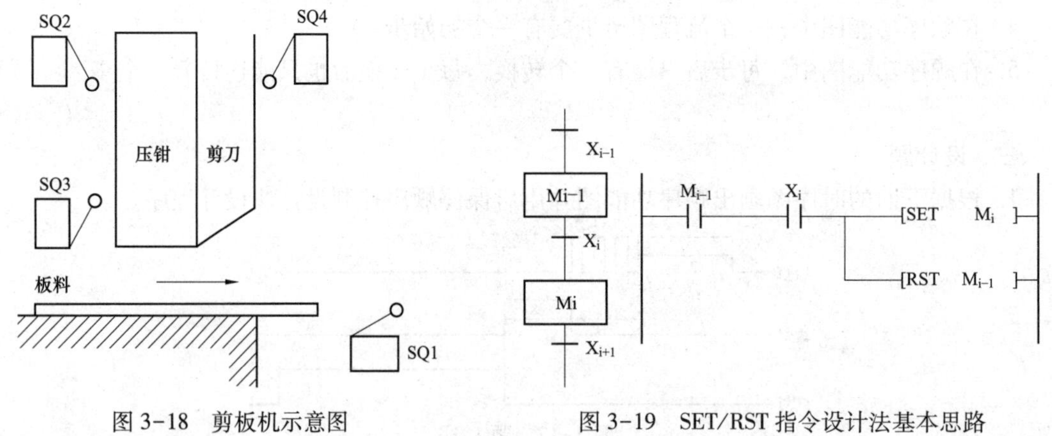

图 3-18　剪板机示意图　　　图 3-19　SET/RST 指令设计法基本思路

图 3-20 所示为某信号灯控制系统的时序图、功能表图和梯形图。初始步时仅红灯亮，按下启动按钮 X0，4s 后红灯灭、绿灯亮，6s 后绿灯和黄灯亮，再过 5s 后绿灯和黄灯灭、红灯亮。按时间的先后顺序，将一个工作循环划分为 4 步，并用定时器 T0～T3 来为 3 段时间定时。开始执行用户程序时，用 M8002 的动合触点将初始步 M300 置位。按下启动按钮 X0 后，梯形图第 2 行中 M300 和 X0 的动合触点均接通，转换条件 X0 的后续步对应的 M301 被置位，前级步对应的辅助继电器 M300 被复位。M301 变为“1”状态后，控制 Y0（红灯）仍然为“1”状态，定时器 T0 的线圈通电，4s 后 T0 的动合触点接通，系统将由第 2 步转换到第 3 步，依此类推。

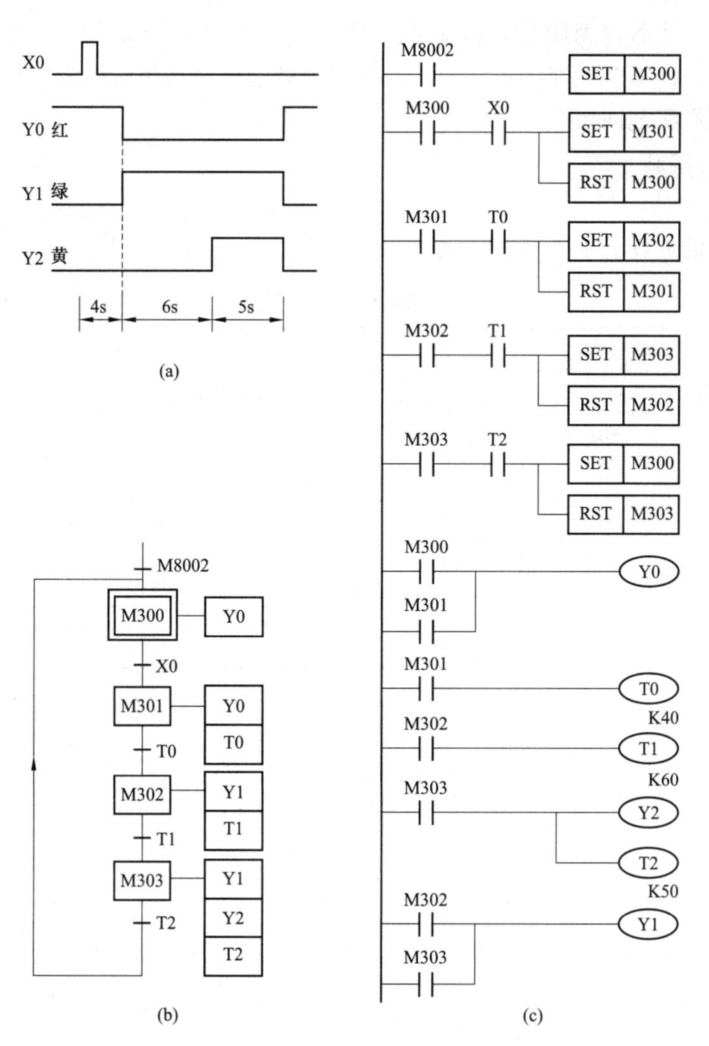

图 3-20 某信号灯控制系统

（a）时序图；（b）功能表图；（c）梯形图

使用这种编程方式时，不能将输出继电器的线圈与 SET、RST 指令并联，这是因为图 3-20 中前级步和转换条件对应的串联电路接通的时间是相当短的，转换条件满足后前级步马上被复位，该串联电路被断开，而输出继电器线圈至少应该在某一步活动的全部时间内接通。

2. 回原点停止方式实现方法

所谓回原点停止指的是在循环过程中如按下停止按钮，则完成本周期剩余动作后回到原位等待，该功能可以通过“停止记忆”程序和在第一步的循环条件中串联停止记忆信号的动断触点来实现。图 3-21 所示为“停止记忆”梯形图程序，按下停止按钮（X1），停止记忆信号 M10 得电自锁，直至按下启动按钮（X0），切断 M10。该程序的作用为当中途按下停止按钮后，M10 得电，相当于“记忆”住了停止信号，即使松开停止按钮也不会消除，除

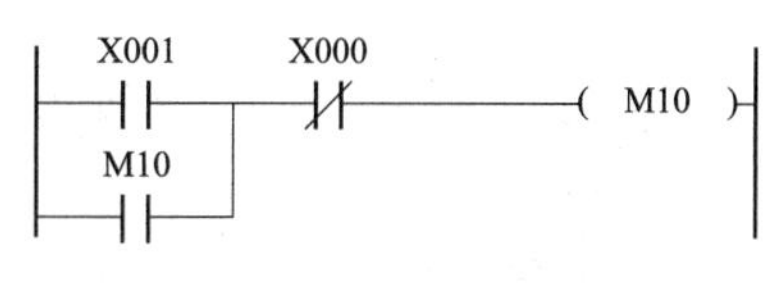

图 3-21 “停止记忆”程序

非按下启动按钮。然后将 M10 的动断触点串联在第一步的循环条件中，这样在循环过程中如按下停止按钮后，不会立即停止，而是执行完本周起剩余动作后因为无法循环执行第一步而停止等待，从而实现回原点停止。

3.2.3 任务实施

1. I/O 分配

剪板机控制的 I/O 分配表见表 3-4。

表 3-4 剪板机控制 I/O 分配表

输入设备			输出设备		
设备名称	文字符号	输入地址	设备名称	文字符号	输出地址
启动按钮	SB1	X0	板料车右行交流接触器	KM1	Y0
停止按钮	SB2	X1	压钳下行交流接触器	KM2	Y1
板料右限位开关	SQ1	X2	压钳上行交流接触器	KM3	Y2
压钳上限位开关	SQ2	X3	剪刀下行交流接触器	KM4	Y3
压钳下限位开关	SQ3	X4	剪刀上行交流接触器	KM5	Y4
剪刀上限位开关	SQ4	X5			

2. 硬件接线

(1) 主电路。图 3-22 所示为剪板机的主电路，M1 为板料车进料电动机，M2 为压钳电动机，M3 为剪刀电动机。M1 只需要单向运行，M2 和 M3 需要正反转，三台电动机均需要过载保护。

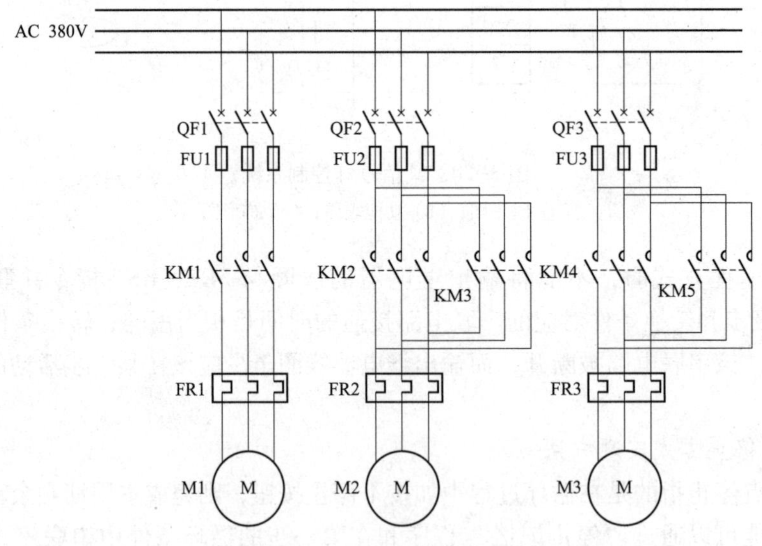

图 3-22 剪板机控制主电路

(2) 控制电路。图 3-23 所示为剪板机的控制电路，剪刀和压钳的输出回路需要互锁。

3. 程序设计

(1) 顺序功能图。图 3-24 所示为剪板机的顺序功能图。

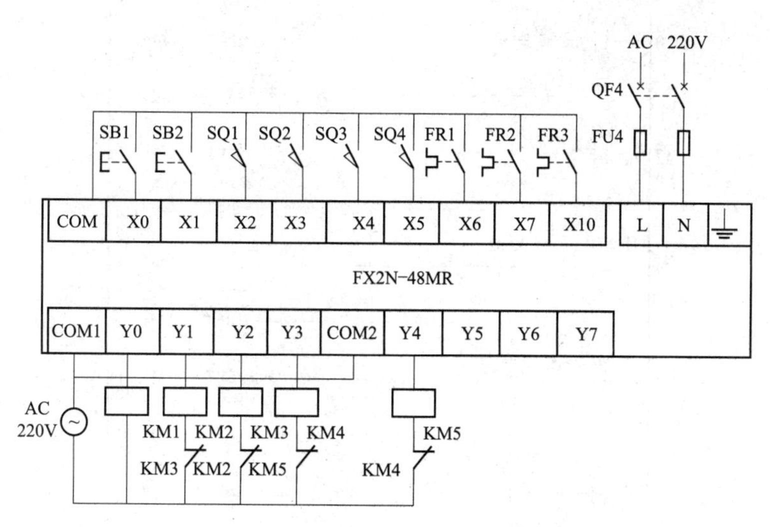

图 3-23 剪板机控制的 PLC 控制电路

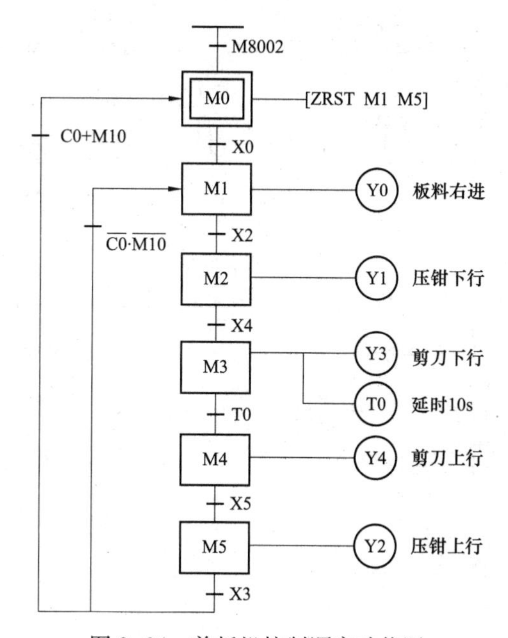

图 3-24 剪板机控制顺序功能图

通过初始化脉冲 M8002 激活初始步 M0 并将 M1～M5 全部复位。M1～M5 分别代表板料右进、压钳下行、剪刀下行、剪刀上行和压钳上行五个工步。通过初始化脉冲 M8002 置位初始步并复位其他工步。最后一步压钳上行满足压钳上限位信号 X3 得电时，若未按下停止按钮且计数器也未到 3 次则返回第一步连续循环，若按下过停止按钮或计数器计数值到了 3 次则返回初始步自动停止。

（2）梯形图程序。

图 3-25 所示为剪板机的梯形图，第 0～39 步程序通过 SET/RST 指令实现 M0-M5 的转换，第 40～52 步程序为各步要实现的动作，第 53～56 步程序为停止记忆程序，第 57～63 步程序为加工计数程序，最后一部分为电动机过载时的程序。

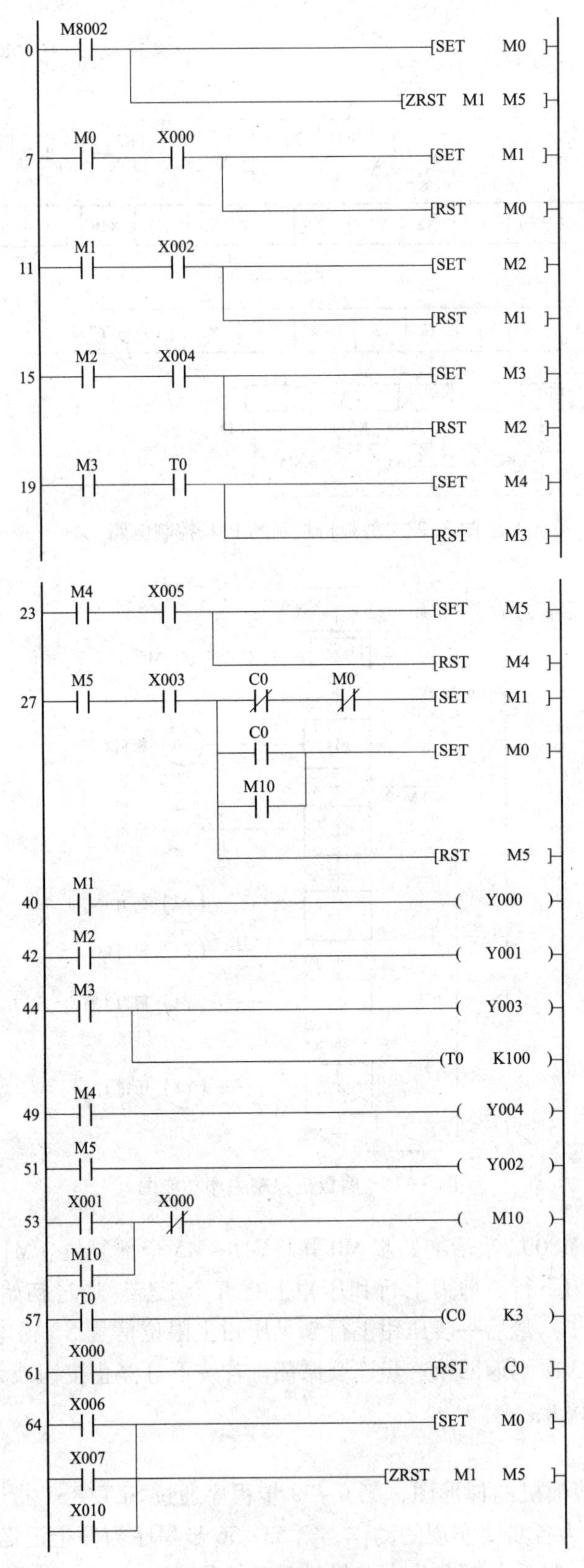

图 3-25　剪板机控制梯形图

3.2.4 思考与拓展

1. 仅有两步的小闭环如何实现

图3-26（a）所示顺序功能图中有仅有两步组成的小闭环，用图3-26（b)的梯形图不能正常工作。如M1和X0均为ON状态时，M2的启动电路接通，但是这时与M2的线圈相串联的M1的动断触点却是断开的，所以M2的线圈不能“通电”。出现上述问题的根本原因在于步M1既是步M2的前级步，又是它的后续步。

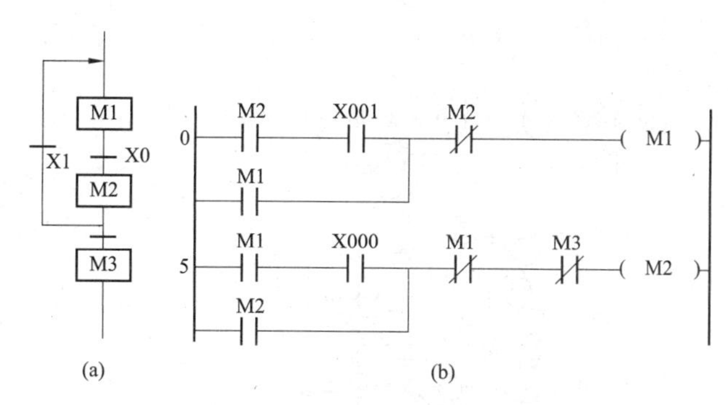

图3-26 仅有两步的小闭环程序

（a）顺序图；（b）不能工作的梯形图

如果用转换条件X0和X1的动断触点分别代替后续步M2和M1的动断触点如3-27所示，将引发出另一问题。假设步M1为活动步时X0变为ON状态，执行修改后的图3-27中第1个启保停电路时，因为X0为ON状态，它的动断触点断开，使M1的线圈断电。M1的动合触点断开，使控制M2的启保停电路的启动电路开路，因此不能转换到步M2。

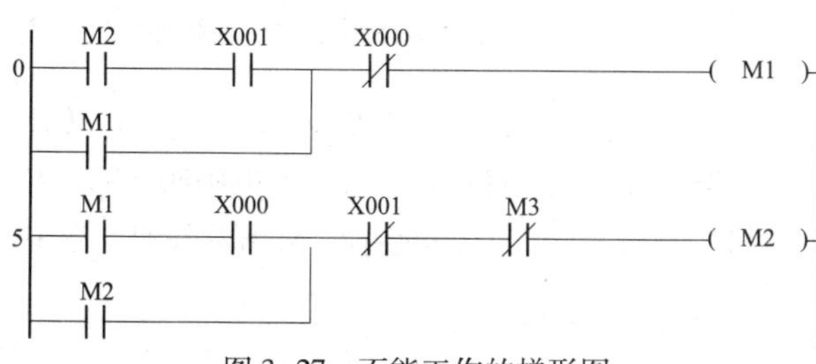

图3-27 不能工作的梯形图

为了解决这一问题，应该在此梯形图中增设一个受X0控制的中间元件M10，如图3-26所示，用M10的动断触点取代修改后的图3-26中X0的动断触点。如果M1为活动步时X0变为ON状态，执行图3-28中的第1个起保停电路时，M10尚为OFF状态，它的动断触点闭合，M1的线圈通电，保证了控制M2的起保停电路的启动电路接通，使M2的线圈通电。执行完图3-28中最后一行的电路后，M10变为ON状态，在下一个扫描周期使M1的线圈断电。

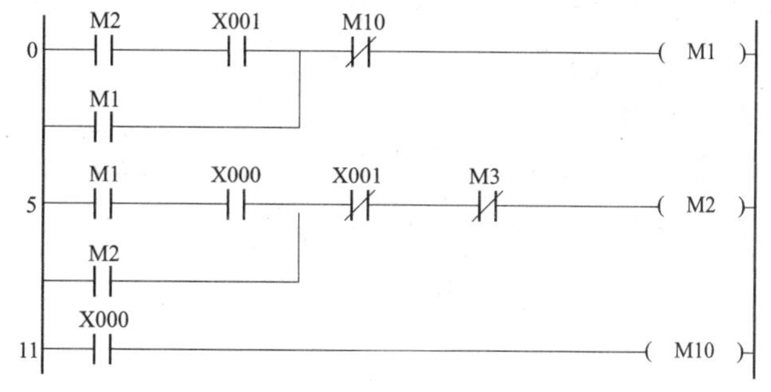

图3-28 合理的梯形图程序

2. 两种液体混合搅拌系统的顺序控制系统设计

（1）控制要求。图3-29所示为两种液体混合装置，SL1、SL2、SL3为液面传感器，液体A、B阀门与混合液体阀门由电磁阀YV1、YV2、YV3控制，M为搅动电机。初始状态下液体A、B阀门关闭，容器内没有液体，液体混合搅拌系统顺序功能图如图3-30所示。

按下启动按钮SB1，液体A阀门打开，液体A流入容器，液位上升。当中液位开关SL2动作时，液体A阀门关闭，液体B阀门打开。当高液位开关SL1动作时，液体B阀门关闭，搅动电机开始搅动。搅动电机工作6s后停止搅动，混合液体阀门打开，开始放出混合液体。当液面下降到低液位开关SL3复位时，SL3由接通变为断开，再过5s后，容器放空，混合液阀门关闭，开始下一周期。按下停止按钮SB2，完成本周期剩余动作后等待。

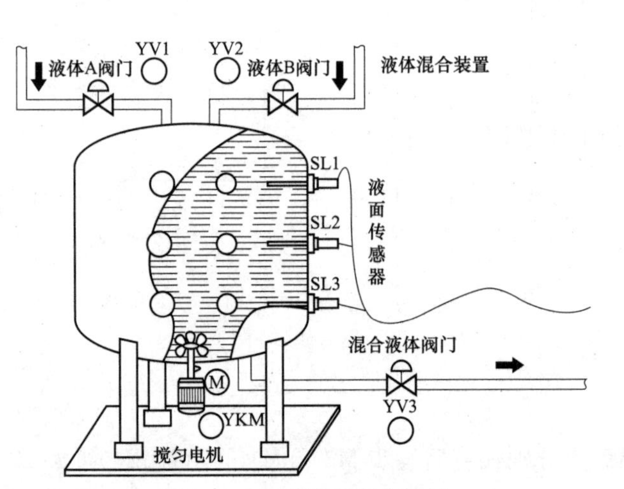

图 3-29　两种液体混合装置

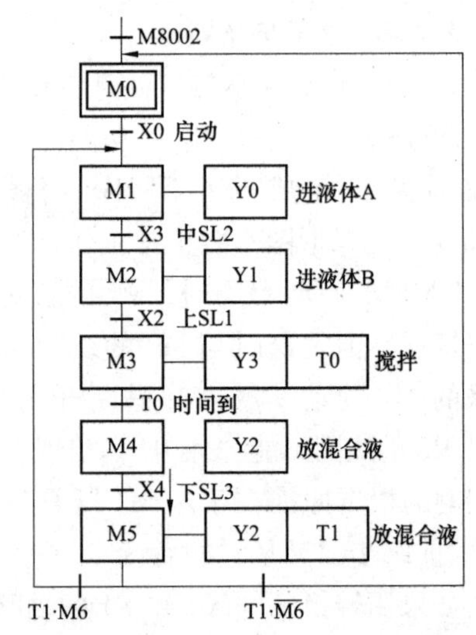

图 3-30　液体混合搅拌系统顺序功能图

（2）I/O 分配。本任务中，输入设备主要有启动按钮 SB1、停止按钮 SB2、上液位传感器 SL1、中液位传感器 SL2、下液位传感器 SL3、热继 FR，输出设备主要是 A 电磁阀 YV1、B 电磁阀 YV2、混合液放液电磁阀 YV3 和搅拌电动机接触器 KM1，它们的输入/输出点分配见表 3-5。

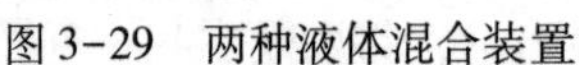

表 3-5　　液体混合搅拌系统 I/O 分配表

输入设备			输出设备		
设备名称	文字符号	输入地址	设备名称	文字符号	输出地址
启动按钮	SB1	X0	电磁阀 A	YV1	Y0
停止按钮	SB2	X1	电磁阀 B	YV2	Y1
上液位传感器 SL1	SQ1	X2	放液电磁阀 C	YV3	Y2
中液位传感器 SL2	SQ2	X3	接触器	KM1	Y3
下液位传感器 SL3	SQ3	X4			
热继电器	FR1	X5			

（3）电气原理图。图 3-31 所示为图液体混合搅拌系统的电气原理图。

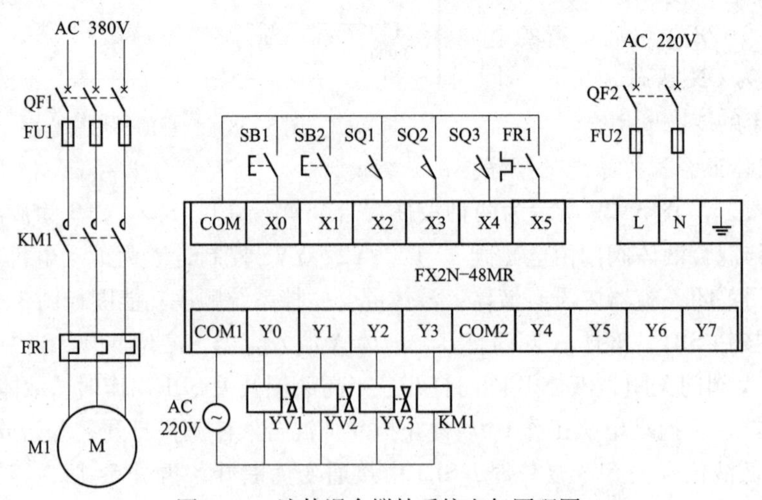

图 3-31　液体混合搅拌系统电气原理图

（4）程序设计。

1）顺序功能图设计。根据要求，画出液体混合搅拌系统的顺序功能图，见图 3-30。

2）梯形图程序。梯形图程序如图 3-32 所示。

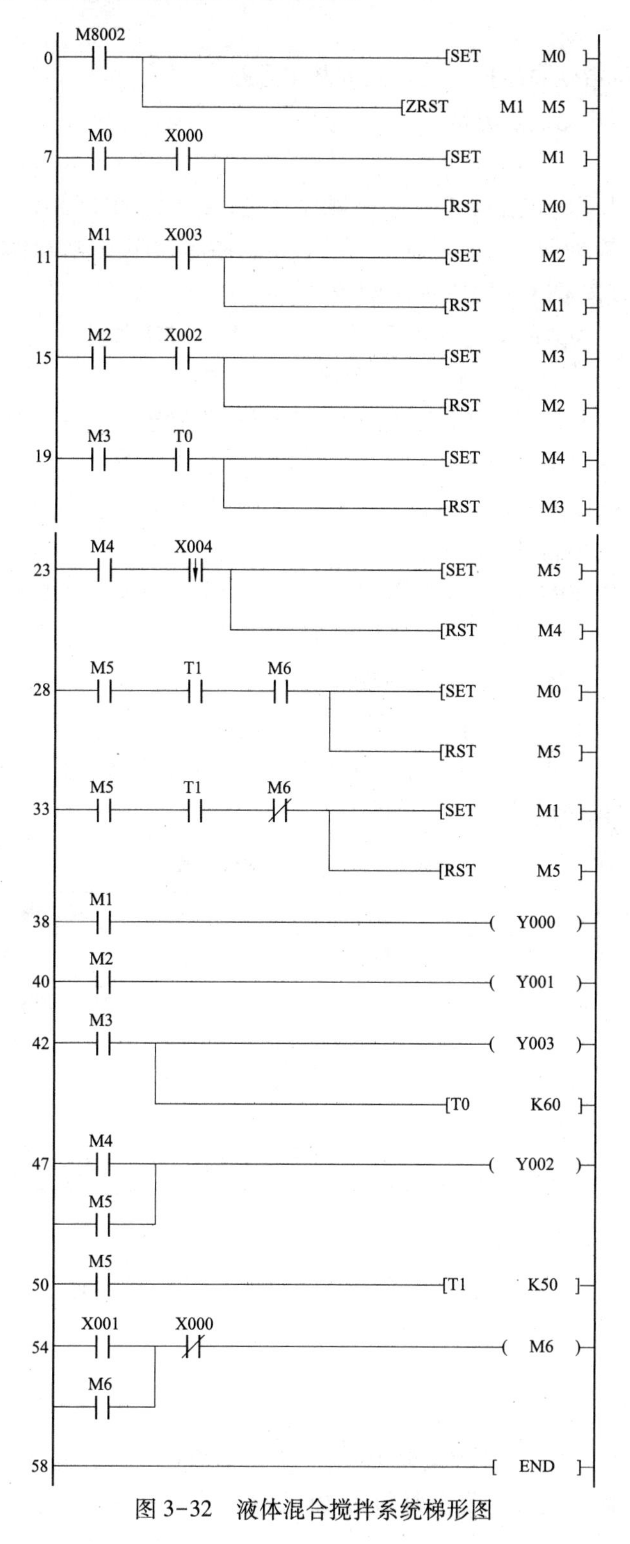

图 3-32 液体混合搅拌系统梯形图

巩 固 练 习

一、简答题

1. 简述置位复位指令顺序控制设计法的基本思路。

2. 简述回原点停止的实现方法。

二、设计题

1. 按下启动按钮后6个指示灯每隔1s顺序点亮，最后6个灯都亮，全亮2s后熄灭2s，然后循环上述步骤，有回原点停止功能。用置位复位指令顺序控制设计法设计梯形图程序。

2. 三台电动机，按下启动按钮时，M1先启动，运行2s后M2启动，再运行3s后M3启动；按下停止按钮时，M3先停止，3s后M2停止，2s后M1停止。有回原点停止功能。用置位复位指令顺序控制设计法设计梯形图程序。

3. 有红黄绿三只彩灯，控制要求如下，用置位复位指令顺序控制设计法设计梯形图程序。

（1）按下启动按钮SB1后，红灯单独亮3s，之后红、黄灯同亮3s，之后红、黄、蓝灯同亮3s，之后同灭3s，如此循环。

（2）按下停止按钮SB2后，三只彩灯一起闪烁3次后熄灭（闪烁频率为1Hz）。

4. 某儿童游乐园游艺飞机的控制要求如下：按下飞机启动按钮后，飞机开始围立柱做低速旋转，15s后飞机围绕立柱作高速旋转；又经过1min，飞机升空，升空到位后继续围绕立柱作高速旋转1min，然后下降；下降到位后，继续围绕立柱作高速旋转1min，然后转为低速旋转，经过15s后停止运动。其输入输出点数分配见表3-6。请设计顺序功能图程序并用置位复位指令顺序控制设计法设计梯形图程序。

表3-6　　游乐园飞机I/O点数分配表

输入设备			输出设备		
设备名称	文字符号	输入地址	设备名称	文字符号	输出地址
启动按钮	SB1	X0	飞机低速旋转接触器	KM1	Y0
停止按钮	SB2	X1	飞机高速旋转接触器	KM2	Y1
下降手动按钮	SB3	X2	飞机高速旋转接触器	KM3	Y2
上限位行程开关	SQ1	X3	飞机上升接触器	KM4	Y3
下限位行程开关	SQ2	X4	飞机下降接触器	KM5	Y4

任务3　洗衣机的PLC控制

3.3.1　任务概述

启动时，首先进水，到高水位时停止进水，开始洗涤。正转洗涤10s，暂停5s后反转洗涤10s，暂停5s后正转洗涤，如此反复10次。洗涤结束后，开始排水，当水位下降到低水位时，进行脱水（同时排水），脱水时间为20s。这样完成一次洗涤，脱水完成后蜂鸣器报

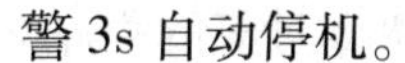

警 3s 自动停机。

3.3.2　任务资讯

1. 状态继电器 S

状态继电器 S 主要用于配合顺序控制指令 STL 实现顺序控制系统的编程。如果用状态继电器 S 表示步，初始步用初始状态继电器 S0~S9 表示，回原点状态用回零状态继电器 S10~S19 表示，普通工作步用 S20~S499 表示。

FX_{2N}共有 1000 个状态继电器，其分类、编号、数量及用途见表 3-7。

表 3-7　　**FX2N PLC 的状态继电器**

类别	元件编号	个数	用途及特点
初始状态	S0~S9	10	用作 SFC 图的初始状态
返回状态	S10~S19	10	在多运行模式控制当中，用作返回原点的状态
通用状态	S20~S499	480	用作 SFC 图的中间状态 ，表示工作状态
掉电保持状态	S500~S899	400	具有停电保持功能，停电恢复后需继续执行的场合，可用这些状态元件
信号报警状态	S900~S999	100	用作报警元件使用

2. 顺序控制指令 STL

步进梯形指令（Step Ladder Instruction）简称为 STL 指令。FX 系列就有 STL 指令及 RET 复位指令。利用这两条指令，可以很方便地编制顺序控制梯形图程序。

FX_{2N}系列 PLC 的状态器 S0~S9 用于初始步，S10~S19 用于返回原点，S20~S499 为通用状态，S500~S899 有断电保持功能，S900~S999 用于报警。用它们编制顺序控制程序时，应与步进梯形指令一起使用。FX 系列还有许多用于步进顺控编程的特殊辅助继电器以及使状态初始化的功能指令 IST，使 STL 指令用于设计顺序控制程序更加方便。

使用 STL 指令的状态器的动合触点称为 STL 触点，它们在梯形图中的元件符号如图 3-33 所示。图中可以看出功能表图与梯形图之间的对应关系，STL 触点驱动的电路块具有三个功能：对负载的驱动处理、指定转换条件和指定转换目标。

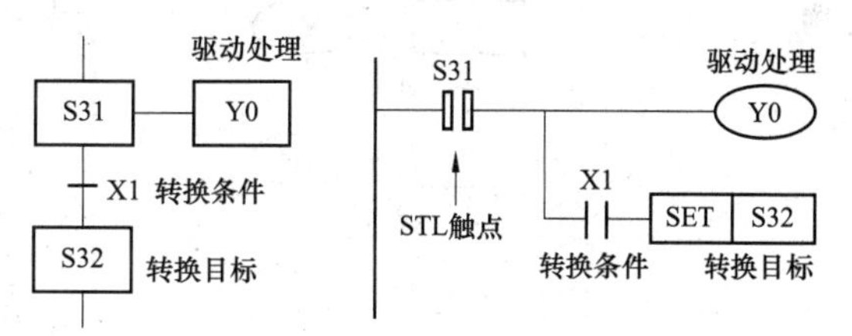

图 3-33　STL 指令用法

除了后面要介绍的并行序列的合并对应的梯形图外，STL 触点是与左侧母线相连的动合触点，当某一步为活动步时，对应的 STL 触点接通，该步的负载被驱动。当该步后面的转换条件满足时，转换实现，即后续步对应的状态器被 SET 指令置位，后续步变为活动步，同时与前级步对应的状态器被系统程序自动复位，前级步对应的 STL 触点断开。

使用 STL 指令时应该注意以下一些问题：

（1）最后一个电路结束时一定要使用 RET 指令。

（2）STL 触点可以直接驱动或通过别的触点驱动 Y、M、S、T 等元件的线圈，STL 触点也可以使 Y、M、S 等元件置位或复位。

(3) STL触点断开时，CPU不执行它驱动的电路块，即CPU只执行活动步对应的程序。在没有并行序列时，任何时候只有一个活动步，因此大大缩短了扫描周期。

(4) 由于CPU只执行活动步对应的电路块，使用STL指令时允许双线圈输出，即同一元件的几个线圈可以分别被不同的STL触点驱动。实际上在一个扫描周期内，同一元件的几条OUT指令中只有一条被执行。

(5) STL指令只能用于状态寄存器，在没有并行序列时，一个状态寄存器的STL触点在梯形图中只能出现一次。

(6) STL触点驱动的电路块中不能使用MC和MCR指令，但是可以使用CJP和EJP指令。当执行CJP指令跳入某一STL触点驱动的电路块时，不管该STL触点是否为“1”状态，均执行对应的EJP指令之后的电路。

(7) 与普通的辅助继电器一样，可以对状态寄存器使用LD、LDI、AND、ANI、OR、ORI、SET、RST、OUT等指令，这时状态器触点的画法与普通触点的画法相同。

(8) 使状态器置位的指令如果不在STL触点驱动的电路块内，执行置位指令时系统程序不会自动将前级步对应的状态器复位。

3. STL顺控指令设计法

图3-34所示小车一个周期内的运动路线由4段组成，它们分别对应于S31~S34所代表的4步，S0代表初始步，0通过初始化脉冲M8002置位。

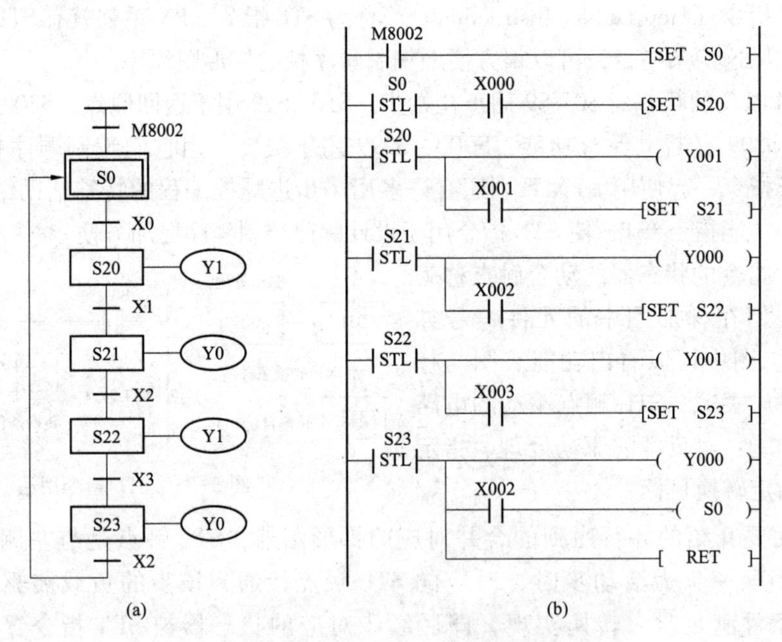

图3-34 小车控制顺序功能图与梯形图

(a) 顺序功能图；(b) 梯形图

3.3.3 任务实施

1. I/O分配

洗衣机控制I/O分配表，见表3-8。

表 3-8　　**洗衣机控制 I/O 分配表**

输入设备			输出设备		
设备名称	文字符号	输入地址	设备名称	文字符号	输出地址
启动按钮	SB1	X0	进水电磁阀	YV1	Y0
停止按钮	SB2	X1	正转交流接触器	KM1	Y1
高水位开关	SQ1	X2	反转交流接触器	KM2	Y2
低水位开关	SQ2	X3	排水电磁阀	YV2	Y3
热继电器	FR1	X4	脱水电磁阀	YV3	Y4
			蜂鸣器	HA1	Y5

2. 硬件接线

图 3-35 所示为洗衣机控制的主电路和 PLC 控制电路。

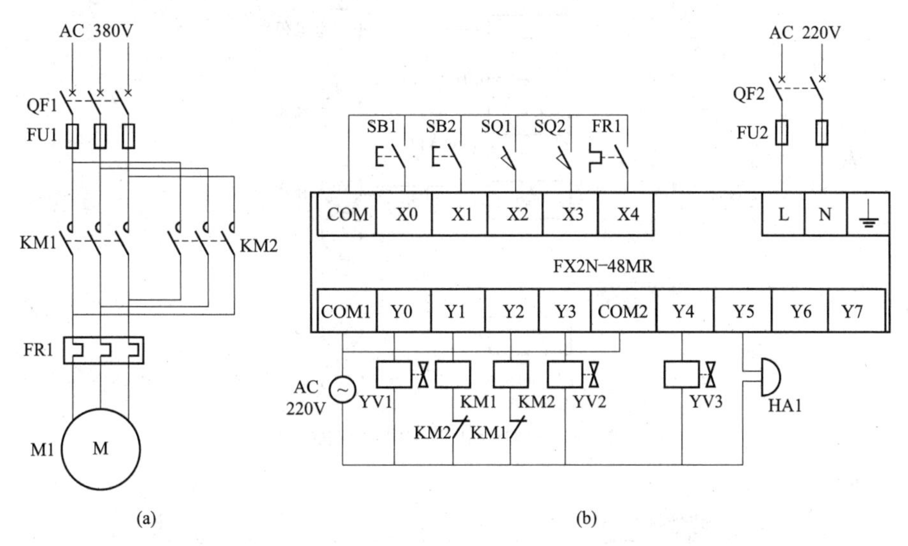

图 3-35　洗衣机控制电气原理图

（a）主电路；（b）控制电路

3. 程序设计

（1）顺序功能图。图 3-36 所示为洗衣机控制的顺序功能图，通过初始化脉冲 M8002 置位初始步 S0 并复位其他工步，S20～S27 分别代表进水、洗衣机正转 10s、暂停 5s、反转 10s、暂停 5s、排水至低水位、排水并脱水 20s 和报警 3s 这 8 个工步。

（2）梯形图程序。图 3-37 所示为洗衣机控制的梯形图，第 0～79 步程序为通过 STL 顺控指令实现 S0～S27 的转换，通过初始步和电动机过载信号置位初始步并复位其他步。

当状态继电器 S24 被激活 5s 后，若计数器计数值未到 10 次且停止记忆信号 M10 也未得电则状态继电器 S20 被激活，继续正反转洗涤；若计数器计数值到 10 次或停止记忆信号 M10 得电则状态继电器 S25 被激活，停止正反转洗涤，开始排水脱水。

M8002
S0
[ZRST S20 S27]
X0启动按钮
S20
Y0
进水
T3·$\overline{C0}$·$\overline{M10}$
X2
高水位
S21
Y1
正转
T0
延时10s
T0
S22
T1
暂时5s
T1
S23
Y3
反转
T2
延时10s
T2
S24
T3
暂停5s
T3·(C0+M10)
S25
Y3
排水
X3
低水位
S26
Y3
排水
Y4
脱水
T4
延时20s
T4
S27
Y5
蜂鸣器
T5
延时3s
T5

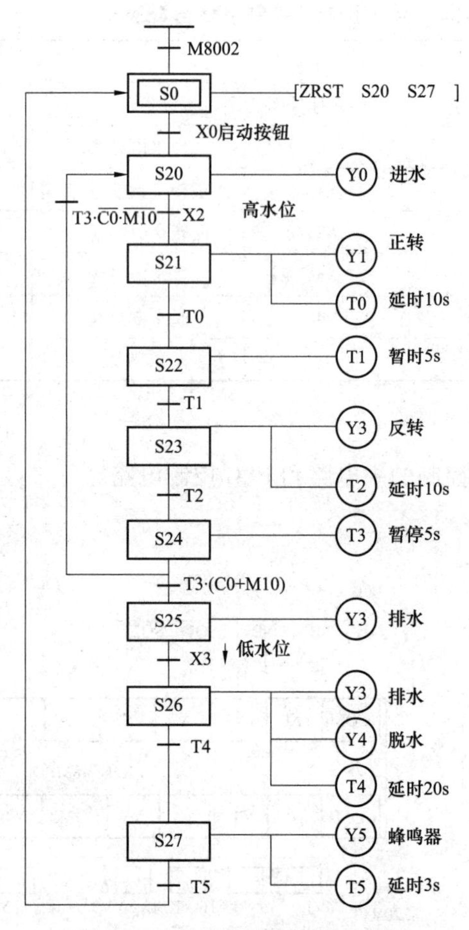

图 3-36　洗衣机控制顺序功能图

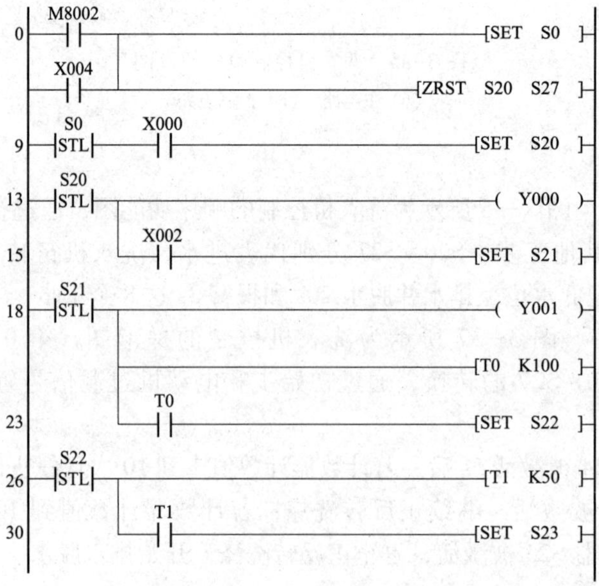

0
M8002
[SET S0]
X004
[ZRST S20 S27]
9
S0
STL
X000
[SET S20]
13
S20
STL
(Y000)
15
X002
[SET S21]
18
S21
STL
(Y001)
[T0 K100]
23
T0
[SET S22]
26
S22
STL
[T1 K50]
30
T1
[SET S23]

图 3-37　洗衣机控制梯形图（一）

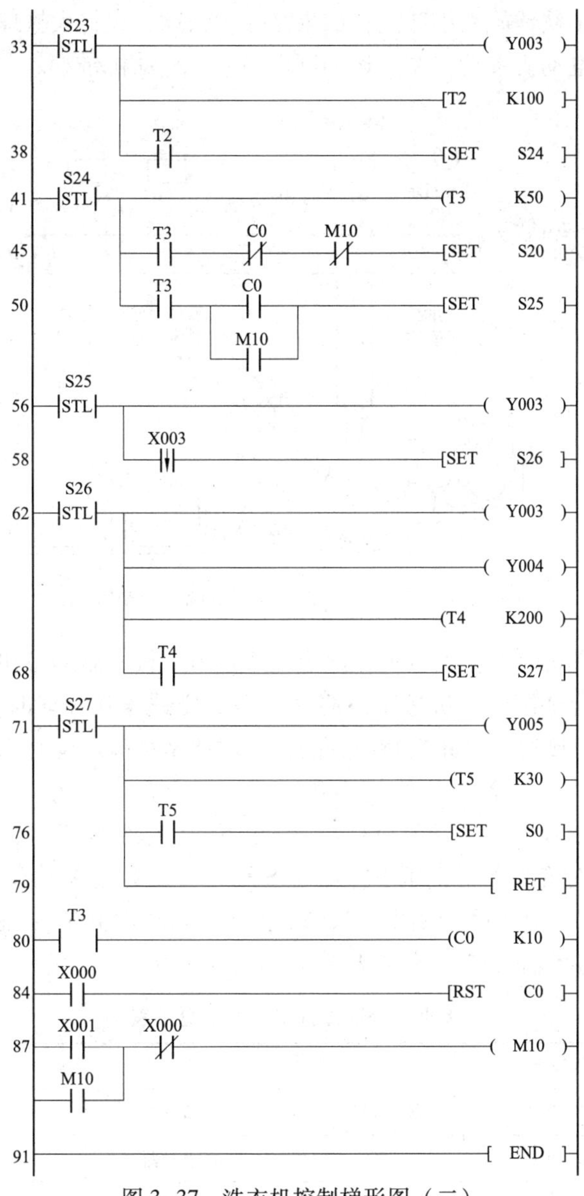

图 3-37 洗衣机控制梯形图（二）

当状态继电器 S25 被激活后开始排水，当水位低于低液位开关 SQ2 时，X3 由通到断，因此使用 X3 的下降沿信号作为转移条件。

最后在转移结束时必须要添加 RET 指令。

第 80~86 步程序为计数器计数及复位程序，第 87~90 步程序为停止记忆程序，该程序的作用为当中途按下停止按钮后，M10 得电，相当于“记忆”住了停止信号，即使松开停止按钮也不会消除，除非按下启动按钮。

3.3.4 思考与拓展

1. 大、小球分选传送机械控制系统

如图 3-38 所示，传送机分选装置，可以分检出大小铁球。如果传送机底部的电磁铁吸住的是小铁球，则将小铁球放入小球筐；如果吸住大铁球，就将大铁球放入大球筐。传送机械的上下运动由一台电动机带动，左右运动则由另一台电动机带动。

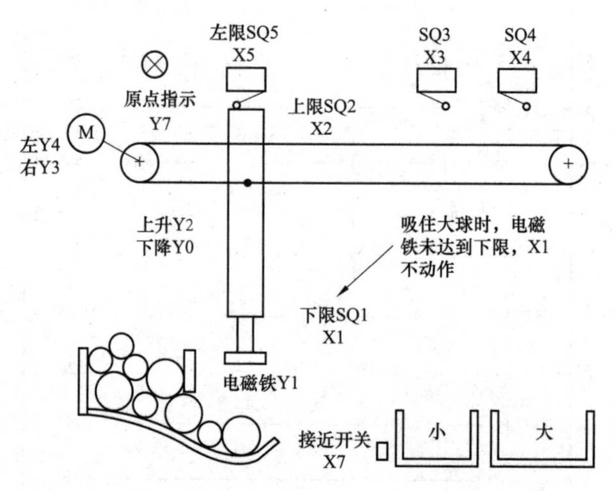

图 3-38　大、小球分选传送机械控制系统图

初始状态下，传送机停在左上位置，电磁铁不得电。按下启动按钮后，传送机在电动机的带动下，下降到混合球筐中。机械臂下降时，当电磁铁压到大球时，下限位开关 SQ1 断开，压着小球时，SQ1 接通，以此判断压到的是大球还是小球。延时 1s 后，机械手臂上升，到上限位 SQ2 处变为右行，若吸住的是小球，则压下 SQ3 时变为下降，若吸住的是大球，则压下 SQ4 时，变为下降。接近开关为 ON 时停止下降，电磁铁断电，将球放至筐中。1s 后变为上升，压下 SQ2 时变为左行，压下左限位 SQ5 时，停止在初始位置。械臂的左右移动分别由 Y4、Y3 控制，上升下降分别由 Y2、Y0 控制。电磁铁由 Y1 控制。

（1）I/O 分配。将各输入/输出作点数分配，见表 3-9。

表 3-9　　大小球分选传送装置 I/O 分配表

输入设备			输出设备		
设备名称	文字符号	输入地址	设备名称	文字符号	输出地址
启动按钮	SB1	X0	下降接触器	KM1	Y0
下限位开关	SQ1	X1	电磁铁	YA1	Y1
上限位开关	SQ2	X2	上升接触器	KM2	Y2
右限位开关	SQ3	X3	右行接触器	KM3	Y3
右限位开关	SQ4	X4	左行接触器	KM4	Y4
左限位开关	SQ5	X5			
接近开关	SQ6	X7			

（2）程序设计。

1）顺序功能图。根据装置的工作要求作出顺序功能图，如图 3-39 所示。

2）梯形图。根据图 3-39 所示的顺序功能图作出步进梯形图，如图 3-40 所示。

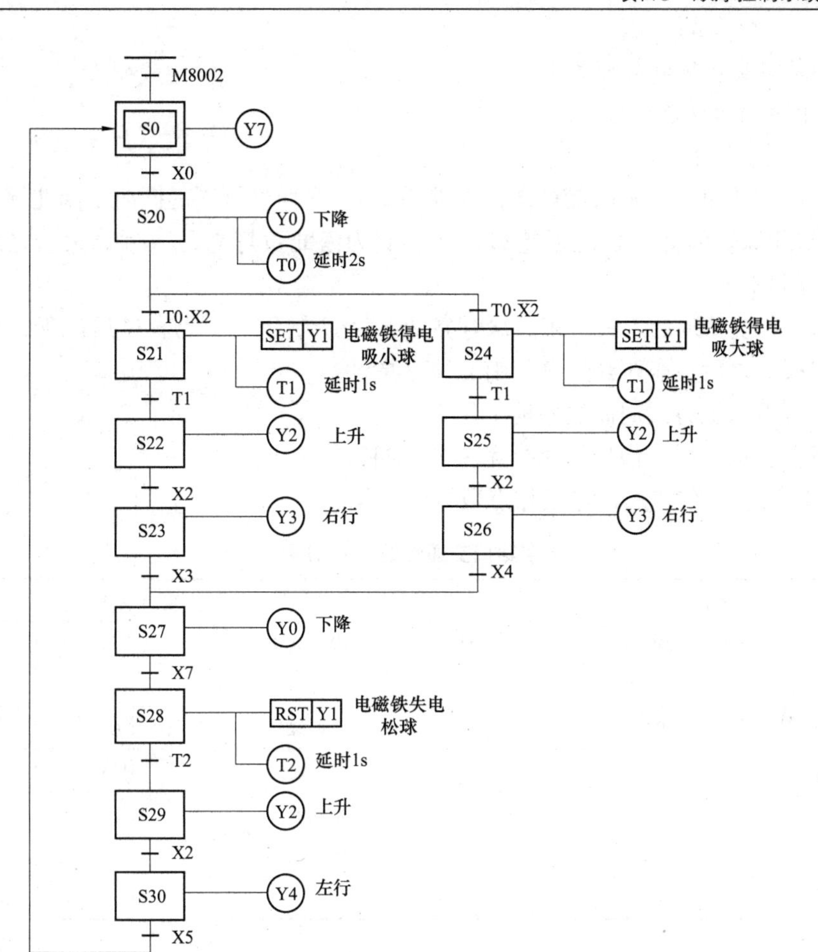

图 3-39　大小球分选传送控制顺序功能图

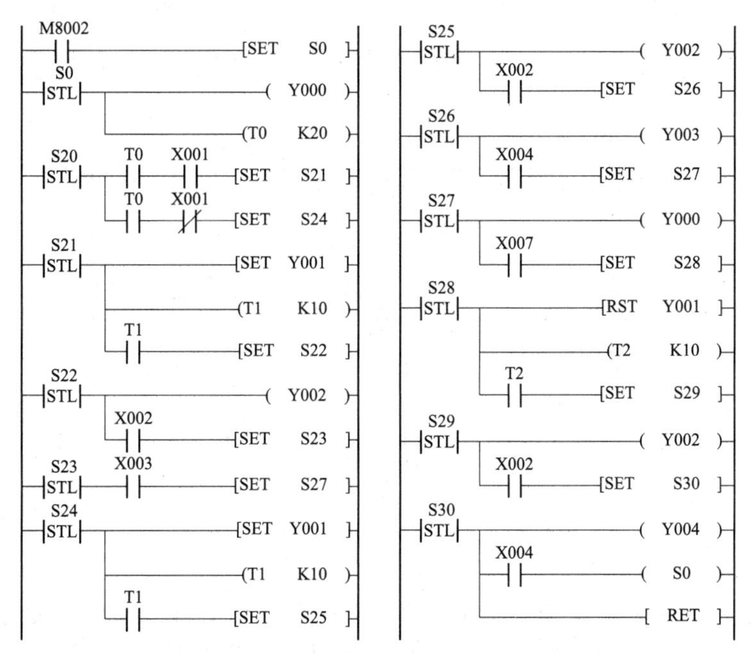

图 3-40　大小球分选传送装置步进梯形图

2. 十字路口交通信号灯控制

现有一十字路口交通信号灯。

（1）控制要求如下：

1）按下启动按钮后，东西红灯亮，并维持25s。东西红灯亮的同时，南北绿灯也亮，维持20s后，南北绿灯闪烁3s，之后熄灭；然后变为南北黄灯亮，2s后熄灭。之后，南北红灯亮，东西绿灯亮。

2）南北红灯亮30s后熄灭。东西绿灯亮25s后变为闪烁，闪烁3s后熄灭，然后东西黄灯亮2s后熄灭。之后，东西红灯亮，南北绿灯亮。

3）信号灯按以上方式周而复始地工作。

4）按下停止按钮后，信号灯执行完一个周期后停止工作。

（2）I/O分配。将各输入/输出作点数分配，见表3-10。

表3-10　　十字路口交通灯的I/O分配表

输入设备			输出设备		
设备名称	文字符号	输入地址	设备名称	文字符号	输出地址
启动按钮SB1	SB1	X0	东西红灯	HL1	Y0
停止按钮SB2	SB2	X1	东西绿灯	HL2	Y1
			东西黄灯	HL3	Y2
			南北红灯	HL4	Y3
			南北绿灯	HL5	Y4
			南北黄灯	HL6	Y5

（3）PLC外部接线图。作出十字路口交通灯的PLC外部接线图，如图3-41所示。

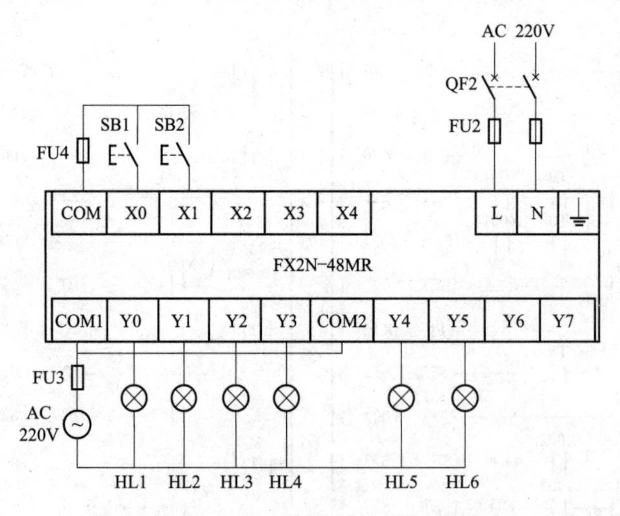

图3-41　十字路口交通灯的PLC外部接线

（4）程序设计。

1）顺序功能图。根据十字路口交通灯的控制要求，作出顺序功能图，如图3-42所示。

2）梯形图。根据图3-42所示的顺序功能图作出步进梯形图，如图3-43所示。

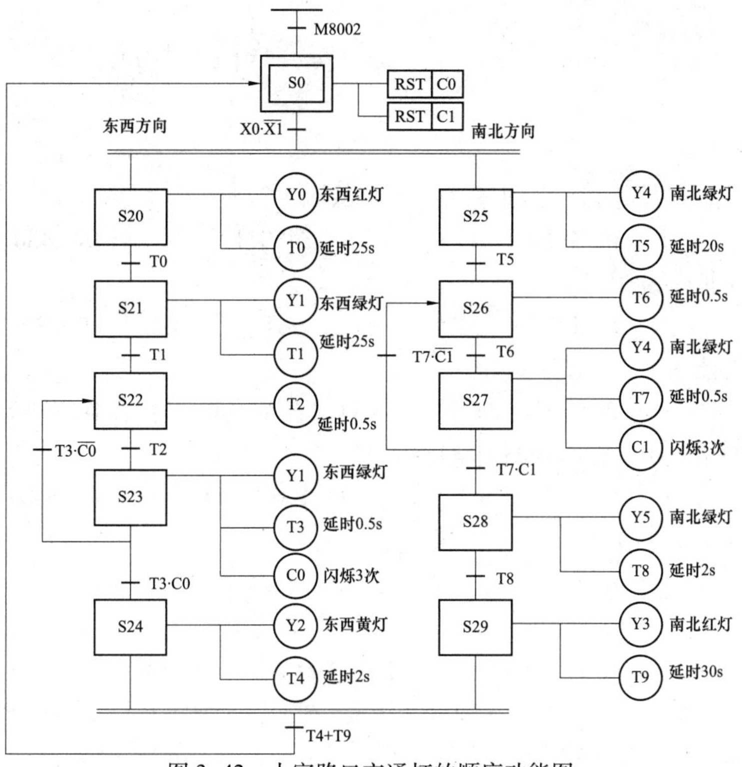

图 3-42 十字路口交通灯的顺序功能图

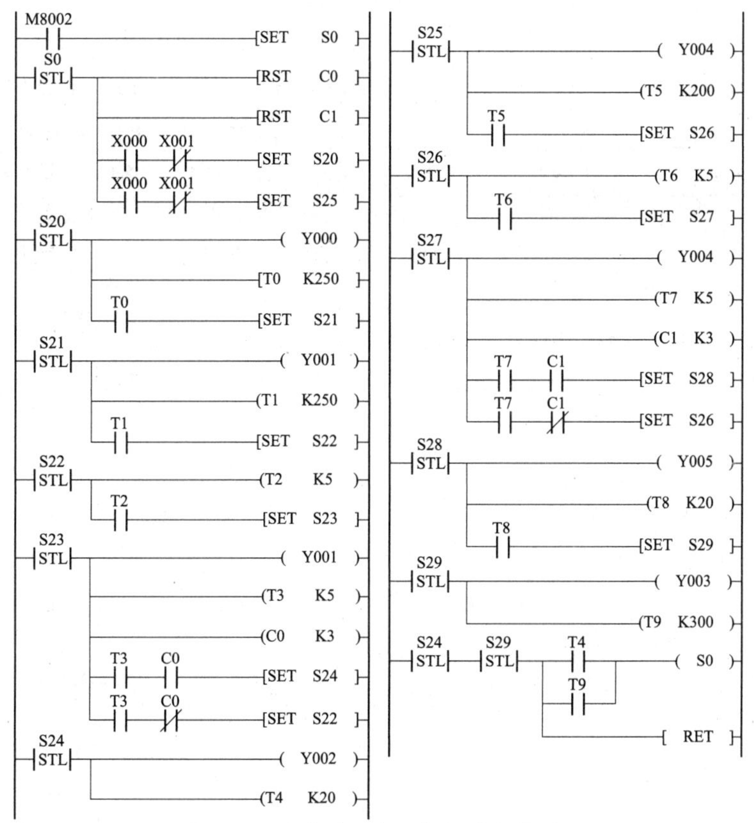

图 3-43 十字路口交通灯的步进梯形图

巩 固 练 习

一、选择题

1. 在 SFC 中，初始状态一般通过（ ）激活。

A. M8000　B. M8002　C. M8011　D. M8012

2. 步进开始指令为（ ）。

A. STL　B. LD　C. SET　D. PLS

3. 在顺序功能图中、活动步指的是（ ）。

A. 第一步　B. 最后一步　C. 任意一步　D. 处于激活状态那步

4. 顺序控制指令中，初始状态继电器指的是（ ）。

A. S0~S9　B. S20~S29　C. S30~S39　D. S40~S49

5. STL 指令不能驱动（ ）的线圈。

A. Y　B. S　C. M　D. X

二、设计题

1. 清洗车如图 3-44 所示，控制要求如下：开始清洗车在 O 位置，闭合启动开关后清洗车自动右行，到达 A 位置后打开阀 a 加入洗涤液，30s 后车继续右行；到达 B 位置，打开阀 c 加入清水，2min 后，关闭阀门继续右行；到 C 位置，打开阀 d 放出清洗车内液体，1min 后清洗液放空，然后清洗车自动返回。到达 A 位置，打开阀 b 加入消毒液，30s 后关闭阀门，清洗车右行；至 b 位置，打开阀 c 加入清水，2min 后关闭阀门；清洗车右行，到达 C 位置后，打开阀 d 放出清洗车液体，1min 后放空，清洗车左行，返回到 O 位置，完成一个清洗周期。给输入输出设备分配 I/O 端，画出顺序功能图，并用 STL 顺控指令设计法设计梯形图。

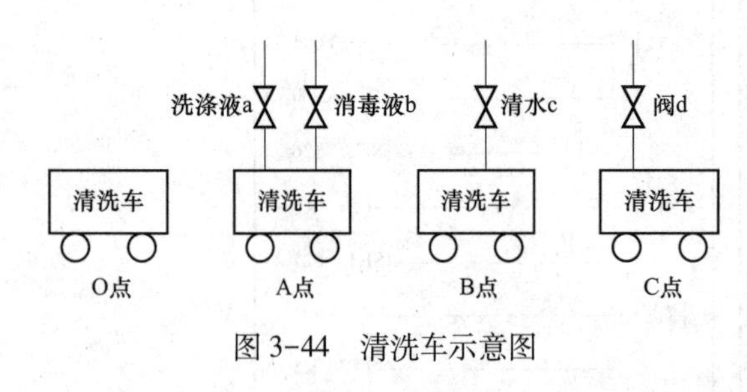

图 3-44　清洗车示意图

2. 设计一个煮咖啡时物料混合的 SFC 程序。

当按下启动按钮 SB1 后，制作一杯咖啡所需要的 4 种成分开始同时混合。

（1）热水阀打开，加热水 1s；

（2）加糖阀打开，加糖 2s；

（3）牛奶阀打开，加牛奶 2s；

（4）加咖啡阀打开，加咖啡 2s。

2s 后物料混合结束。在程序运行期间，再次按下启动按钮 SB1 将不起作用。按下停止按钮 SB2，完成一个周期后停止。

给输入/输出设备分配 I/O 端，画出顺序功能图，并用 STL 顺控指令设计法设计梯形图。

项目4

三菱 FX 系列 PLC 功能指令应用

任务1 抢答器的 PLC 控制

4.1.1 任务概述

用 PLC 实现一个 3 组优先抢答器的控制，要求在主持人按下开始按钮后，3 组抢答按钮按下任意一个按钮后，主持人前面的七段数码管能实时显示该组的编号，同时锁住抢答器，使其他组按下抢答按钮无效。若主持人按下停止按钮，则不能进行抢答，且数码管无显示，如图 4-1 所示。

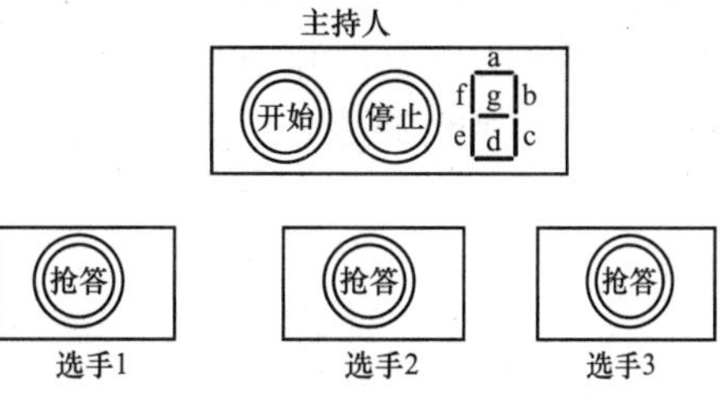

图 4-1 抢答器控制示意图

4.1.2 任务资讯

1. 功能指令结构

功能指令实际上是为方便用户使用而设置的功能各异的子程序调用指令。功能指令的结构如图 4-2 所示。

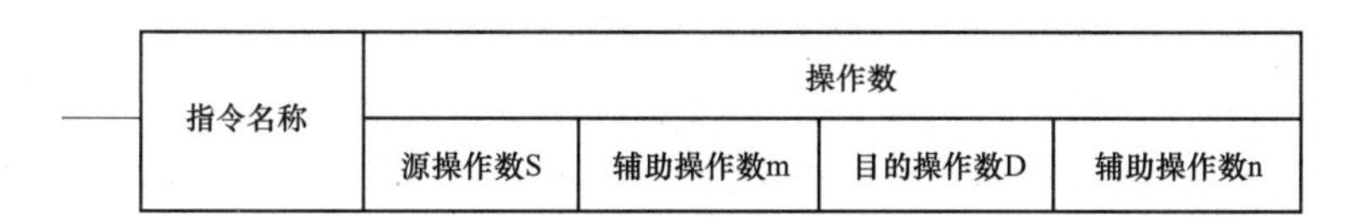

图 4-2 功能指令的结构

功能指令一般由指令名称和操作数两部分组成。

指令名称用以表示指令实现的功能，通常用指令功能的英文缩写形式作助记符。例如，传送指令 MOV 实际是 MOVE 的缩写。每条指令都对应于一个编号，用 FNC□□表示，指令不同，编号也不同。例如，MOV 指令的编号是 FNC12。FX2N 系列可编程控制器的编号范围是 FNC00～FNC246。

操作数是指令执行时使用的或产生的数据，分为源操作数 S、辅助操作数 m、目的操作数 D 和辅助操作数 n。操作数可能存储在存储单元（例如数据寄存器 D 中），可能以变址的方式储存，也可能以数值形式直接出现在指令中（常用H或K指定）。在一条指令中，源操作数、目的操作数、辅助操作数每种可能有多个，也可能没有。

源操作数是指令执行时使用的数据。指令执行后，只要不被覆盖，源操作数就保持不变。

目的操作数是指令执行时产生的数据。

辅助操作数是对源操作数或目的操作数做某种说明或限定的数。

如图4-3所示，当满足条件X1接通时，执行ADD指令。将D1中的内容与D0中的内容相加，把相加的结果放到D10中。其中ADD是指令名称，D0、D1都是源操作数，D10是目的操作数。当满足条件X5接通时，对D0开始的连续6个数据寄存器（即D0~D5）中的数据取平均值，结果放到D12V中。其中，MEAN是指令名称，D0是源操作数，D12V是变址方式的目的操作数，K6是辅助操作数，用来说明是从D0开始的6个寄存器中的数据。

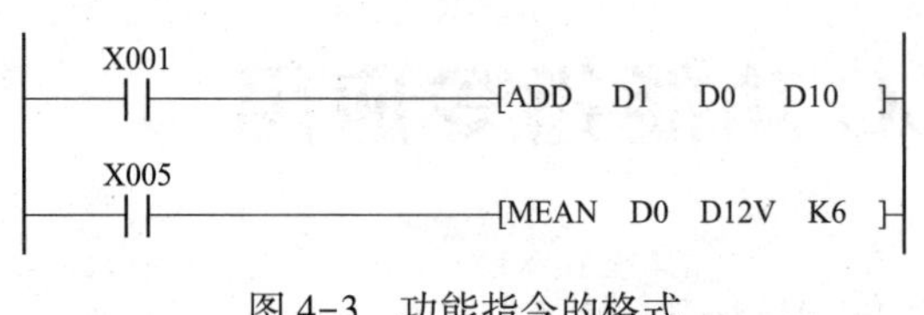

图4-3 功能指令的格式

2. 数据寄存器D和位元件组合

（1）数据寄存器D。数据寄存器是用来存储数值的编程软元件，一个数据寄存器可以存放16位数据，即一个字的数据。如果想要存储两个字的数据则需要两个编号相邻的数据寄存器进行存储。例如，用D1和D2存储双字，前者存放低16位，后者存放高16位。字或双字的最高位为符号位，0表示正数，1表示负数。

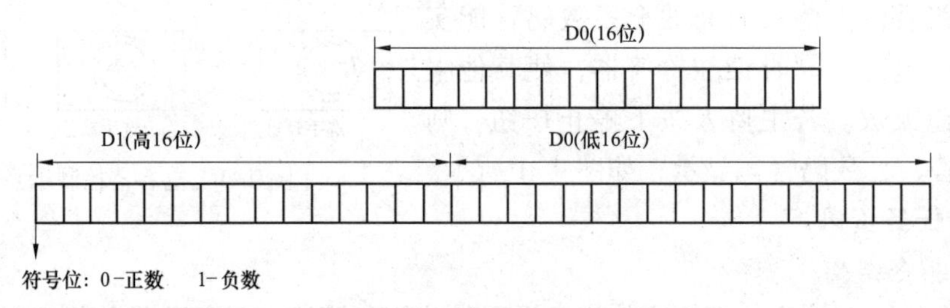

FX2N系列PLC的数据寄存器主要分为通用数据寄存器、断电保持数据寄存器、特殊数据寄存器和文件寄存器。

1）通用数据寄存器（D0~D199）。共200点。当M8033为ON时，D0~D199有断电保护功能；当M8033为OFF时则无断电保护，当PLC由RUN →STOP或停电时，数据全部清零。

2）断电保持数据寄存器（D200~D7999）。共7800点，当PLC由RUN →STOP时，其值保持不变。根据参数设定可以改变断电保持数据寄存器的范围。当断电保持数据寄存器用作一般用途时，须在程序起始步用RST或ZRST指令清空其内容。

3）特殊数据寄存器（D8000~D8255）。共256点。特殊数据寄存器的作用是用来监控PLC的运行状态，如扫描时间、电池电压等。未加定义的特殊数据寄存器，用户不能使用，具体可参见用户手册。

4）文件寄存器（D1000~D7999）。文件寄存器实际是一类专用数据寄存器，用于存储大量的数据。文件寄存器以500点为单位，可被外部设备存取，FX2N系列PLC可以通过块传送指令来改变其内容。

（2）位元件组合。只有ON/OFF的元件称为位元件。例如，X、Y、M、S。处理数据的

元件称为字元件，例如，T、C、D 等。此外，可以用几个位元件一起来构成字元件。

将连续的 4 个位元件作为一组，以地址编号最小的作为首元件，在连续位元件的首元件前加 Kn，可以构成位元件的组合，例如，KnY0、KnX20、KnM10。K2Y0 表示由 Y0 开始的两组位元件，即 K2Y0 表示 Y0～Y7 组成的 8 位数据，其中 Y0 为最低位，Y7 为最高位。首元件地址编号可以任意选取，但通常采用以 0 结尾的地址编号。

表示 16 位数据时可以取 K1～K4，其中最高位为符号位。表示 32 位数据时可以取 K1～K8,其中最高位为符号位。

当一个 16 位数据传送到 KnY0，若 $n \leqslant 3$，则只传送相应的低位数据，较高位数据不传送。32 位数据的传送也一样。若将 4 位数据传送到 8 位的组合中，则将数据传送到组合低 4 位中，高 4 位用 0 补齐。

3. 功能指令的数据长度和执行方式

（1）功能指令的数据长度。功能指令可以处理 16 位和 32 位数据。

如图 4-4 所示，指令第一行当 X001 接通时，将 D1 中的 16 位数据与 D0 中的 16 位数据相加，结果放到 D10 中。指令第二行，当 X003 接通时，将 D12、D13 当中的数据构成的 32 位数与 D10、D11 中的数据构成的 32 位数相加，结果放到 D16、D17 中。

（2）指令执行形式。功能指令有连续执行型和脉冲执行型两种执行方式，其中脉冲执行型在指令名称后面加 P 表示。

如图 4-5 所示，第一行指令为连续执行型，当 X001 接通时，ADD 指令每个周期都被执行一次。某些指令在使用连续执行形式时应谨慎，例如，XCH、INC、DEC 等。图 4-4 第二行所示指令为脉冲执行型。仅在 X002 由 OFF 变为 ON 的瞬间执行一个扫描周期。不需要连续执行时，使用脉冲执行方式可以节省扫描时间。

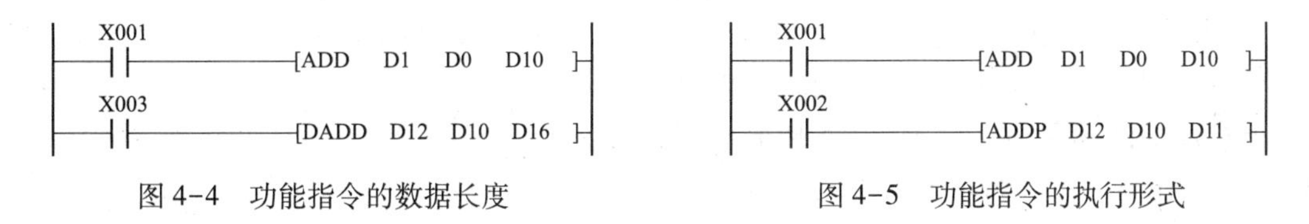

图 4-4　功能指令的数据长度　　　图 4-5　功能指令的执行形式

4. 数据传送指令 MOV

MOV 指令的名称、编号、操作数、梯形图形式见表 4-1。

表 4-1　MOV 指令说明

指令名称	功能	操作数		梯形图形式
		（S.）	（D.）	
MOV	字传送	K、H、KnX、KnY、KnM、KnS、T、C、D、V、Z	KnY、KnM、KnS、T、C、D、V、Z	X001 [MOV (S.) (D.)]

MOV 指令执行时，将源操作数（S.）中的内容传送到目的操作数（D.）中。传送 32 位数据应使用 D 前缀。MOV 指令的用法如图 4-6 所示。当 X000 接通时，将十进制数 0 传送到数据寄存器 D0；当 X001 由断到通时，将 D0 内的数值传送到 D1 中；当 X002 接通时，将定时器 T0 的当前值传送到 D2 中；当 X003 接通时，将 D10 和 D11 内的数值传送到 D20 和 D21 中。

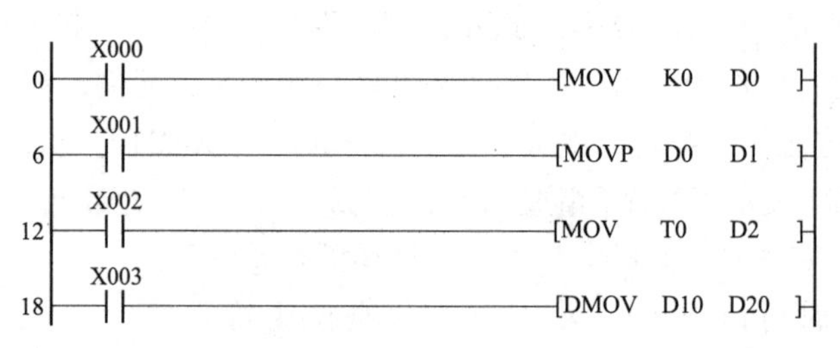

图 4-6　MOV 指令的用法

5. 七段译码指令 SEGD 和七段数码管

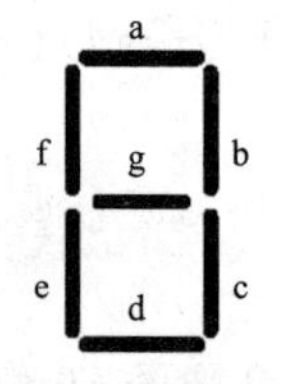

图 4-7　七段数码管

（1）七段数码管。数码管的一种是半导体发光器件，数码管可分为七段数码管和八段数码管，区别在于八段数码管比七段数码管多一个用于显示小数点的发光二极管单元 DP（decimal point），其基本单元是发光二极管。图 4-7 所示为七段数码管，若显示“1”则应 b、c 段点亮。

（2）七段译码指令 SEGD。SEGD 指令的名称、编号、操作数、梯形图形式见表4-2。

注意：三菱 FX2N 系列 PLC 可以使用 SEGD 指令，但是 FX1N 系列 PLC 不能使用。

表 4-2　SEGD 指令说明

指令名称	功能	操作数		梯形图形式
		(S.)	(D.)	
SEGD	七段码译码	K、H、KnX、KnY、KnM、KnS、T、C、D、V、Z	KnY、KnM、KnS、T、C、D、V、Z	X003 [SEGD (S.) (D.)]

SEGD 指令将（S.）指定元件的低 4 位所确定的十六进制数译成驱动七段码显示的数据，并存入（D）中，（D）的高 8 位不变。SEGD 指令的用法如图 4-8 所示，当 X000 接通时，将数据寄存器 D0 中保存的数值在 Y0～Y6 控制的 7 段数码管上以十进制的形式显示出来。

X000　[SEGD D0 K2Y000]

图 4-8　SEGD 指令的用法

4.1.3　任务实施

1. I/O 分配

本任务中用于显示小组编号的显示器为 1 个七段数码管，由 a～g 七个数码管组成，可以显示 1～9 的数字。

表 4-3 为抢答器控制的 I/O 分配表。

表 4-3　抢答器控制 I/O 分配表

输入设备			输出设备		
设备名称	文字符号	输入地址	设备名称	文字符号	输出地址
主持人开始按钮	SB1	X0	数码管 a 段	HL1	Y0
主持人停止按钮	SB2	X1	数码管 b 段	HL2	Y1
第一组抢答按钮	SB3	X2	数码管 c 段	HL3	Y2

续表

输入设备			输出设备		
设备名称	文字符号	输入地址	设备名称	文字符号	输出地址
第一组抢答按钮	SB4	X3	数码管 d 段	HL4	Y3
第一组抢答按钮	SB5	X4	数码管 e 段	HL5	Y4
			数码管 f 段	HL6	Y5
			数码管 g 段	HL7	Y6

2. 硬件接线

图 4-9 所示为抢答器控制的 PLC 外部接线图。

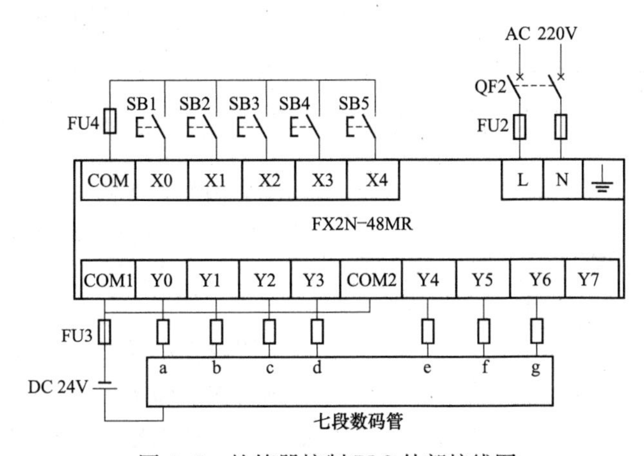

图 4-9　抢答器控制 PLC 外部接线图

3. 程序设计

图 4-10 所示为抢答器控制梯形图程序。第 1 段为主持人的开始和停止控制，M0 作为连锁信号串在下面三个小组的抢答控制程序中。第 2~4 段为 3 个小组抢答控制，M1 ~ M3 中哪一个得电表示哪一个小组抢答成功，通过互锁使得后抢答的小组抢答无效。

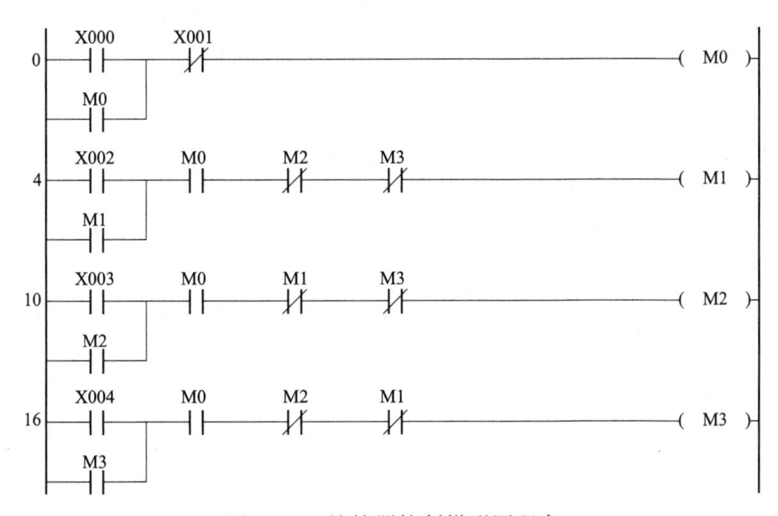

图 4-10　抢答器控制梯形图程序

如图 4-11 中前 3 段程序通过 MOV 传送指令将抢答成功的小组编号写入到寄存器 D0 中，第 4 段程序通过七段译码指令 SEGD 将 D0 中的数值在 Y0~Y6 控制的七段数码管上显示相应的数值。第 5 段程序通过区间复位指令 ZRST 使得主持人按下停止按钮时将 Y0~Y6 全部复位。

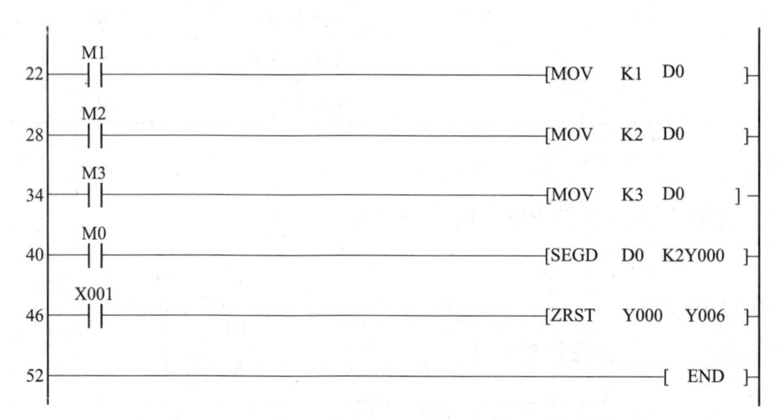

图 4-11 抢答器控制梯形图程序

4.1.4 思考与拓展

1. 如何实现选手犯规控制

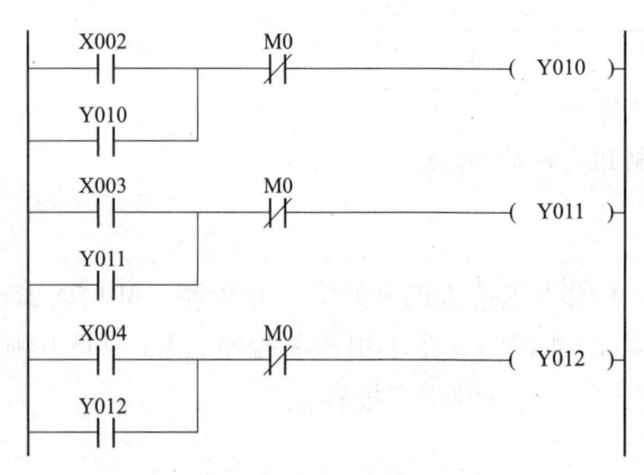

图 4-12 抢答器犯规控制梯形图程序

假设在本任务的基础上增加选手犯规的控制要求，即每组选手前有一个犯规指示灯，如果在主持人按下开始按钮之前按下抢答按钮则该组选手的犯规指示灯点亮，主持人按停止按钮才能熄灭。

假设用 Y010、Y011、Y012 三个输出点分别控制三组选手的犯规指示灯，则相应的犯规控制程序如图 4-12 所示，M0 动断触点闭合时说明主持人尚未按下启动按钮允许抢答，此时如果选手按下抢答按钮则该选手的犯规指示灯点亮。

2. 如何实现无人抢答延时重新开始的控制

假设在本任务的基础上增加无人抢答延时重新开始的控制要求，即主持人按下开始按钮后的 3s 内若无人抢答则该轮抢答作废，选手即使再按下抢答按钮也无效，必须等主持人再次按下开始按钮才能开始下一轮抢答。

如图 4-13 所示，主持人按下启动按钮后，M0 得电自锁，若 3s 内 3 组选手均无人抢答，则 T0 的动断触点切断 M0 线圈，必须等主持人再次按下开始按钮才能开始下一轮抢答。

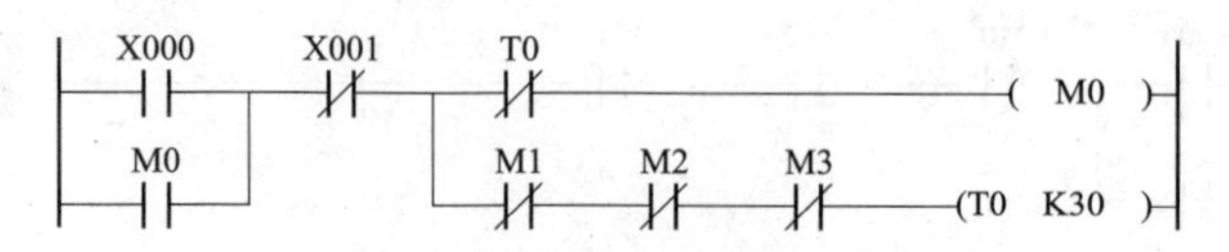

图 4-13 抢答器延时重启梯形图程序

3. FX1N 系列 PLC 如何实现数码管显示控制

FX1N 系列 PLC 无法使用七段译码指令 SEGD，假设本任务用 FX1N 系列 PLC 来实现则程序应如何设计呢？

三组选手抢答成功时，要求七段数码管分别显示 1、2、3。数码管显示 1 时数码管的 b、c 两段点亮；数码管显示 2 时数码管的 a、b、d、e、g 五段点亮；数码管显示 3 时数码管的 a、b、c、d、g 五段点亮，因此可以将图 4-11 所示的梯形图用图 4-14 所示的梯形图替换。

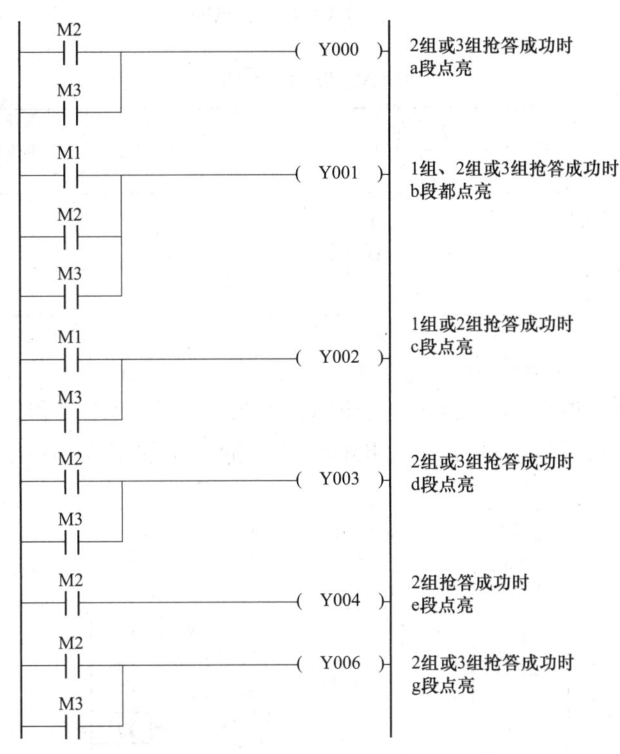

图 4-14 FX1N 系列 PLC 抢答器抢答数码显示梯形图程序

4. 其他常用传送类指令

(1) 取反传送指令 CML。CML 指令的名称、编号、操作数、梯形图形式见表 4-4。

表 4-4 **CML 指令说明**

指令名称	功能	操作数		梯形图形式
		(S.)	(D.)	
CML	把原数取反后传送	K、H、KnX、KnY、KnM、KnS、T、C、D、V、Z	KnY、KnM、KnS、T、C、D、V、Z	X003 ─┤├─[CML (S.) (D.)]

CML 指令执行时，将源操作数（S.）中的二进制数逐位取反后传送到目的操作数（D.）中。若（S.）为常数，则先自动转换为二进制数，然后再执行取反传送。CML 指令的用法如图 4-15 所示。

(2) 块传送指令 BMOV。BMOV 指令的名称、编号、操作数、梯形图形式见表 4-5。

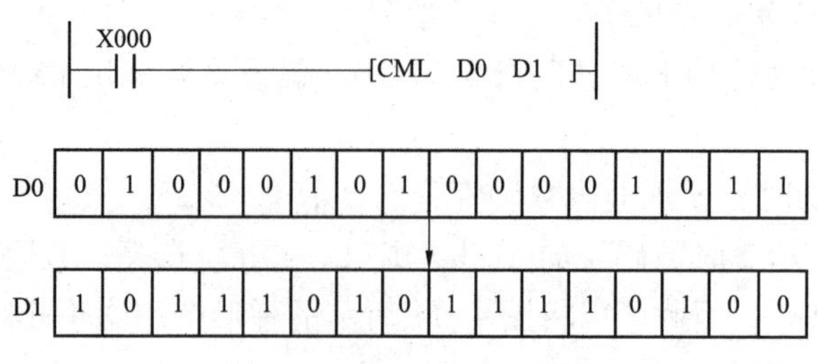

图 4-15 CML 指令的用法

表 4-5 **BMOV 指令说明**

指令名称	功能	操作数			梯形图形式
		(S.)	(D.)	*n*	
BMOV	传送数据块内容	K、H、KnX、KnY、KnM、KnS、T、C、D、V、Z	KnY、KnM、KnS、T、C、D、V、Z	K、H *n* 不超过 512	X004 [BMOV (S.) (D.) n]

BMOV 指令执行时，将源操作数（S.）指定元件开始的连续 *n* 点分别传送到目的操作数（D.）指定元件开始的连续 *n* 点中。当使用位元件时，源操作数和目的操作数位数必须相同。M8024 为 ON 时，传送方向反转。BMOV 指令的用法如图 4-16 所示。

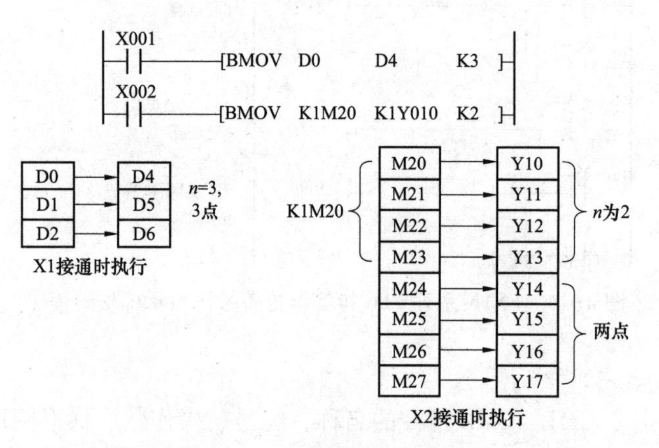

图 4-16 BMOV 指令的用法

（3）多点传送指令 FMOV。FMOV 指令的名称、编号、操作数、梯形图形式见表 4-6。

表 4-6 **FMOV 指令说明**

指令名称	功能	操作数			梯形图形式
		(S.)	(D.)	*n*	
FMOV	在多个目标元件中传送相同数据	K、H、KnX、KnY、KnM、KnS、T、C、D、V、Z	KnY、KnM、KnS、T、C、D、V、Z	K、H *n* 不超过 512	X005 [FMOV (S.) (D.) n]

FMOV 指令执行时，向目的操作数（D.）指定元件开始的连续 n 点传送由源操作数（S.）指定的同一内容。FMOV 指令的用法如图 4-17 所示。

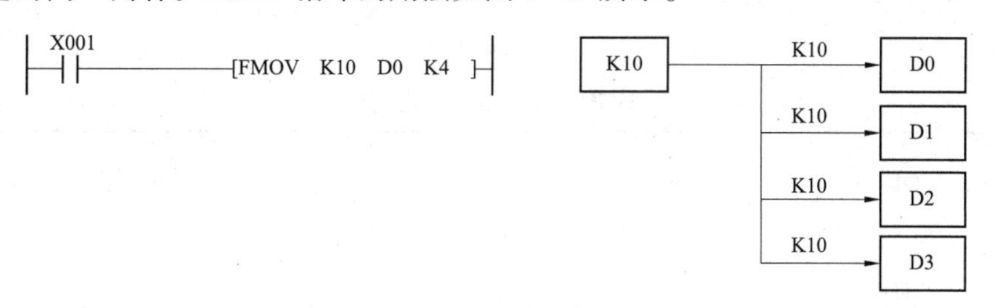

图 4-17　FMOV 指令的用法

（4）字交换指令 XCH。XCH 指令的名称、编号、操作数、梯形图形式见表 4-7。

表 4-7　　XCH 指令说明

指令名称	功能	操作数		梯形图形式
		（D1.）	（D2.）	
XCH	交换指定单元的内容	KnY、KnM、KnS、T、C、D、V、Z		X000 —[XCH (D1.) (D2.)]

XCH 指令执行时，两目标元件之间的内容进行交换。当 M8160 为 ON，且两目标操作数指定同一软元件时，将交换数据低 8 位和高 8 位。应注意，当采用连续执行型时，每个扫描周期都进行数据交换，推荐使用 XCHP。XCH 指令的用法如图 4-18 所示。

图 4-18　XCH 指令的用法

（5）字节交换指令 SWAP。SWAP 指令的名称、编号、操作数、梯形图形式见表 4-8。

表 4-8　　SWAP 指令说明

指令名称	功能	操作数	梯形图形式
		（S.）	
SWAP	字节交换	KnY、KnM、KnS、T、C、D、V、Z	X000 —[SWAP (S.)]

SWAP 指令为字节交换指令。指令执行时，将源操作数所指定的每个元件的高 8 位与低 8 位进行交换，交换后的结果仍存到源操作数中。SWAP 指令的用法如图 4-19 所示。

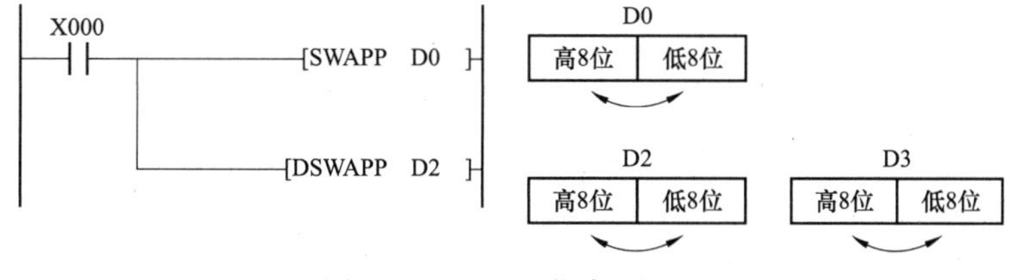

图 4-19　SWAP 指令的用法

5. 数据处理指令

(1) BCD 变换、BIN 变换指令。BCD、BIN 指令的名称、编号、操作数、梯形图形式见表 4-9。

表 4-9　　BCD、BIN 指令说明

指令名称	功能	操作数		梯形图形式
		(S.)	(D.)	
BCD	把二进制码变为 BCD 码	K、H、KnX、KnY、KnM、KnS、T、C、D、V、Z	KnY、KnM、KnS、T、C、D、V、Z	X000 ─┤├─[BCD (S.) (D.)]
BIN	把 BCD 码变为二进制码			X010 ─┤├─[BIN (S.) (D.)]

BCD 指令执行时，将（S.）中的二进制数变为 BCD 码，并将结果放到（D.）中。BIN 指令执行时将（S.）中的 BCD 码变为 BIN 码，并将结果放到（D.）中。从数字开关获取 BCD 数据信息时，须使用 BIN 指令。向七段显示器等输出时，须使用 BCD 指令转换数据。BCD、BIN 指令的用法如图 4-20 所示。

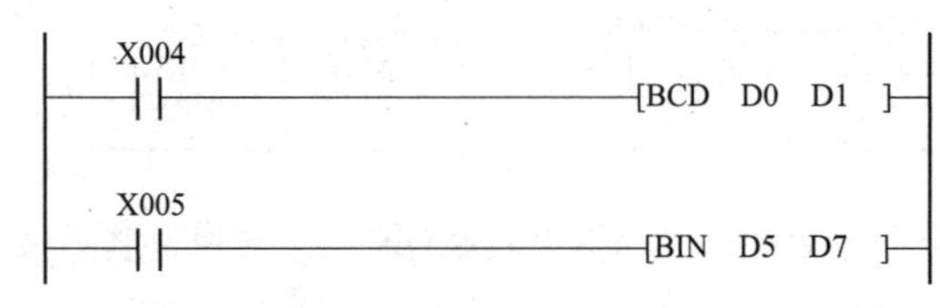

图 4-20　BCD、BIN 指令的用法

(2) 平均值指令 MEAN。MEAN 指令的名称、编号、操作数、梯形图形式见表 4-10。

表 4-10　　MEAN 指令说明

指令名称	功能	操作数			梯形图形式
		(S.)	(D.)	n	
MEAN	求平均值	KnX、KnY、KnM、KnS、T、C、D	KnY、KnM、KnS、T、C、D、V、Z	K、H n=1~64	X005 ─┤├─[MEAN (S.) (D.) n]

MEAN 指令执行时，将（S.）开始的连续 n 个元件中的数据求平均值，结果存放到（D.）中。MEAN 指令的用法如图 4-21 所示。

X002 ─┤├─[MEAN D0 D9 K6]

图 4-21　MEAN 指令的用法

巩 固 练 习

一、选择题

1. 一个数据寄存器可以存放（　　）位数据。

A. 1　　B. 8　　C. 16　　D. 32

2. 字或双字的最高位为符号位，（　　）表示正数。

A. 0　　B. 1　　C. +　　D. -

3. 当（　　）为 ON 时，D0~D199 有断电保护功能（　　）。

A. M8000　　B. M8033　　C. M8002　　D. M8030

4. Y0~Y7 的位组合用（　　）表示。

A. K1Y0　　B. K2Y0　　C. K4Y0　　D. K8Y0

5. 功能指令为脉冲执行方式时需要在功能指令后面加（　　）的后缀。

A. D　　B. P　　C. PULSE　　D. M

二、判断题

1. 功能指令处理 32 位数据时需要在前面加 D。（　）
2. 数据传送指令 MOV 的目的操作数可以是 KnX 位组合。（　）
3. 数据传送指令 MOV 的目的操作数可以是常数。（　）
4. 七段数码管显示数值 1 时应让 b 段和 c 段接通。（　）
5. 三菱 FX1N 系列 PLC 可以使用七段译码指令 SEGD。（　）

三、设计题

1. 当 X0 由通到断时，将定时器 T0 的当前值传送到数据寄存器 D0，设计梯形图程序。

2. 用传送指令 MOV 实现电动机的正、反转控制。

3. 用传送指令 MOV 实现电动机的星—三角减压启动控制。

4. 抢答器控制：主持人配备抢答“开始”和“复位”按钮各一个，以及“抢答”信号灯一盏；两名参赛选手每人配备“抢答”和“犯规”灯各一盏，一个“抢答”按钮。

（1）主持人按下“开始”按钮，此时主持人面前的“抢答”信号灯亮，提示各选手开始抢答。

（2）在主持人面前的抢答信号灯亮后，先按下“抢答”按钮的选手，他面前的“抢答”灯亮，后按下的选手无效。答题完毕，主持人按下“复位”按钮，使该选手的“抢答”灯熄灭。

（3）抢答结束后，主持人按下“复位”按钮，主持人面前的“抢答”信号灯熄灭，主持人开始准备下一道抢答题。若主持人面前的“抢答”信号灯亮 3s 内无人抢答，视作选手弃权，本题作废。同时主持人面前的“抢答”信号灯自动熄灭，主持人按下“复位”按钮准备下一道抢答题。

（4）在主持人面前的抢答信号灯未亮时，提前按下“抢答”按钮的选手被判犯规，他面前的“犯规”灯长亮，若有多名选手犯规，都会受到处罚。主持人按下“复位”按钮，可将该选手的“犯规”灯熄灭。

任务2　交通灯的PLC控制

4.2.1　任务概述

用 PLC 实现如图 4-22 所示的十字路口交通灯的控制，要求按下启动按钮后，东西方向绿灯亮25s，闪动3s，黄灯亮3s，红灯亮31s；南北方向红灯亮31s，绿灯亮25s，闪动3s，黄灯亮3s，如此循环。无论何时按下停止按钮，交通灯全部熄灭。

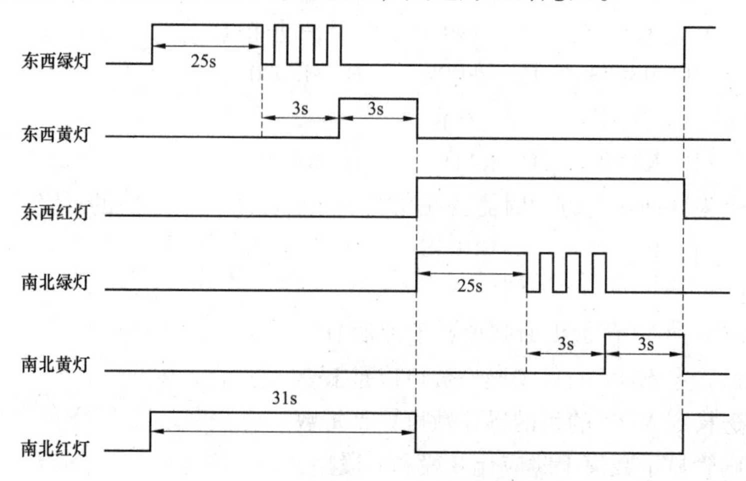

图4-22 十字路口交通灯控制时序图

4.2.2 任务资讯

1. 数值比较指令CMP

CMP指令的名称、编号、操作数、梯形图形式见表4-11。

表4-11 **CMP指令说明**

指令名称	功能	操作数			梯形图形式
		(S1.)	(S2.)	(D.)	
CMP	两数比较	K、H、KnX、KnY、KnM、KnS、T、C、D、V、Z		Y、M、S 3个连续元件	X001 [CMP (S1.) (S2.) (D.)]

CMP指令是将源操作数（S2.）中的内容与（S1.）中的内容作比较，比较的结果放到目的操作数（D.）中。（D.）只写出Y、M、S的首元件号，表示由首元件开始的连续3个软元件。CMP指令的用法如图4-23所示。

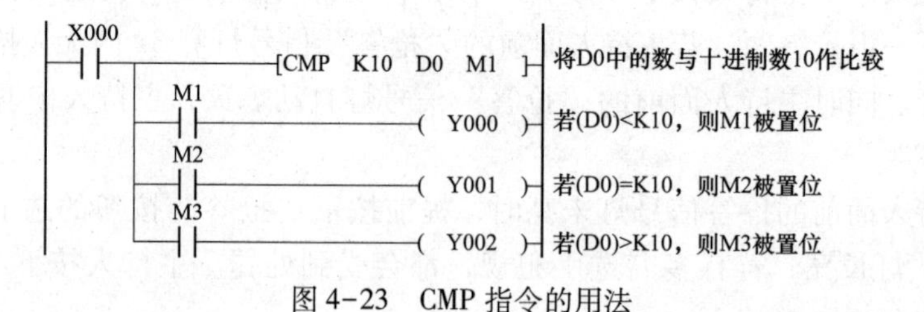

图4-23 CMP指令的用法

需要注意的是，X000接通时执行比较指令，执行完比较指令后，即使X000再断开，MI～M3的状态也不会发生变化。清除比较结果须使用RST或ZRST指令。

2. 触点比较指令

触点比较指令作用相当于一个触点，当满足一定条件时，触点接通。触点比较指令的名称、编号、操作数、梯形图形式见表4-12。

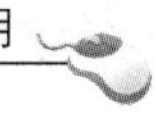

表 4-12　　触点比较指令说明

指令名称	功能	操作数		指令名称	功能	操作数	
		(S1.)	(S2.)			(S1.)	(S2.)
LD=	连接母线的触点 比较相等指令	K、H、KnX、KnY、KnM、KnS、T、C、D、V、Z		AND<>	串联触点比较 不等指令	K、H、KnX、KnY、KnM、KnS、T、C、D、V、Z	
LD>	连接母线的触点 比较大于指令			AND≤	串联触点比较 不大于指令		
LD<	连接母线的触点 比较小于指令			AND≥	串联触点比较 不小于指令		
LD<>	连接母线的触点 比较不等指令			OR=	并联触点比较 相等指令		
LD≤	连接母线的触点 比较不大于指令			OR>	并联触点比较 大于指令		
LD≥	连接母线的触点 比较不小于指令			OR<	并联触点比较 小于指令		
AND=	串联触点比较 相等指令			OR<>	并联触点比较 不等指令		
AND>	串联触点比较 大于指令			OR≤	并联触点比较 不大于指令		
AND<	串联触点比较 小于指令			OR≥	并联触点比较 不小于指令		

连接母线的触点比较指令，作用相当于一个与母线相连的触点，当满足相应的导通条件时，触点导通。串联/并联触点比较指令，作用相当于串联/并联一个触点，当被串联/并联的触点满足相应的导通体条件时，触点导通。例如，使用各类触点比较大于指令时，则当（S1.）>（S2.）时，触点导通，否则不导通。使用各类触点比较小于指令时，则当（S1.）<（S2.）时，触点导通，否则不导通。使用32位指令时，在指令的文字符号后面加D，比较符号不变。例如，32位串联触点不大于指令助记符为ANDD≤。

触点比较指令的用法如图4-24所示。当计数器C0的当前值等于100且X001不得电时，Y000得电；当定时器T0的当前值大于等于寄存器D0内的值则M100被置位；当X000接通时，若寄存器D0内的值小于D1内的值则Y001接通。

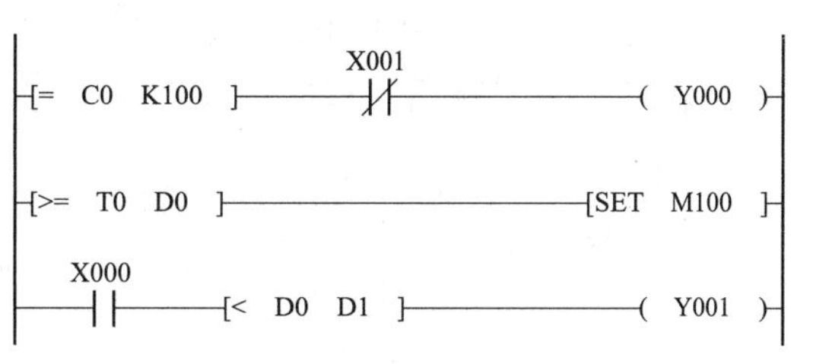

图4-24　触点比较指令的用法

4.2.3　任务实施

1. I/O分配

表4-13为十字路口交通灯控制的I/O分配表。

表 4-13　　十字路口交通灯控制 I/O 分配表

输入设备			输出设备		
设备名称	文字符号	输入地址	设备名称	文字符号	输出地址
启动按钮SB1	SB1	X0	东西方向绿灯	HL1	Y0
停止按钮SB2	SB2	X1	东西方向黄灯	HL2	Y1
			东西方向红灯	HL3	Y2
			南北方向绿灯	HL4	Y3
			南北方向黄灯	HL5	Y4
			南北方向红灯	HL6	Y5

2. 硬件接线

图 4-25 所示为抢答器控制的 PLC 外部接线图。

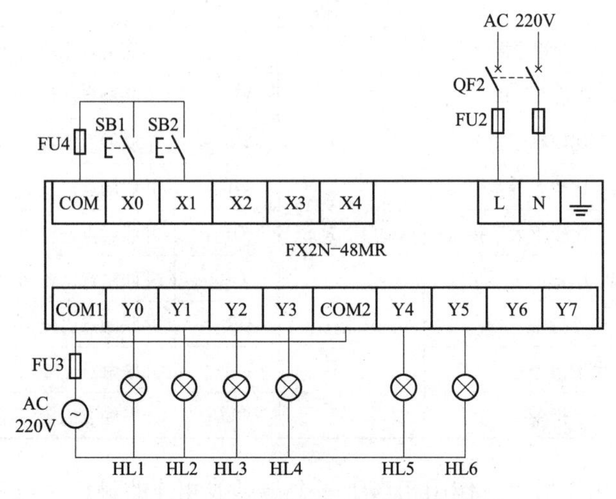

图 4-25 抢答器控制 PLC 外部接线图

3. 程序设计

图 4-26 所示为交通灯控制的梯形图程序，按下启动按钮后 M0 得电定时器 T0 开始延时，延时 62s 后 T0 的动断触点将 T0 线圈切断使得 T0 重新开始延时，如此循环往复，直到按下停止按钮。这一段程序设计的目的在于让定时器 T0 的当前值在 0~620 之间循环变化，正好对应交通灯的一个周期 62s（定时器 T0 为 100ms 定时器），然后通过将 T0 的当前值与第 0s、第 25s、第 28s 等一些时间节点进行比较，从而得到需要的控制结果。

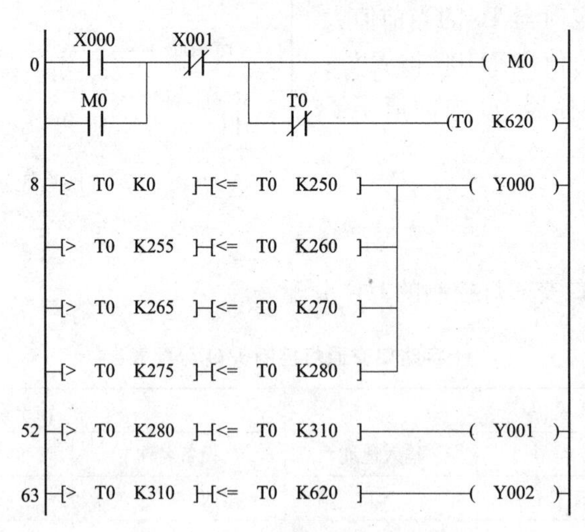

图 4-26 交通灯控制梯形图程序

例如，按下启动按钮后 M0 得电，当 T0 的当前值大于等于 280 且小于 310 时，说明时间在第 28s 和第 31s 之间，让 Y1 得电，东西方向的黄灯亮。

图 4-27 所示为南北方向三个交通灯控制的梯形图程序。

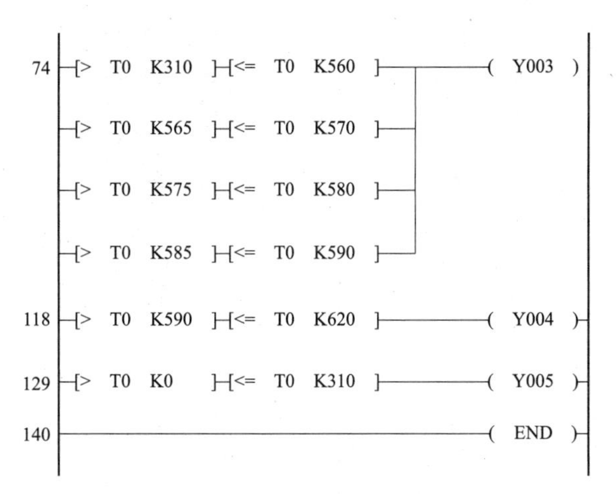

图 4-27　南北方向三个交通灯控制梯形图程序

4.2.4　思考与拓展

1. 使用特殊辅助继电器 M8013 产生 1s 的闪烁信号

特殊辅助继电器 M8013 是 1s 的时钟脉冲信号，可以用来控制指示灯闪烁，如图 4-28 所示，X000 得电以后，Y000 通 0.5s、断 0.5s，周而复始。

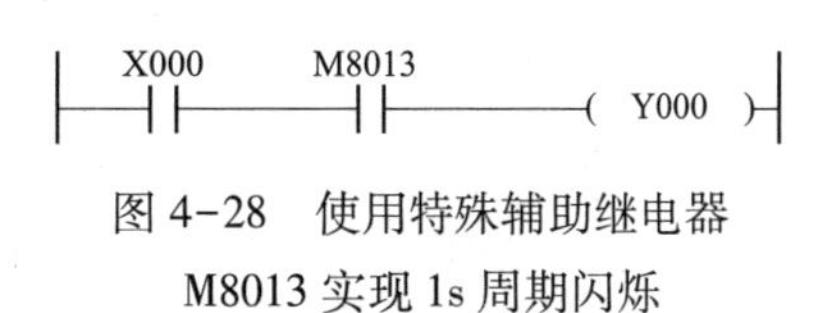

图 4-28　使用特殊辅助继电器 M8013 实现 1s 周期闪烁

2. 如何顺序控制设计法实现交通灯的控制

十字路口交通灯控制属于典型的顺序控制系统，可以采用顺序控制法来实现。图 4-29 所示的程序是将一个周期分为六个阶段（25s、3s、3s、25s、3s、3s），用 M0 代表初始步，用 M1～M6 代表这六个工步，然后使用 S/R 指令实现顺序控制转换。图 4-30 所示的程序是产生一个断 0.5s、通 0.5s 的闪烁信号 M11。图 4-31 所示的程序是控制六个定时器的程序。图 4-32 所示的程序是六个指示灯对应的输出控制程序。

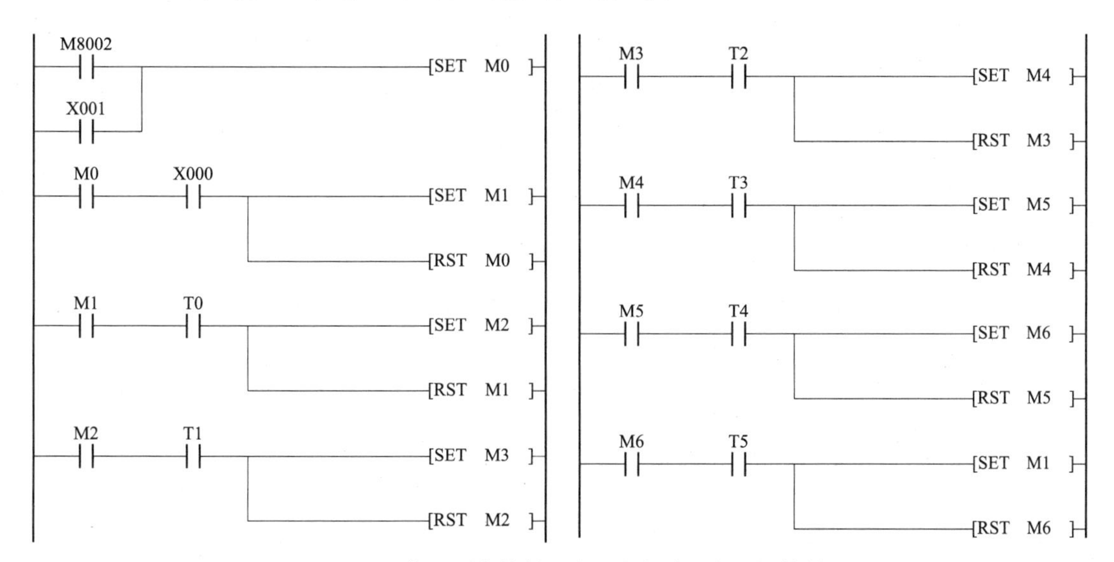

图 4-29　使用顺序控制法实现十字路口交通灯控制

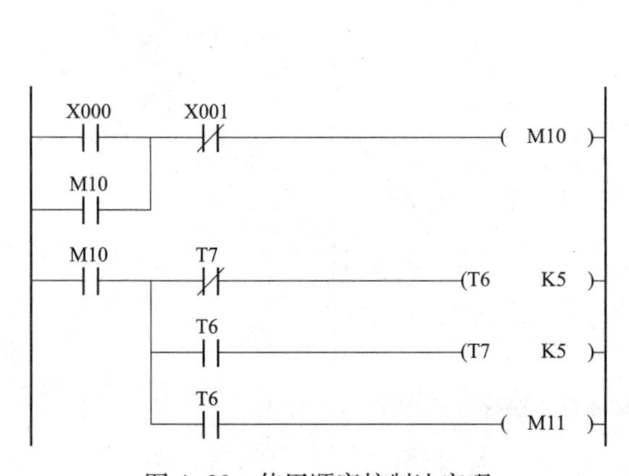

图 4-30　使用顺序控制法实现十字路口交通灯控制（断 0. 5s、通 0. 5s）

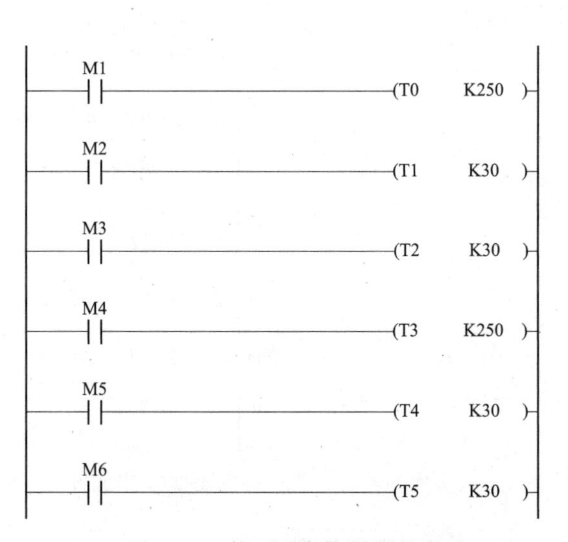

图 4-31　使用顺序控制法实现十字路口交通灯控制（6 个定时器）

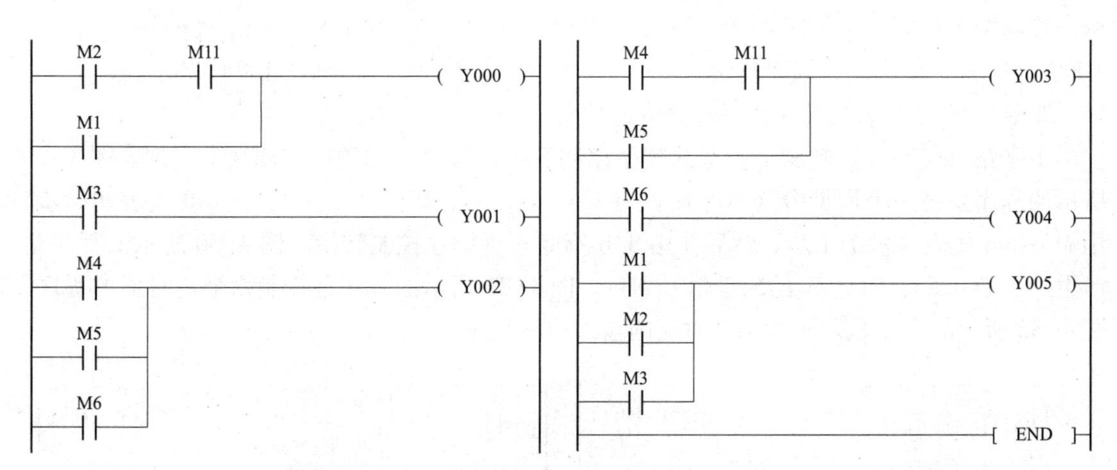

图 4-32　使用顺序控制法实现十字路口交通灯控制（输出控制程度）

3. 区间比较指令 ZCP

ZCP 指令的名称、编号、操作数、梯形图形式见表 4-14。

表 4-14　ZCP 指令说明

指令名称	功能	操作数				梯形图形式
		(S1.)	(S2.)	(S.)	(D.)	
ZCP	一数与两数比较	K、H、KnX、KnY、KnM、KnS、T、C、D、V、Z			Y、M、S	X002 [ZCP (S1.) (S2.) (S.) (D.)]

ZCP 指令执行时，将目标操作元件（S.）中的内容与（S1.）、（S2.）中的数据构成的

区间作比较，比较的结果放到目的操作数（D.）指定首元件开始的连续 3 个软元件中。ZCP 指令的用法如图 4-33 所示。

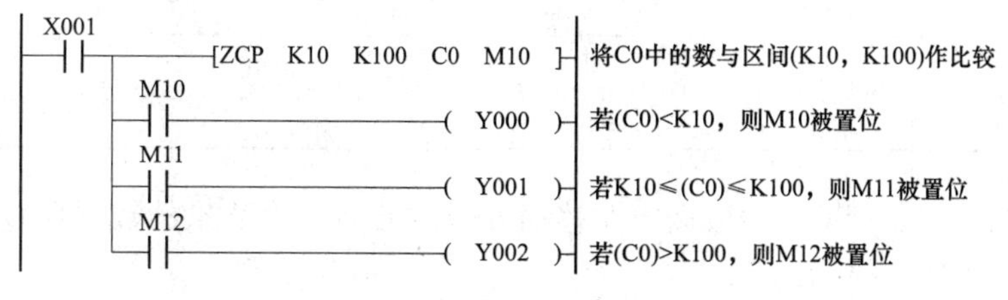

图 4-33　ZCP 指令的用法

与 CMP 指令相同，X001 接通时执行 ZCP 指令。执行完 ZCP 指令后，即使 X001 再断开，结果也保持不变。清除比较结果须使用 RST 或 ZRST 指令。

巩　固　练　习

一、简答题

1. 比较指令 CMP 和区间比较指令 ZCP 有什么区别。

2. 触点比较指令应如何使用?

二、设计题

1. 有红黄绿三只彩灯，用比较指令实现以下控制要求：

（1）按下启动按钮 SB1 后，红灯单独闪烁 3 次，之后黄灯单独闪烁 3 次，之后蓝灯单独闪烁 3 次，如此循环（闪烁频率均为 1Hz）；

（2）按下停止按钮 SB2 后 ，三只彩灯一起亮 3s 后熄灭。

2. 有红黄绿三只彩灯，用比较指令实现以下控制要求：

（1）按下启动按钮 SB1 后，红灯单独亮 3s，之后红、黄灯同亮 3s，之后红、黄、蓝灯同亮 3s，之后同灭 3s，如此循环；

（2）按下停止按钮 SB2 后，三只彩灯一起闪烁 3 次后熄灭（闪烁频率为 1Hz）。

任务3　彩灯追灯的 PLC 控制

4.3.1　任务概述

PLC 上电运行后指示灯 HL1 点亮，按下按钮 SB1 后按照 HL1→HL16→HL1 的顺序间隔 1s 循环点亮 16 个指示灯，按下按钮 SB2 后则按相反的顺序间隔 1s 循环点亮相应的指示灯，任何时候只有一盏指示灯点亮。按下停止按钮 SB3 后，指示灯 HL1 点亮，等待再次循环。

4.3.2　任务资讯

1. 循环左移指令 ROL

ROR、ROL 指令的名称、编号、操作数、梯形图形式见表 4-15。

表 4-15　　ROR、ROL 指令说明

指令名称	功能	操作数		梯形图形式
		(D.)	n	
ROL	循环左移 n 位	KnY、KnM、KnS、T、C、D、V、Z	K、H 16 位操作：n≤16 32 位操作：n≤32	X001 —┤├—[ROL (D.) n]

ROL 指令执行时，(D.) 中数据向左移动 n 位。最后一次移出的数据保存于 M8022 中。ROL 指令的用法如图 4-34 所示。

注意：三菱 FX2N 系列 PLC 可以使用 ROL 指令，但是 FX1N 系列 PLC 不能使用 ROL 指令。

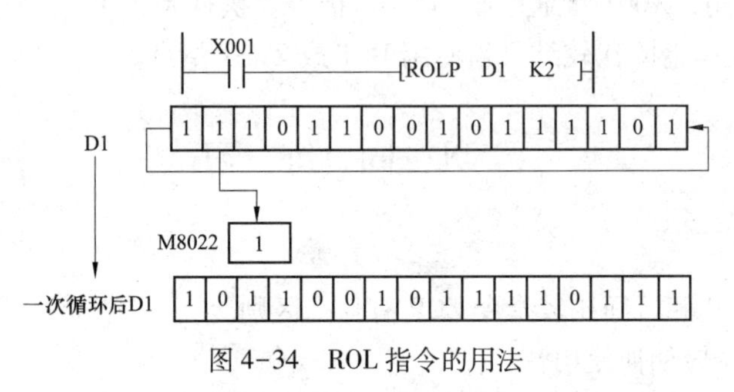

图 4-34　ROL 指令的用法

当使用 ROR、ROL 指令，并使用位组合元件时，只有 K4（16 位指令）和 K8（32 位指令）有效。采用连续执行型时，每个周期都执行循环移动。

2. 循环右移指令 ROR

ROR、ROL 指令的名称、编号、操作数、梯形图形式见表 4-16。

注意：三菱 FX2N 系列 PLC 可以使用 ROL 指令，但是 FX1N 系列 PLC 不能使用。

表 4-16　　ROR、ROL 指令说明

指令名称	功能	操作数		梯形图形式
		(D.)	n	
ROR	循环右移 n 位	KnY、KnM、KnS、T、C、D、V、Z	K、H 16 位操作：n≤16 32 位操作：n≤32	X000 —┤├—[ROR (D.) n]

ROR 指令执行时，(D.) 中数据向右移动 n 位，最后一次移出的数据保存于 M8022 中。ROR 指令的用法如图 4-35 所示。

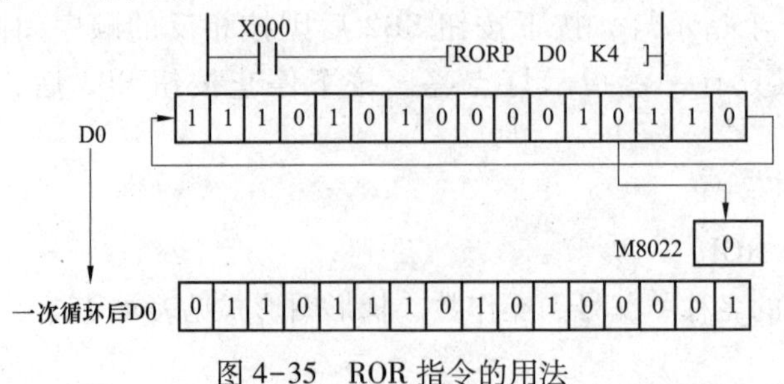

图 4-35　ROR 指令的用法

4.3.3　任务实施

1. I/O 分配

表 4-17 为彩灯追灯控制的 I/O 分配表。

表 4-17　　彩灯追灯控制 I/O 分配表

输入设备		输出设备			
设备名称	输入地址	设备名称	输出地址	设备名称	输出地址
按钮 SB1	X0	指示灯 HL1	Y0	指示灯 HL9	Y10
按钮 SB2	X1	指示灯 HL2	Y1	指示灯 HL10	Y11
停止按钮 SB3	X2	指示灯 HL3	Y2	指示灯 HL11	Y12
		指示灯 HL4	Y3	指示灯 HL12	Y13
		指示灯 HL5	Y4	指示灯 HL13	Y14
		指示灯 HL6	Y5	指示灯 HL14	Y15
		指示灯 HL7	Y6	指示灯 HL15	Y16
		指示灯 HL8	Y7	指示灯 HL16	Y17

2. 硬件接线

图 4-36 所示为彩灯追灯控制的 PLC 外部接线图。

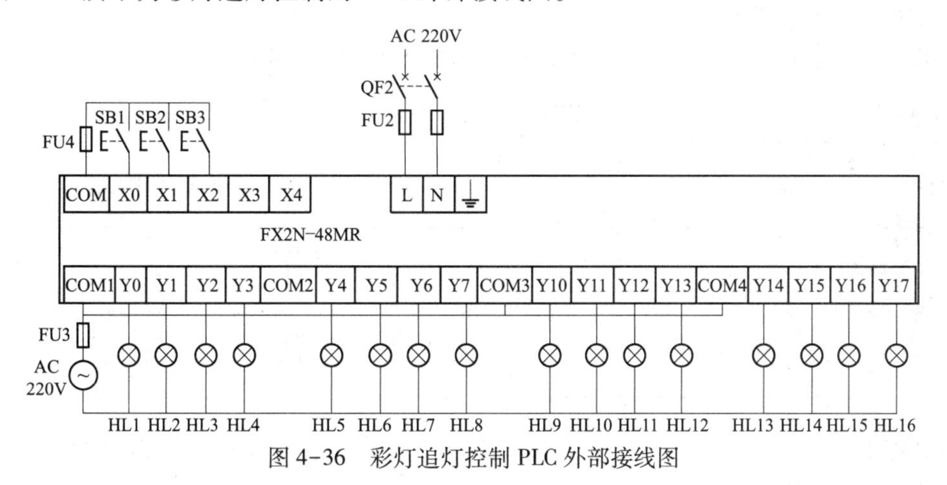

图 4-36　彩灯追灯控制 PLC 外部接线图

3. 程序设计

图 4-37 所示为交通灯控制的梯形图程序。

程序原理为：

（1）PLC 上电或按下停止按钮 SB3 时，只有 Y0 得电，指示灯 HL1 点亮。

（2）按下按钮 SB1 时，M0 得电自锁，定时器 T0 每隔 1s 自复位一次同时使位组合 K4Y0 循环左移位一次，指示灯将按照 1→16→1 的顺序循环点亮。

（3）按下按钮 SB2 时，M1 得电自锁，定时器 T0 每隔 1s 自复位一次同时使位组合 K4Y0 循环右移位一次，指示灯将按照 16→1→16 的顺序循环点亮。

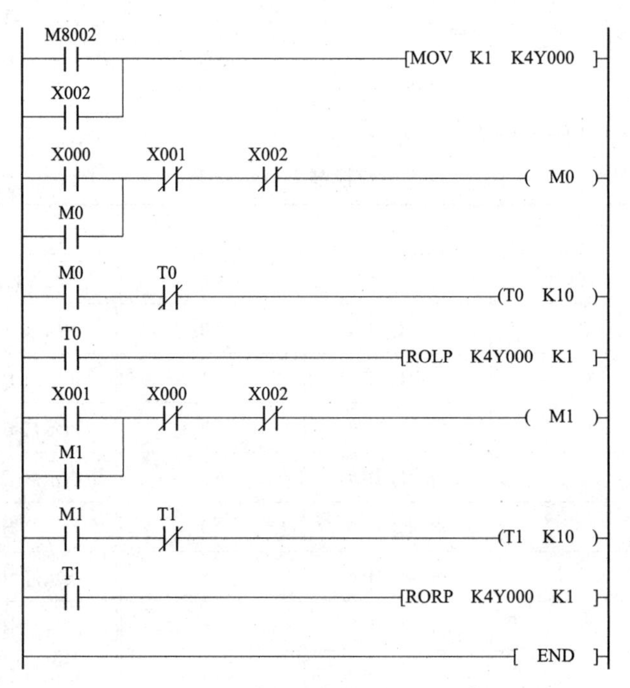

图 4-37　彩灯追灯控制 PLC 程序

4.3.4　思考与拓展

1. 带进位的循环移位指令 RCL/RCR

RCR、RCL 指令的名称、编号、操作数、梯形图形式见表 4-18。

表 4-18　　**RCR、RCL 指令说明**

指令名称	功能	操作数		梯形图形式
		（D.）	n	
RCR	带进位循环右移 n 位	KnY、KnM、KnS、T、C、D、V、Z	K、H 16 位操作：n≤16 32 位操作：n≤32	X002 ─┤├─ [RCR (D.) n]
RCL	带进位循环左移 n 位			X003 ─┤├─ [RCL (D.) n]

RCR 指令执行时，（D.）中数据的最低位移入 M8022，而 M8022 中的数据移入（D.）中数据的最高位，连续移动 n 次。RCR 指令的用法如图 4-38 所示。

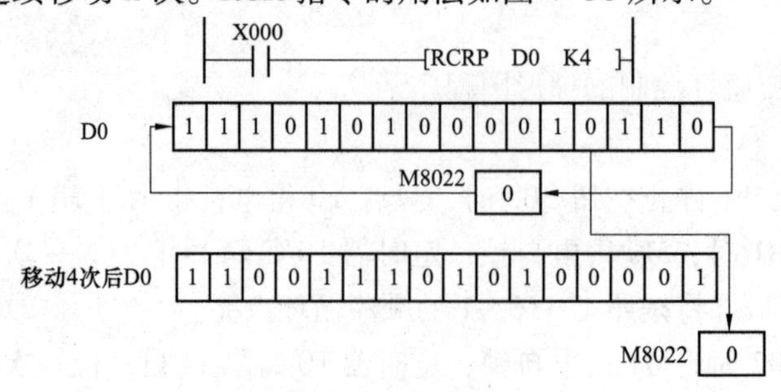

图 4-38　RCR 指令的用法

RCL 指令执行时，（D.）中数据的最高位移入 M8022，而 M8022 中的数据移入（D.）中数据的最低位，连续移动 n 次。RCL 指令的用法如图 4-39 所示。

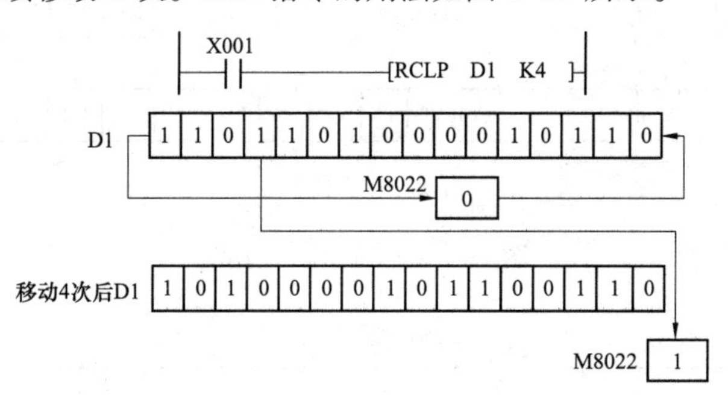

图 4-39　RCL 指令的用法

2. 移位指令 SFTR/SFTL

SFTR、SFTL 指令的名称、编号、操作数、梯形图形式见表 4-19。

表 4-19　　SFTR、SFTL 指令说明

指令名称	功能	操作数				梯形图形式
		（S.）	（D.）	n1	n2	
SFTR	位右移	X、Y、M、S	Y、M、S	K、H n2≤n1≤1024		X004 [SFTR (S.) (D.) n1 n2]
SFTL	位左移					X005 [SFTL (S.) (D.) n1 n2]

SFTR 指令执行时，将（S.）指定元件开始的连续 n2 位传送到（D.）指定元件开始的连续 n1 位的最高的 n2 位中，低 n2 位溢出。采用脉冲型指令时，每执行一次 SFTR 指令向右移动 n2 位。移动范围在（D.）指定元件开始的连续 n1 位之内。SFTR 指令的用法如图 4-40所示。

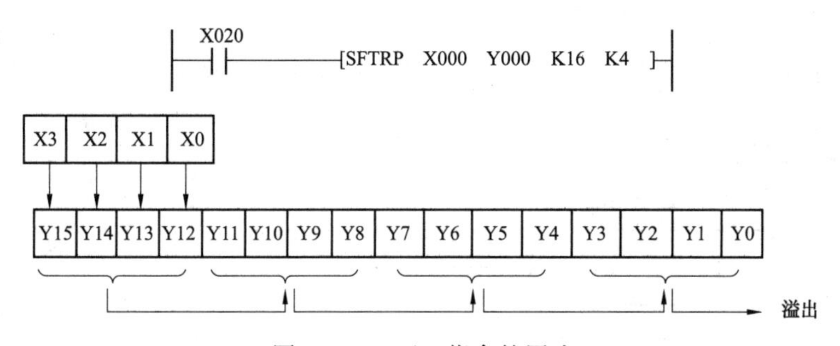

图 4-40　SFTR 指令的用法

SFTL 指令执行时，将（S.）指定元件开始的连续 n2 位传送到（D.）指定元件开始的连续 n1 位的最低的 n2 位中，高 n2 位溢出。采用脉冲型指令时，每执行一次 SFTL 指令向左移动 n2 位。移动范围在（D.）指定元件开始的连续 n1 位之内。SFTL 指令的用法如图 4-41 所示。

ZRST 指令的名称、编号、操作数、梯形图形式见表 4-20。

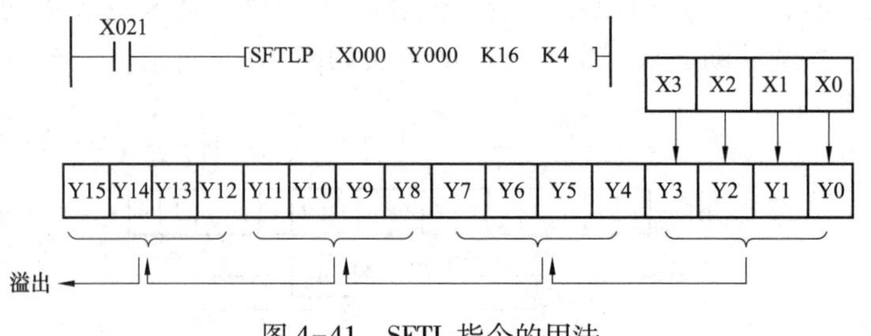

图 4-41 SFTL 指令的用法

表 4-20 **ZRST 指令说明**

指令名称	功能	操作数		梯形图形式
		（D1.）	（D2.）	
ZRST	区间复位			X000 [ZRST (D1.) (D2.)]

ZRST 指令执行时，将（D1.）至（D2.）间的所有同类元件复位。（D1.）与（D2.）必须为同类元件，而且（D1.）的地址编号应小于（D2.）的地址编号。ZRST 指令的用法如图 4-42 所示。

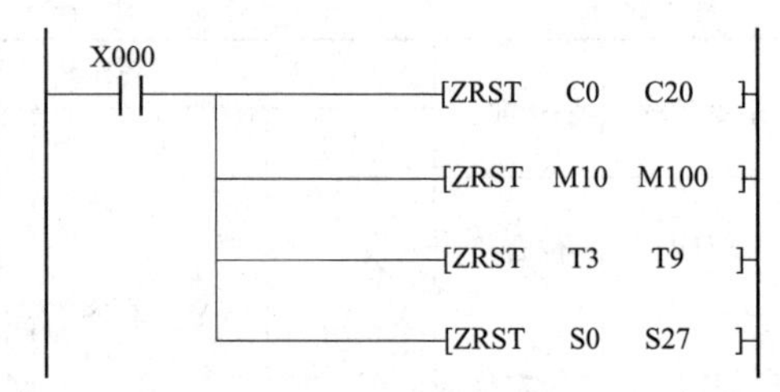

图 4-42 ZRST 指令的用法

巩 固 练 习

一、简答题

1. 移位指令和循环移位指令有什么区别？
2. 区间复位指令应如何使用？

二、设计题

1. 根据图 4-43 所示的时序图用移位指令实现三个灯的循环控制。

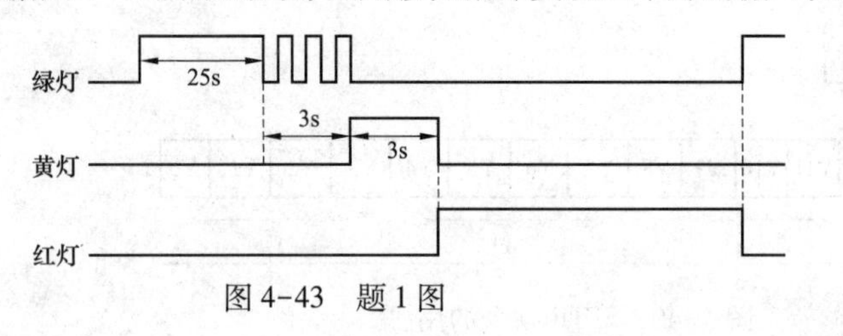

图 4-43 题 1 图

2. 天塔之光控制，如图 4-44 所示，按下启动按钮后，按以下规律显示：L1、L2、L9→L1、L5、L8→L1、L4、L7→L1、L3、L6→L1→L2、L3、L4、L5→L6、L7、L8、L9→L1、L2、L6→L1、L3、L7→L1、L4、L8→L1、L5、L9→L1→L2、L3、L4、L5→L6、L7、L8、L9→L1、L2、L9…如此循环，用移位指令实现。

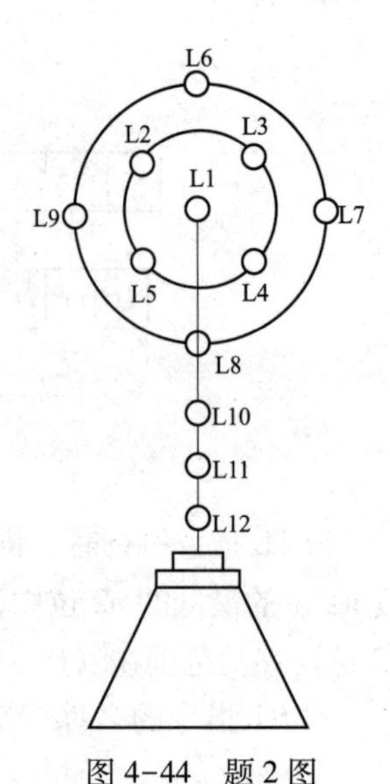

图 4-44 题 2 图

任务4　9s倒计时的PLC控制

4.4.1　任务概述

按下启动按钮SB1后，数码管显示9，然后按秒递减，减到0时停止。递减过程中按下停止按钮SB2，数码管显示当前值，再次按下启动按钮SB1后，数码管重新从数字9开始递减。

4.4.2　任务资讯

1. 算术运算指令

（1）加法指令ADD、减法指令SUB。AND、SUB指令的名称、编号、操作数、梯形图形式见表4-21。

表4-21　　**ADD、SUB 指令说明**

指令名称	功能	操作数			梯形图形式
		（S1.）	（S2.）	（D.）	
ADD	二进制加法	K、H、KnX、KnY、KnM、KnS、T、C、D、V、Z		KnY、KnM、KnS、T、C、D、V、Z	X000 ┤├──[ADD (S1.) (S2.) (D.)]
SUB	二进制减法				X001 ┤├──[SUB (S1.) (S2.) (D.)]

ADD指令执行时将（S1.）与（S2.）中的内容相加，结果放到目的操作数（D.）中。SUB指令执行时，把（S1.）中的数据减去（S2.）中的数据，结果放到目的操作数（D.）中。ADD、AUB指令使用方法如图4-45所示，当X000接通时，将数据寄存器D0内保存的数值和十进制常数3相加，和保存到D1中；当X001接通时，将数据寄存器D2内保存的数值减去数据寄存器D3内保存的数值，差保存到D4中；当X002由断到通时，执行一次加法指令，将数据寄存器D0内保存的数值加2，和保存到D0中。

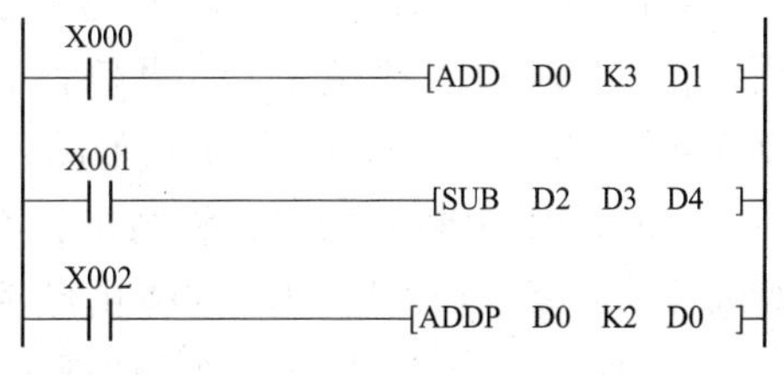

图4-45　ADD、SUB指令的使用方法

使用这两条指令时要注意，使用连续执行型指令时，每个周期都执行相加或相减，当一个源操作数与目的操作数指定相同软元件时，运算结果每个扫描周期都会发生变化，应特别注意。后面将要介绍的MUL、DIV等指令也许注意这种情况。

（2）乘法指令MUL、除法指令DIV。MUL、DIV指令的名称、编号、操作数、梯形图形式见表4-22。

表4-22　　**MUL、DIV 指令说明**

指令名称	功能	操作数			梯形图形式
		（S1.）	（S2.）	（D.）	
MUL	二进制乘法	K、H、KnX、KnY、KnM、KnS、T、C、D、V、Z		KnY、KnM、KnS、T、C、D、V、Z	X002 ┤├──[MUL (S1.) (S2.) (D.)]
DIV	二进制除法				X003 ┤├──[DIV (S1.) (S2.) (D.)]

MUL 指令执行时将（S1.）与（S2.）中的内容相乘，结果放到目的操作数（D.）中。DIV 指令执行时，把（S1.）中的数据除以（S2.）中的数据，结果放到目的操作数（D.）中。MUL、DIV 指令使用方法如图 4-46 所示，当 X003 接通时，将数据寄存器 D3 和 D5 内保存的数值相乘，积保存到（D7，D8）两个寄存器中；当 X004 接通时，将数据寄存器 D2 内保存的数值除以 D5 内保存的数值，商保存到寄存器 D6 中，余数保存到寄存器 D7 中。

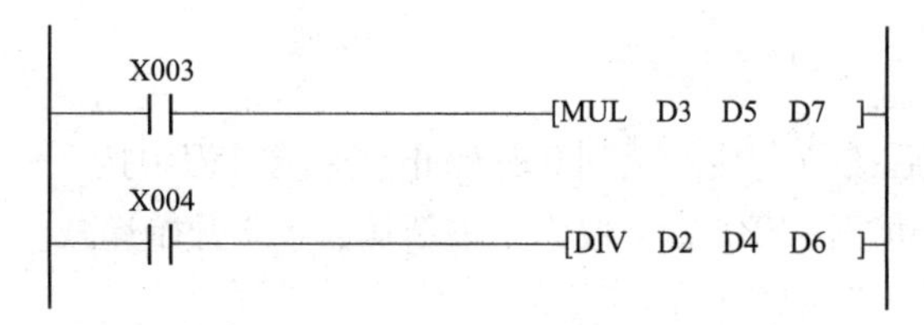

图 4-46　MUL、DIV 指令的用法

2. 加 1、减 1 指令 INC、DEC

INC、DEC 指令的名称、编号、操作数、梯形图形式见表 4-23。

表 4-23　　**INC、DEC 指令说明**

指令名称	功能	操作数（D.）	梯形图形式
INC	把二进制数当前值加 1	KnY、KnM、KnS、T、C、D、V、Z	X004 ─┤├─ [INC (D.)]
DEC	把二进制数当前值减 1		X005 ─┤├─ [DEC (D.)]

INC 指令执行时，将（D.）中的数加 1，结果仍保存在（D.）中。DEC 指令执行时，将（D.）中的数减 1，结果仍保存在（D.）中。INC、DEC 指令的用法如图 4-47 所示，当 X001 由断到通时，将数据寄存器 D0 内保存的数值加 1；当 X002 由断到通时，将数据寄存器 12 内保存的数值减 1。

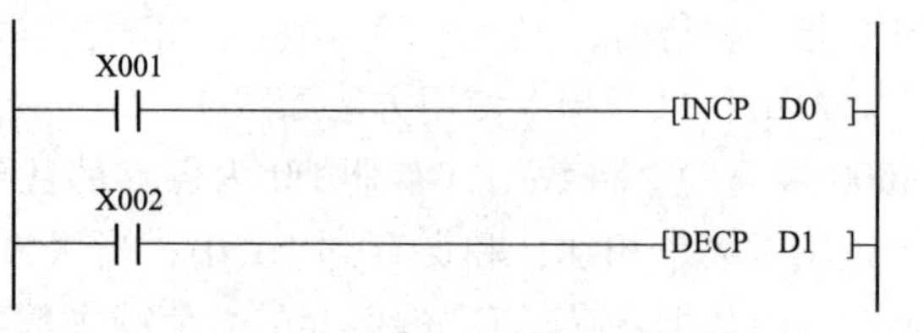

图 4-47　INC、DEC 指令的用法

使用这两条指令时应注意，当使用连续执行型时，每个扫描周期都进行加 1 或减 1 运算。

4.4.3　任务实施

1. I/O 分配

表 4-24 为 9s 倒计时控制的 I/O 分配表，输入设备为启动按钮和停止按钮，输出设备为七段数码管的 a~g 七段。

表 4-24　　**9s 倒计时控制 I/O 分配表**

输入设备			输出设备		
设备名称	文字符号	输入地址	设备名称	文字符号	输出地址
启动按钮	SB1	X0	数码管 a 段	HL1	Y0
停止按钮	SB2	X1	数码管 b 段	HL2	Y1
			数码管 c 段	HL3	Y2
			数码管 d 段	HL4	Y3
			数码管 e 段	HL5	Y4

续表

输入设备			输出设备		
设备名称	文字符号	输入地址	设备名称	文字符号	输出地址
			数码管 f 段	HL6	Y5
			数码管 g 段	HL7	Y6

2. 硬件接线

图 4-48 所示为 9s 倒计时控制的 PLC 外部接线图。

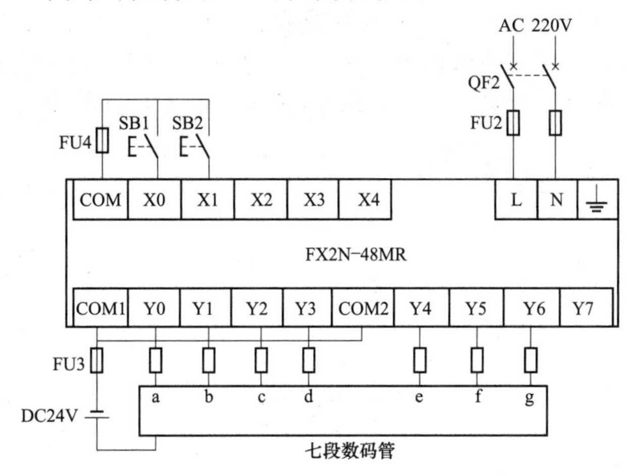

图 4-48　9s 倒计时控制 PLC 外部接线图

3. 程序设计

图 4-49 所示为交通灯控制的梯形图程序，程序原理如下：

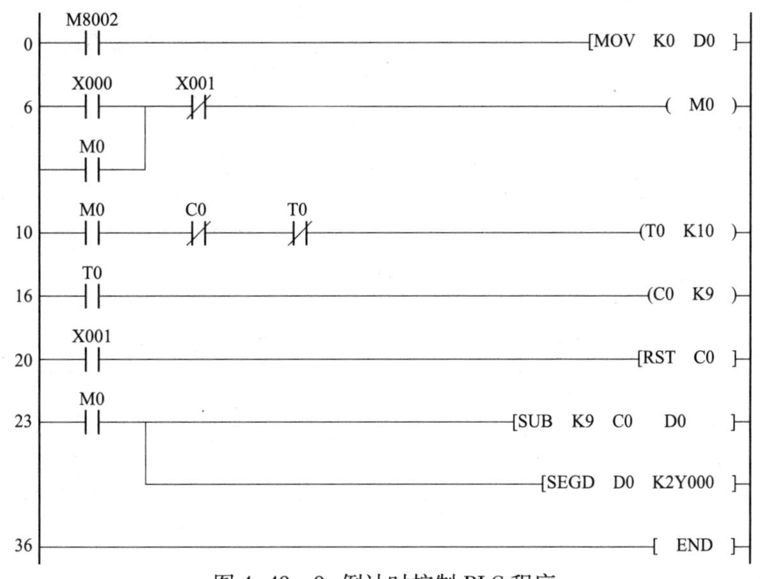

图 4-49　9s 倒计时控制 PLC 程序

（1）通过初始化脉冲 M8002 将数据寄存器 D0 清零。按下启动按钮 SB1 后，M0 得电自锁，定时器 T0 每隔 1s 自复位一次，计数器 C0 对 T0 的动合触点信号计数。

（2）M0 得电后，用常数 9 减去计数器 C0 的当前值，差保存到数据寄存器 D0 中，然后通过七段译码指令 SEGD 在 Y0~Y6 控制的七段数码管上显示相应的数值。该数值在按下启动按钮后会从 9 开始每秒减 1，当计数器当前值等于设定值 9 时，C0 动断触点断开，C0 当前值保持 9 不变，七段数码管一直显示 0。

（3）按下停止按钮 SB2 时，M0 失电，计数器 C0 复位，不执行减法指令，数码管显示当前值不变。再次按下启动按钮后，M0 得电，再次从 9 开始递减。

4.4.4 思考与拓展

1. 如何用递减指令 DEC 实现本任务控制要求

使用递减指令 DEC 同样可以实现本任务的控制要求，如图 4-50 所示。利用 MO 的上升沿信号给 D0 传送初始值 9，然后通过定时器 T0 的动合触点和 DEC 指令实现 D0 按秒递减。

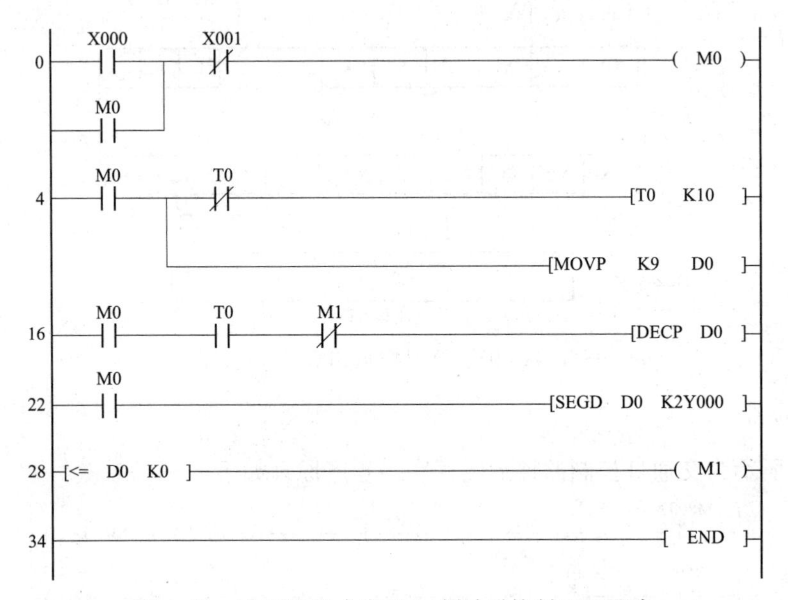

图 4-50 用 DEC 指令实现 9s 倒计时控制 PLC 程序

2. 逻辑运算指令

逻辑运算指令包括逻辑与指令 WAND、逻辑或指令 WOR、逻辑异或指令 WXOR 和求补码指令 NEG。指令的名称、编号、操作数、梯形图形式见表 4-25。

表 4-25 WAND、WOR、WXOR、NEG 指令说明

<table>
<tr><th rowspan="2">指令名称</th><th rowspan="2">功能</th><th colspan="3">操作数</th><th rowspan="2">梯形图形式</th></tr>
<tr><th>（S1.）</th><th>（S2.）</th><th>（D.）</th></tr>
<tr><td>WAND</td><td>逻辑与</td><td colspan="2" rowspan="3">K、H、KnX、KnY、KnM、KnS、T、C、D、V、Z</td><td rowspan="4">KnY、KnM、KnS、T、C、D、V、Z</td><td>X006 [WAND (S1.) (S2.) (D.)]</td></tr>
<tr><td>WOR</td><td>逻辑或</td><td>X007 [WOR (S1.) (S2.) (D.)]</td></tr>
<tr><td>WXOR</td><td>逻辑异或</td><td>X010 [WXOR (S1.) (S2.) (D.)]</td></tr>
<tr><td>NEG</td><td>求补码</td><td colspan="2">无</td><td>X011 [NEG (D.)]</td></tr>
</table>

WAND、WOR、WXOR 指令执行时，使（S1.）与（S2.）中的数进行逻辑与、或、异或运算，运算结果存放到（D.）中。NEG 指令执行时，对（D.）中的数求补码，运算结果仍放到（D.）中。这几条指令的用法如图 4-51 所示，当 X000 接通时，数据寄存器 D0 和 D1 的数值按位相与后保存到寄存器 D60 中；当 X001 接通时，数据寄存器 D20 和 D21 的数值按位相或后保存到寄存器 D3 中；当 X002 接通时，数据寄存器 D0 和 D1 的数值按位相异或后保存到寄存器 D60 中；当 X003 由断到通时，数据寄存器 D6 内的数据取补码后保存在 D6 中。

```
X000
─┤├──────────[WAND  D0   D1   D60 ]
X001
─┤├──────────[WOR   D20  D21  D3  ]
X002
─┤├──────────[WXOR  D0   D3   D5  ]
X003
─┤├──────────────────[NECP  D6 ]
```

图 4-51　逻辑运算指令的用法

使用 NEG 指令的连续执行型时，D6 的内容每个周期都会发生变化。

巩　固　练　习

一、分析题

1. 分析下面梯形图的功能。

```
     X000
 0 ──┤├──────────[DADD  D0   K10   D1  ]
     X001
14 ──┤├──────────[DIVP  T0   K10   D20 ]
```

2. 分析下面梯形图的功能。

```
     X000     M8013
 0 ──┤├───────┤├──────────[INC    D0 ]
     X001
 5 ──┤├───────────────────[DECP   D1 ]
```

二、设计题

1. 当 PLC 运行时，（D4）=［（D0）-（D1）］*（D2）/（D3），请设计梯形图程序。

2. 在传送带末端装有一个正品检测感应开关，用于对灌装好的瓶子也就是正品进行计数统计；通过推出机构的至位感应开关可以对废品数进行计数统计。正品数和废品数分别显示在两个数显表（显示 0~99）上，当正品数或废品数到达 30 时，分别有一个指示灯点亮 2s 后熄灭，提示工人换箱，计数统计值自动复位清零。

任务5　电动机手动/自动切换的PLC控制

4.5.1　任务概述

转换开关SA1打至右侧（ON）时为自动模式，按下启动按钮SB1，KM1得电，电动机1启动，延时3s后KM2得电，电动机2启动，按下停止按钮SB2，两台电动机全部停止；转换开关SA1打至左侧（OFF）时为手动模式，按下按钮SB1，电动机1点动运行，按下SB2，电动机2点动运行。

4.5.2　任务资讯

1. PLC程序结构

PLC的程序结构主要包括主程序、子程序和中断程序三部分。其中，主程序是程序的主体，是不可缺少的部分；子程序指的是能被主程序或其他子程序程序调用，在实现某种功能后能自动返回到调用程序去的程序；中断程序是指用来响应中断事件的程序。子程序和中断程序不是必不可少的，用户根据控制要求的需要决定是否编写子程序或中断程序。

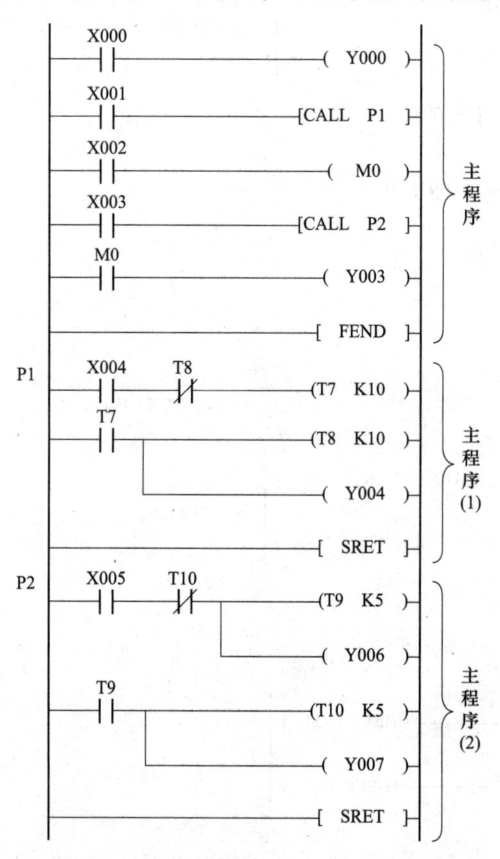

图4-52　CALL、SRET、FEND指令的用法

2. 子程序调用指令CALL/FEND/SRET

CALL指令用于调用一段子程序，其目标操作元件为：P0~P127。SRET指令用来指示子程序结束，并返回主程序中子程序调用指令的位置，继续执行后面的程序，无操作元件。

FEND指令用来指示主程序结束。FEND指令之后的部分可以用来写各段子程序，每段子程序需从相应指针Pn处开始，用SRET标志结束。

如图4-52所示，PLC从上向下逐行扫描程序，当扫描到CALL P1时，若X001接通，则转到指针P1处，先扫描第一段子程序，至SRET返回CALL P1处继续向下扫描，遇到CALL P2，则转到指针P2处，扫描第二段子程序。遇到SRET则返回CALL P2处，继续向下扫描。遇到FEND指令，主程序扫描结束，返回主程序第一行，开始下一轮扫描。

子程序可以嵌套，嵌套次数最多可有5层。每段子程序所用的指针P是专用指针，不能再供其他子程序或跳转程序使用。

4.5.3　任务实施

1. I/O分配

表4-26为电动机手自动切换控制的I/O分配表，其中SA1用动合触点连接输入端子X0，当SA1打到自动挡位时，其动合触点闭合。

表 4-26　　　　电动机手自动切换控制 I/O 分配表

输入设备			输出设备		
设备名称	文字符号	输入地址	设备名称	文字符号	输出地址
转换开关	SA1	X0	电动机 1 接触器	KM1	Y0
启动按钮	SB1	X1	电动机 2 接触器	KM2	Y1
停止按钮	SB2	X2			

2. 硬件接线

图 4-53 所示为电动机手自动切换控制的 PLC 外部接线图。

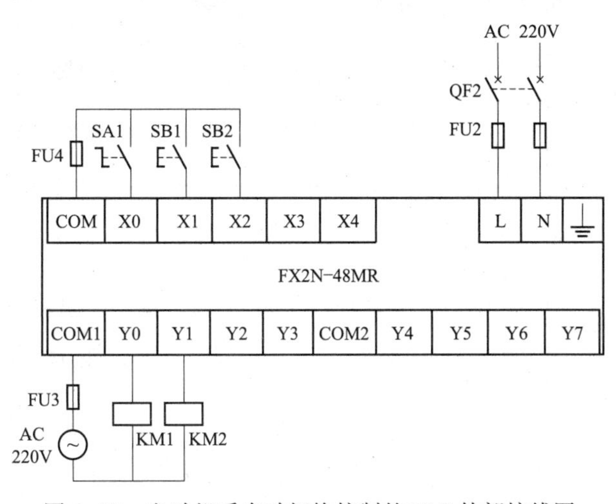

图 4-53　电动机手自动切换控制的 PLC 外部接线图

3. 程序设计

图 4-54 所示为电动机手自动切换控制的梯形图程序，当 SA1 打到右侧自动挡位时，X000 得电，其动合触点闭合，调用指针标号为 P1 的自动子程序；当 SA1 打到左侧手动挡位时，X000 不得电，其动断触点闭合，调用指针标号为 P1 的自手动子程序。

4.5.4　思考与拓展

1. 如何使用辅助继电器 M 实现电动机手动/自动切换的 PLC 控制

使用辅助继电器 M 同样可以实现电动机手动/自动模式的切换，如图 4-55 所示。当 SA1 打到自动档位时，X0 得电，其动合触点闭合，按下启动按钮 SB1，辅助继电器 M0 得电，延时 3s 后 M1 得电，辅助继电器 M0 和 M1 分别代表自动模式下电动机 1 和电动机 2 的运行；当 SA1 打到手动档位时，X0 不得电，其动断触点闭合，按下按钮 SB1 或 SB2 时，辅助继电器 M2 或 M3 得电，辅助继电器 M2 和 M3 分别代表手动模式下电动机 1 和电动机 2 的点动运行。最后用辅助继电器 M0 和 M2 的动合触点并联控制 Y0 的线圈，用辅助继电器 M1 和 M3 的动合触点并联控制 Y1 的线圈，从而实现两种模式下两台电动机的控制。

2. 子程序中通用定时器的执行方式

在子程序中使用 100ms 通用定时器 T0~T199 或 10ms 定时器 T200~T245 时，若正处于延时过程时子程序调用条件断开，则定时器暂停计时，定时器当前值保持不变，直到子程序调用条件再次接通继续计时。如图 4-56 所示，X000 动合触点闭合时，调用指针 P1 处的子程序，若X001动合触点闭合，则定时器T0开始延时；若延时时间到6s时X000的动合触点就断开了，则定时器T0暂停计时，其当前值保持不变，当X000动合触点再次闭合时T0继续延时4s后Y0接通。

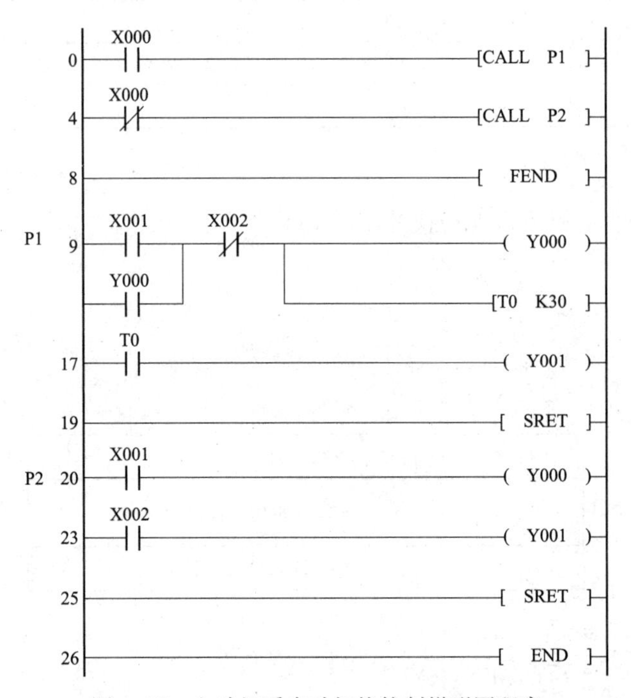

图4-54　电动机手自动切换控制梯形图程序

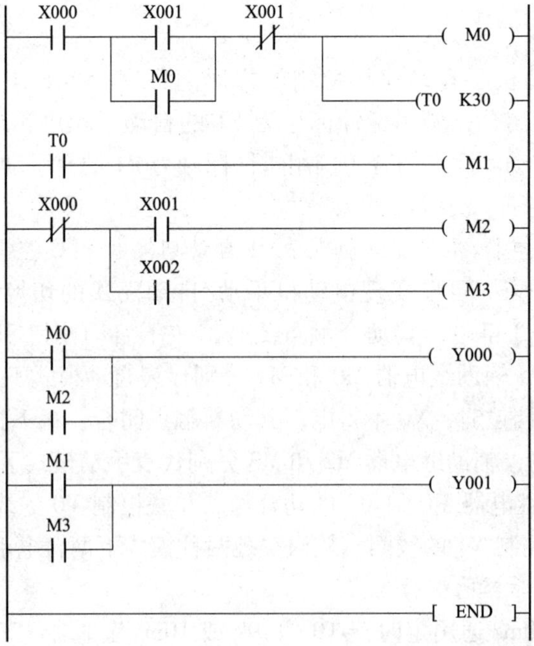

图4-55　使用辅助继电器M实现电动机手动/自动切换

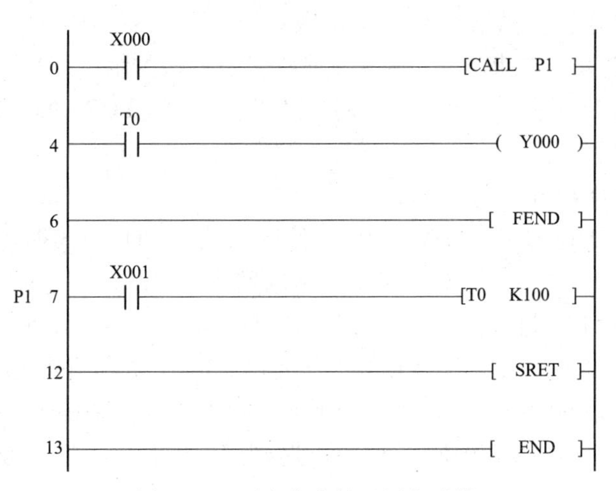

图 4-56　子程序中的通用定时器

3. 其他程序控制指令

（1）条件跳转指令。CJ 指令为条件跳转指令，其目标操作元件为指针 P0～27。当条件跳转指令 CJ 有效时，某段程序被跳过，不被执行。使用 CJ 指令可以缩短扫描周期，并允许使用双线圈输出。

如图 4-57 所示，X000 为 ON 时，执行跳转 CJ P3，直接跳转到指针 P3 所指位置开始扫描，第 2～7 行的程序不被扫描。P3 处 CJ P4 指令不被执行。X000 为 OFF 时，CJP3 不被执行，按原来顺序逐行扫描。扫描到 CJP4 时，直接跳转到 P4 所指位置开始扫描。

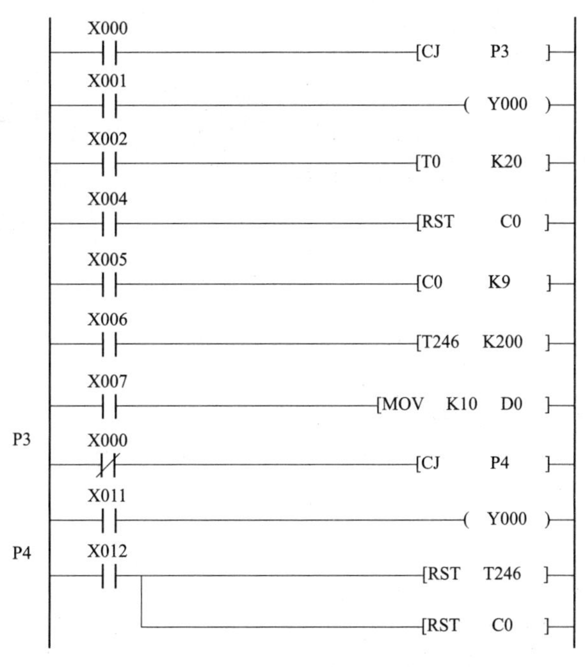

图 4-57　CJ 指令的用法

（2）循环开始指令 FOR、循环结束指令 NEXT。FOR 是循环开始指令，用来表示循环程序段开始。循环次数用操作数表示，其操作数可以选用：K、H、T、C、D、V、Z、KnX、KnY、KnM。NEXT是循环结束指令，用来表示循环程序段的结束，无操作元件。

FOR与NEXT指令总是成对出现。使用这两条指令时，FOR~NEXT之间的程序在一个扫描周期内被重复执行n次，n的值由FOR的操作数决定。FOR与NEXT指令可以嵌套使用，嵌套次数最多不能超过5次。

循环程序段中不能有END、FEND指令，使用CJ指令可以跳出循环体。

（3）开中断指令EI、关中断指令DI、中断返回指令IRET。EI为开中断指令，DI为关中断指令，两条指令均无目标操作元件。EI、DI指令配合使用，用来界定允许中断的程序段的范围。IRET为中断返回指令，无目标操作元件。IRET指令用来表示中断子程序结束。

PLC通常处于关中断状态。当程序执行到EI到DI之间的部分时，若出现中断信号，则停止执行主程序，去执行相应中断子程序。遇到IRET指令时返回断点处，继续执行主程序。

（4）看门狗定时器指令WDT。WDT为看门狗定时器指令，又称作监视定时器指令，用来强制刷新监视定时器。

PLC的扫描周期的典型值为1~100ms，最长不能超过200ms。在某些情况下，PLC扫描时间延长，若扫描时间超过200 ms，则CPU自动停止，出错指示灯亮，显示出错。在这种情况下，可以在程序中间插入WDT指令，将程序分成扫描时间低于200ms的几段。程序就可以正常执行了。

程序中循环次数过多、跳转标记指针P放到相应CJ指令之前，或使用模拟量、定位、通信等特殊模块时都有可能造成扫描时间过长。

图4-58所示为WDT指令的用法。

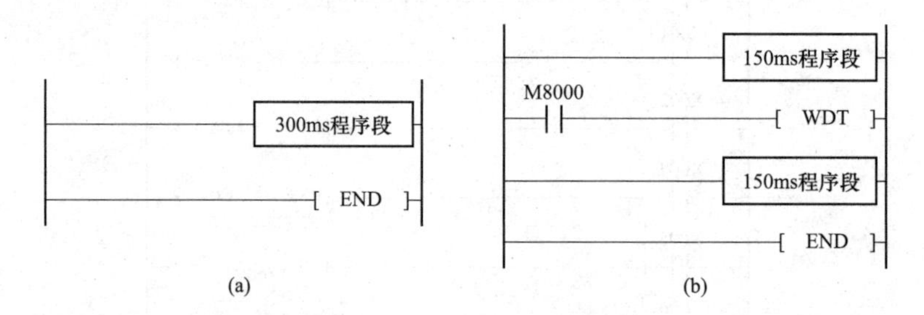

图4-58　WDT指令的用法

（a）过长的程序；（b）使用WDT指令的程序

巩 固 练 习

一、简答题

1. 子程序调用指令和跳转指令有什么区别？
2. 子程序和中断程序有什么区别？

二、设计题

1. 用跳转指令实现项目4任务5的控制要求。

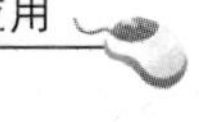

2. 转换开关SA1打至右侧（ON）时，按下启动按钮SB1，三台电动机按照M1→M2→M3的顺序依次延时3s启动，按下停止按钮SB2，三台电动机全部停止；转换开关SA1打至左侧（OFF）时，三台电动机均通过各自的手动启动和停止按钮启动或停止。请用子程序指令实现控制要求。

任务6　模拟量信号的PLC控制

4.6.1　任务概述

按下启动按钮SB1后指示灯HL1点亮，加热炉系统启动。通过温度传感器检测加热炉内的实际温度，系统启动后若温度低于40℃则接触器KM1得电接通加热器自动加热，若温度高于80℃则接触器KM1失电停止加热。当温度在40~80℃区间时HL2点亮，温度低于40℃时HL3点亮，温度高于80℃时HL4点亮。按下停止按钮，系统停止，KM1失电，所有指示灯熄灭。

4.6.2　任务资讯

1. 模拟量概述

在工业控制中，某些输入量（例如压力、温度、流量、转速等）是连续变化的模拟量，某些执行机构（例如伺服电动机、调节阀、记录仪等）要求PLC输出模拟信号，而PLC的CPU只能处理数字量。模拟量首先被传感器和变送器转换为标准的电流或电压，例如，DC 4~20mA、1~5V、0~10V，PLC用A/D转换器将它们转换成数字量。这些数字量一般是二进制的，带正负号的电流或电压在A/D转换后一般用二进制补码表示。

D/A转换器将PLC的数字输出量转换为模拟电压或电流，再去控制执行机构。模拟量I/O模块的主要任务就是完成A/D转换（模拟量输入）和D/A转换（模拟量输出）。

图4-59是在炉温控制系统中，炉温用热电阻检测，温度变送器将热电阻提供的几十毫伏的电压信号转换为标准电流（例如4~20mA）或标准电压（例如0~5V）信号后送给模拟量输入模块，经A/D转换后得到与温度成比例的数字量，CPU将它与温度设定值比较，并按某种控制规律（例如PID）对二者的差值进行运算，将运算结果（数字量）送给模拟量输出模块，经D/A转换后变为电流信号或电压信号，用来调节控制天然气的电动调节阀的开度，实现对温度的闭环控制。

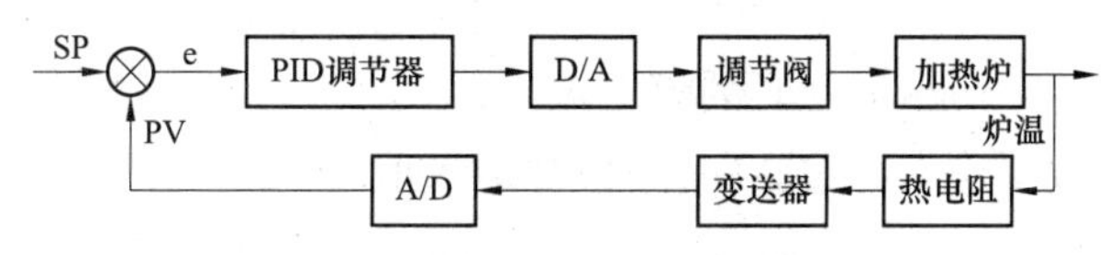

图4-59　炉温闭环控制系统框图

有的PLC有温度检测模块，温度传感器（热电偶或热电阻）与它们直接相连，省去了温度变送器。大中型PLC可以配置成百上千个模拟量通道，它们的D/A、A/D转换器一般是12位的。模拟量I/O模块的输入、输出信号可以是电压，也可以是电流；可以是单极性的，例如，DC0~5V、0~10V、1~5V、4~20mA，也可以是双极性的，例如，DC±50mV、±5V、±10V和±20mA，模块一般可以输入多种量程的电流或电压。

A/D、D/A转换器的二进制位数反映了它们的分辨率，位数越多，分辨率越高，模拟量输入/输出模块的另一个重要指标是转换时间。

2. FX2N-4AD模拟量输入模块

模拟量的输入模块用来将输入的模拟信号转变为PLC的CPU能接受的数字信号，从而扩大了PLC的应用范围。模拟量的输入模块本身带有一个CPU，可以对其进行编程，它不仅能完成A/D转换，还可以进行数据处理，故称之为智能模块。

(1) FX2N-4AD概述。FX2N-4AD模拟量输入模块是FX系列专用的模拟量输入模块，如图4-60所示。该模块有4个输入通道（CH），通过输入端子变换，可以任意选择电压或电流输入状态。电压输入时，输入信号范围为DC-10~10V，输入阻抗为200kΩ，分辨率为5mV；电流输入时，输入信号为DC-20~20mV，输入阻抗为250Ω，分辨率为20μA。

FX2N-4AD将接收的模拟信号转换成12位二进制的数字量，并以补码的形式存于16位数据寄存器中，数值范围是-2048~2047。FX2N-4AD的工作电源为DC 24V，模拟量与数字量之间采用光隔离技术，但各通道之间没有隔离。

图4-60所示为FX2N-4AD模拟量输入模块的接线图，图中模拟输入信号采用双绞屏蔽电缆与FX2N-4AD连接，电缆应远离电源线或其他可能产生电气干扰的导线。如果输入有电压波动，或在外部接线中有电气干扰，可以接一个0.1~4.7μF，25V的电容。如果是电流输入，应将端子V+和I+连接。FX2N-4AD接地端与PLC主单元接地端相连，如果存在过多的电气干扰，再将外壳地端FG和FX2N-4AD接地端相连。

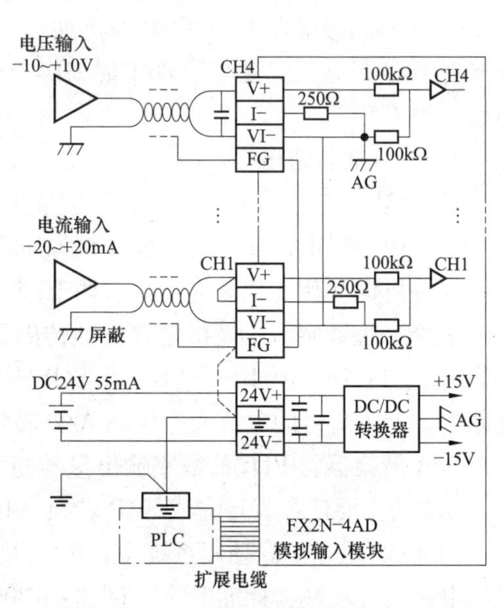

图4-60　FX2N-4AD模拟量输入模块接线图

(2) FX2N-4AD缓冲寄存器（BFM）的分配。FX2N-4AD模拟量模块内部有一个数据缓冲寄存器区，它由32个16位的寄存器组成，编号为BFM#0~#31，其内容与作用见表4-27。数据缓冲寄存器区内容，可以通过PLC的FROM和TO指令来读、写，其中带＊的缓冲存储器可以使用TO指令由PLC写入，不带＊的缓冲存储器可以使用FROM指令读入PLC。

偏移（截距）：当数字输出为0时的模拟输入值。

增益（斜率）：当数字输出为1000时的模拟输入值。

表4-27　FX2N-4AD缓冲寄存器的分配

BFM编号	内容	备注
#0（＊）	通道初始化，用4位十六位数字H××××表示，4位数字从右至左分别控制1、2、3、4四个通道	每位数字取值范围为1~3，其含义如下； 0表示输入范围为-10~+10V 1表示输入范围为+4~+20mA 2表示输入范围为-20~+20mA 3表示该通道关闭　缺省值为H0000

续表

BFM 编号	内容		备注
#1（*）	通道 1	采样次数设置	采样次数是用于得到平均值，其设置范围为 1～4096，缺省值为 8
#2（*）	通道 2		
#3（*）	通道 3		
#4（*）	通道 4		
#5	通道 1	平均值存放单元	根据#1～#4 缓冲寄存器的采样次数，分别得出每个通道的平均值
#6	通道 2		
#7	通道 3		
#8	通道 4		
#9	通道 1	当前值存放单元	每个输入通道读入的当前值
#10	通道 2		
#11	通道 3		
#12	通道 4		
#13～#14	保留		
#15（*）	A/D 转换速度设置		设为 0 时；正常速度，15ms/通道（缺省值） 设为 1 时；高速度，6ms/通道
#16～#19	保留		
#20（*）	复位到缺省值和预设值		缺省值为 0；设为 1 时，所有设置将复位缺省值
#21（*）	禁止调整偏值和增益值		（b1，b0）设为（1、0）时，禁止 （b1，b0）设为（0、1）时，允许（缺省值）
#22（*）	偏置，增益调整通道设置		b7 与 b6，b5 与 b4，b3 与 b2，b1 与 b0 分别表示调整通道 4，3，2，1 的增益与偏置值
#23（*）	偏置值设置		缺省值为 0000，单位为 mV 或 uA
#24（*）	增益值设置		缺省值为 5000，单位为 mV 或 uA
#25～#28	保留		
#29	错误信息		表示本模块的出错类型
#30	识别码（K2010）		固定为 K2010，可用 FROM 读出识别码来确认此模块
#31	禁用		

3. BFM 读出/写入指令 FROM/TO

（1）BFM 读出指令 FROM。FROM 指令的名称、编号、操作数、梯形图形式见表 4-28。

表 4-28　　FROM 指令说明

指令名称	功能	操作数				梯形图形式
		m1	m2	（D.）	n	
FROM	读出特殊功能模块数据	K、H m1=0～7	K、H m2=0～32767	KnY、KnM、KnS、T、C、D、V、Z	K、H n=0～32767	X010 ─┤├─[FROM m1 m2 (D.) n]

FROM 指令为读特殊功能模块指令，用于从特殊模块的缓冲器中读取数据。指令执行时，将编号为 m1 的特殊功能模块内，编号为 m2 开始的 n 个缓冲寄存器的数据读入 PLC，并存入（D.）指定元件开始的连续 n 个数据寄存器中。

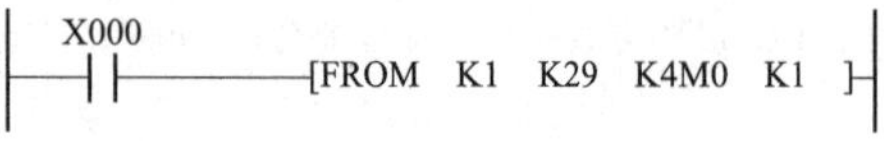

X000 ─┤├─ [FROM K1 K29 K4M0 K1]

图 4-61　FROM 指令的用法

如图 4-61 所示，X000 动合触点闭合时，编号为 1 的模拟量输入模块的 29 号缓冲寄存器的数据被读入 PLC 的 K4M0 这个 16 位的位组合中。

（2）BFM 写入指令 TO。TO 指令的名称、编号、操作数、梯形图形式见表 4-29。

表 4-29　TO 指令说明

指令名称	功能	操作数				梯形图形式
		m1	m2	（S.）	n	
TO	写数据到特殊功能模块	K、H m1=0~7	K、H m2=0~32767	K、H、KnX、KnY、KnM、KnS、T、C、D、V、Z	K、H n=0~32767	X011 ─┤├─ [TO m1 m2 (S.) n]

TO 指令为 BFM 写入指令，用于将数据写入到特殊功能模块。指令执行时，将 PLC 从（S.）指定单元开始的连续 n 个字的数据，写到特殊功能模块 m1 中编号为 m2 开始的缓冲寄存器中。TO 指令的用法如图 4-62 所示，X000 动合触点闭合时，将十六进制数据 H3330 写入到编号为 1 的模拟量输入模块的 0 号缓冲寄存器中，也就是将该模拟量输入模块的通道 1 设定为电压信号。

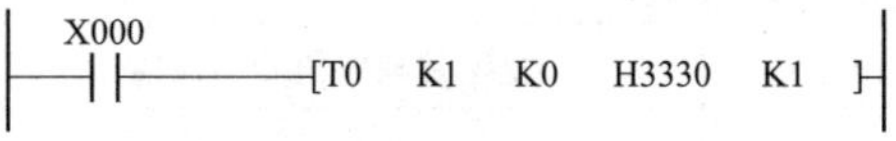

X000 ─┤├─ [TO K1 K0 H3330 K1]

图 4-62　TO 指令的用法

4. 温度传感器和变送器

（1）温度传感器。温度传感器是指能感受温度并转换成可用输出信号的传感器。按照传感器材料及电子元件特性分为热电阻和热电偶两类。

1）热电偶是温度测量仪表中常用的测温元件，它直接测量温度，并把温度信号转换成热电动势信号，通过电气仪表（二次仪表）转换成被测介质的温度。各种热电偶的外形常因需要而极不相同，但是它们的基本结构却大致相同，通常由热电极、绝缘套保护管和接线盒等主要部分组成，通常和显示仪表、记录仪表及电子调节器配套使用。

2）热电阻是中低温区最常用的一种温度检测器。热电阻测温是基于金属导体的电阻值随温度的增加而增加这一特性来进行温度测量的。它的主要特点是测量精度高，性能稳定。其中铂热电阻的测量精确度是最高的，它不仅广泛应用于工业测温，而且被制成标准的基准仪。热电阻大都由纯金属材料制成，目前应用最多的是铂和铜，此外，现在已开始采用镍、锰和铑等材料制造热电阻。金属热电阻常用的感温材料种类较多，最常用的是铂丝。工业测量用金属热电阻材料除铂丝外，还有铜、镍、铁、铁-镍等。

（2）温度变送器。温度变送器采用热电偶、热电阻作为测温元件，从测温元件输出信号送到变送器模块，经过稳压滤波、运算放大、非线性校正、V/I 转换、恒流及反向保护等电路处理后，转换成与温度成线性关系的 4~20mA 电流信号 0~5V/0~10V 电压信号，RS-485 数字信号输出。

温度电流变送器是把温度传感器的信号转变为电流信号，连接到二次仪表上，从而显示

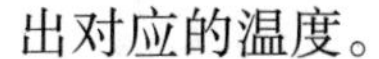

出对应的温度。

4.6.3　任务实施

1. I/O 分配

表 4-30 为加热炉控制系统的 I/O 分配表，输入设备为启动按钮 SB1 和停止按钮 SB2，输出设备为加热器接触器 KM1 的线圈和 4 个指示灯。

表 4-30　加热炉控制系统 I/O 分配表

输入设备			输出设备		
设备名称	文字符号	输入地址	设备名称	文字符号	输出地址
启动按钮 SB1	SB1	X0	加热器接触器	KM1	Y0
停止按钮 SB2	SB2	X1	指示灯	HL1	Y1
			指示灯	HL2	Y2
			指示灯	HL3	Y3
			指示灯	HL4	Y4

温度传感器采用 Pt100 铂电阻，温度变送器采用 SWP-TR-08 型铂电阻温度变送器，可以将 0～100℃ 的温度信号转换为 4～20mA 的电流信号，然后将其送给模拟量输入模块 FX2N-4AD，其转换特性如图 4-63 所示。

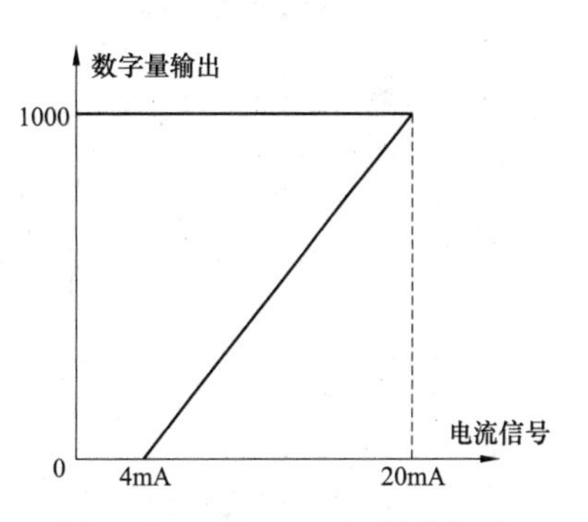

图 4-63　FX2N-4AD 转换特性

2. 硬件接线

图 4-64 所示为加热炉控制系统的 PLC 外部接线图。模拟量输入模块 FX2N-4AD 通过扩展电缆连接基本单元 FX2N-48MR，三线制热电阻的三根线分别连到温度变送器的 1、2、3 端子上，温度变送器与 PLC 的接线如图 4-64 所示。

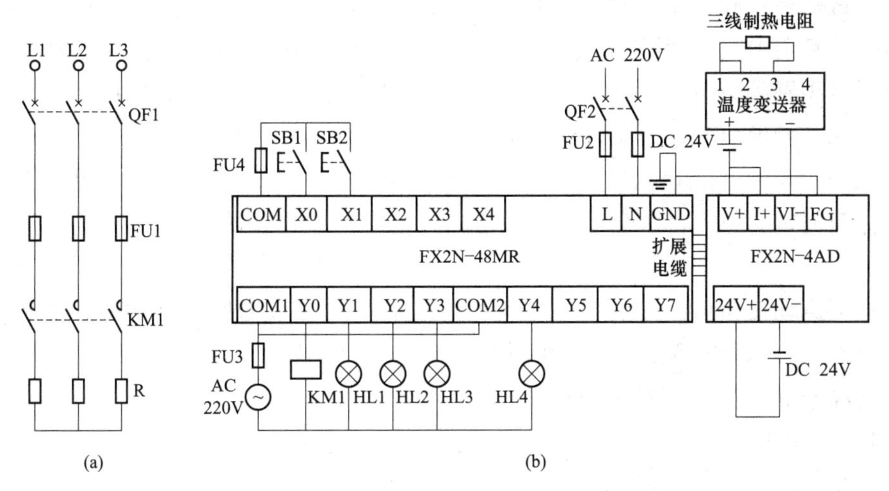

图 4-64　加热炉控制系统 PLC 外部接线图

(a) 主电路；(b) 控制电路

3. 程序设计

图4−65所示为加热炉控制系统的主程序，FX2N−4AD模拟量输入模块连接在特殊功能功能模块的0号位置，程序原理如下：

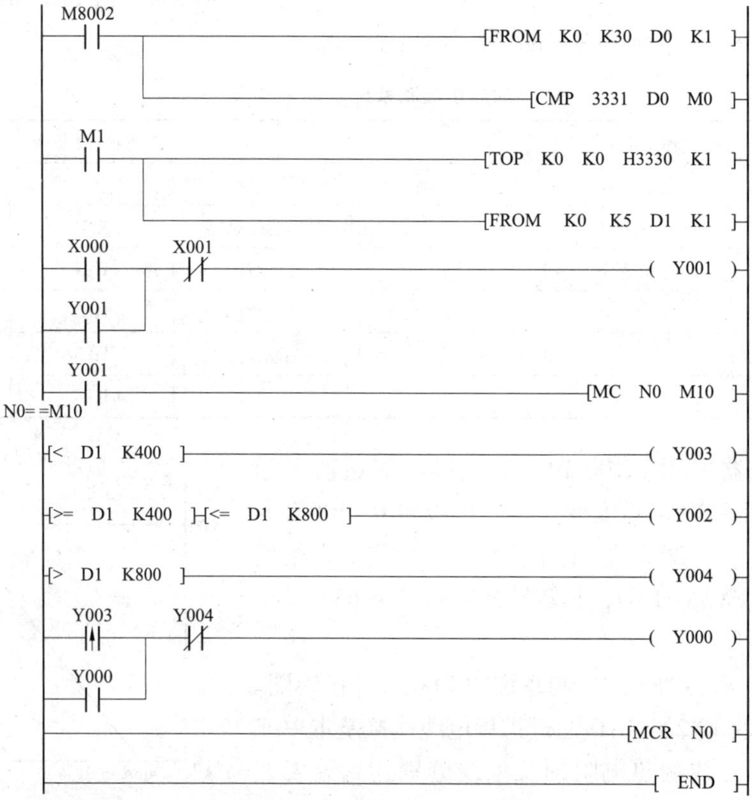

```
M8002
─┤├──┬──────────────────[FROM K0 K30 D0 K1]
     └──────────────────[CMP 3331 D0 M0]
M1
─┤├──┬──────────────────[TOP K0 K0 H3330 K1]
     └──────────────────[FROM K0 K5 D1 K1]
X000      X001
─┤├──┬────┤/├───────────( Y001 )
Y001 │
─┤├──┘
Y001
─┤├─────────────────────[MC N0 M10]
N0= =M10
[< D1 K400]─────────────( Y003 )
[>= D1 K400]─[<= D1 K800]─( Y002 )
[> D1 K800]─────────────( Y004 )
Y003      Y004
─┤↑├─┬────┤/├───────────( Y000 )
Y000 │
─┤├──┘
────────────────────────[MCR N0]
────────────────────────[ END ]
```

图4−65 加热炉控制系统PLC梯形图

（1）通过初始化脉冲M8002将0号位置的模拟量输入模块缓冲存储区#30的1个字的数据读入数据寄存器D0，然后与十进制常数2010比较，如果两者相等则M1接通，该段程序的目的是通过识别码2010确认0号位置的特殊功能模块是否为FX2N−4AD。

（2）特殊功能模块确认为FX2N−4AD后，一方面将1个字的十六进制常数3331写入该模块的#0缓冲存储区中，确认该模块的通道1为4~20mA电流信号输入，另外3个通道关闭；另一方面通过通道1将1个字的模拟量输入信号从该模块的#5缓冲存储区读入数据寄存器D1中。

（3）按下启动按钮后，指示灯HL1点亮，若温度低于40℃则启动加热炉加热，若温度高于80℃则加热炉关闭。温度低于40℃时指示灯HL3点亮，温度在40~80℃时指示灯HL2点亮，温度高于80℃时指示灯HL4点亮。

4.6.4 思考与拓展

1. FX2N−2DA模拟量输出模块

模拟量的输出模块FX2N−2DA如图4−66所示。

（1）FX2N−2DA概述。FX2N−2DA模拟量输出模块也是FX系列专用的模拟量输出模

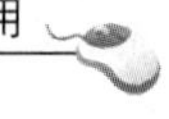

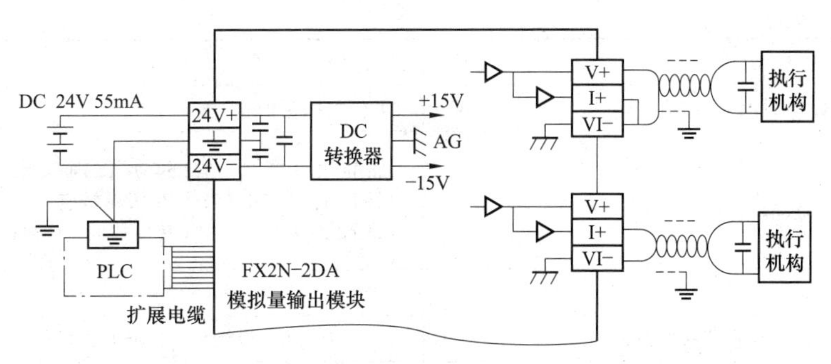

图 4-66　模拟量的输出模块

块。该模块将 12 位的数字值转换成相应的模拟量输出。FX2N-2DA 有 2 路输出通道，通过输出端子变换，也可以任意选择电压或电流输出状态。电压输入时，输入信号范围为 DC-10～+10V，可接负载阻抗为 1kΩ～1MΩ，分辨率为 5mV，综合精度 0.1V；电流输出时，输出信号范围为 DC+4～+20mA，可接负载阻抗不大于 250Ω，分辨率为 20μA，综合精度 0.2mA。

FX2N-2DA 模拟量模块的工作电源为 DC 24V，模拟量与数字量之间采用光隔离技术。FX2N-2DA 模拟量模块的 2 个输出通道，要占用基本单元的 8 个映像表，即在软件上占 8 个 I/O 点数，在计算 PLC 的 I/O 时可以将这 8 个点作为 PLC 的输出点来计算。

（2）FX2N-2DA 的接线。图 4-46 中模拟量输出信号采用双绞屏蔽电缆与外部执行机构连接，电缆应远离电源线或其他可能产生电气干扰的导线。当电压输出有波动或存在大量噪声干扰时，可以接一个 0.1～4.7μF，25V 的电容。对于是电压输出，应将端子 I+和 VI-连接。FX2N-2DA 接地端与 PLC 主单元接地端相连。

（3）FX2N-2DA 的缓冲寄存器（BFM）分配。FX2N-2DA 模拟量模块内部有一个数据缓冲寄存器区，它由 32 个 16 位的寄存器组成，编号为 BFM#0～#31，其内容与作用见表 4-31所示。数据缓冲寄存器区内容，可以通过 PLC 的 FROM 和 TO 指令来读写。

表 4-31　　FX2N-2DA 的缓冲寄存器分配

BFM 编号	内容		备注
#0	通道初始化，用 2 位十六进制数字 H×× 表示，2 位数字从右至左分别控制 CH1，CH2 两个通道		每位数字取值范围为 0、1 其含义如下： 0 表示输出范围为-10～+10V 1 表示输入范围为+4～+20mA
#1	通道 1	存放输出数据	
#2	同道 2		
#3～#4	保留		
#5	输出保持与复位缺省值为 H00		H00 表示 CH2 保持、CH1 保持 H01 表示 CH2 保持、CH1 复位 H10 表示 CH2 复位、CH1 保持 H11 表示 CH2 复位、CH1 复位
#6～#15	保留		

续表

BFM 编号	内容	备注
#16	输出数据的当前值	8 位数据存于 b7~b0
#17	转换通道设置	将 b0 由 1 变 0，CH2 的 D/A 转换开始 将 b1 由 1 变 0，CH1 的 D/A 转换开始 将 b2 由 1 变 0，D/A 转换的低 8 位数据保持
#18~#19	保留	
#20	复位到缺省值和预设置	缺省值为 0；设为 1 时，所有设置将复位缺省值
#21	禁止调整偏置和增益值	b1、b0 位设为 1，0 时，禁止； b1、b0 位设为 0，1 时，允许（缺省值）
#22	偏置，增益调整通道设置	b3 与 b2、b1 与 b0 分别表示调整 CH2、CH1 的增益与偏置值
#23	偏置值设置	缺省值为 0000，单位为 mV 或 uA
#24	增益值设置	缺省值为 5000，单位为 mV 或 uA
#25~#28	保留	
#29	错误信息	表示本模块的出错类型
#30	识别码（K3010）	固定为 K3010，可用 FROM 读出识别码来确认此模块
#31	禁用	

（4）FX2N-2DA 偏置与增益的调整。FX2N-2DA 出厂时偏置值和增益值已经设置成：数字值为 0~4000，电压输出为 0~10V。当 FX2N-2DA 用做电流输出时，必须重新调整偏置值和增益值。偏置值和增益值的调节是对数字值设置实际的输出模拟值，可以通过 FX2N-2DA 的容量调节器，并使用电压和电流表来完成。

增益值可设置为 0~4000 的任意数字值。但是，为了得到 12 位的最大分辨率，电压输出时，对于 10V 的模拟输出值，数字值调整到 4000；电流输出时，对于 20mA 的模拟输出值，数字值调整到 4000。

偏置值也可以根据需要任意进行调整。但一般情况下，电压输入时，偏置值设为 0V；电流输入时，偏置值设置为 4mA。

调整偏置值和增益值时应该注意以下几个问题：

（1）对通道 1 和通道 2 分别进行偏置调整和增益调整。

（2）反复交替调整偏置值和增益值，直到获得稳定的数值。

（3）当调整偏置和增益时，按照偏置调整和增益调整的顺序进行。

［例 41］FX2N-4AD 模块在 0 号位置，其通道 CH1 和 CH2 作为电压输入，CH3，CH4 关闭，平均值采样次数为 4，数据存储器 D1 和 D2 用于接收 CH1，CH2 输入的平均值。程序如图 4-67 所示，虽然前两行程序对于模拟量读入来说不是必需的，但它确实是有用的检查，因此推荐使用。

［例 42］FX2N-2DA 模块在 1 号位置，其通道 CH1，CH2 作为电压输出，将数据存储器 D1 和 D2 的内容通过 CH1，CH2 输出。程序如图 4-68 所示，X000 接通时，通道 1（CH1）执行数字到模拟量的转换；X001 接通时，通道 2（CH2）执行数字到模拟量的转换。

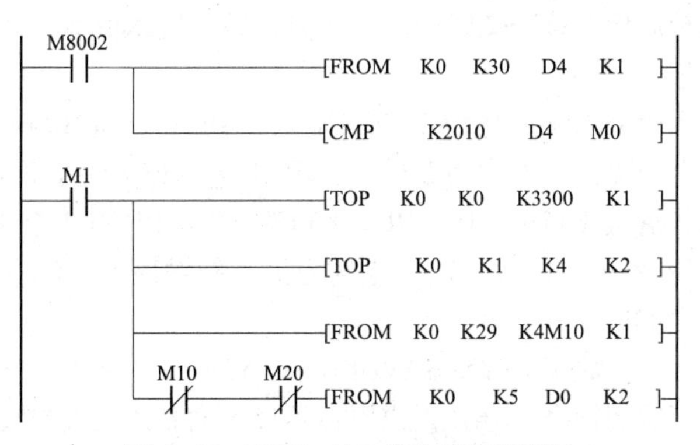

图 4-67　FX2N-4AD 模块编程梯形图

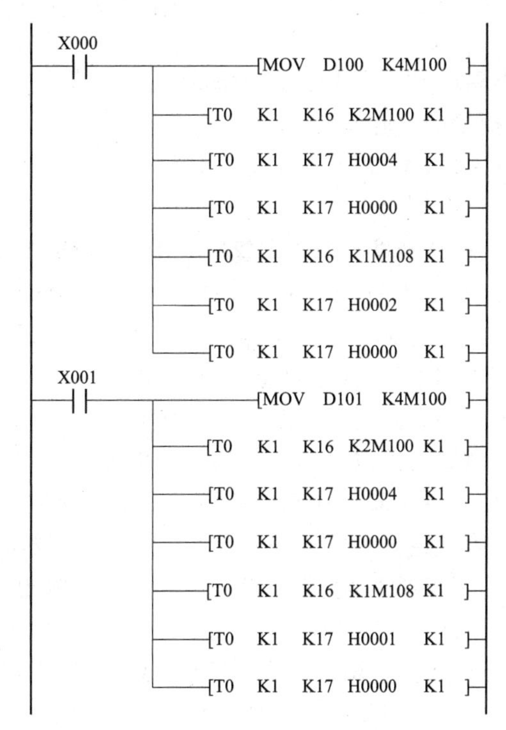

图 4-68　模拟量输出编程梯形图

2. 其他模拟量输入/输出的特点

（1）FX 系列的 12 位模拟量输入/输出模块的公共特性。除 FX2N-3A 和 FX1N-8AV-BD/FX2N-8AV-BD 的分辨率是 8 位，FX2N-8AD 是 16 位以外，其余的模拟量输入/输出模块和功能扩展板均为 12 位。

电压输入时（例如 DC 0~10V、0~5V），模拟量输入电路的输入电阻为 20kΩ，电流输入时（例如 DC 4~20mA），模拟量输入电路的输入电阻为 250Ω。

模拟量输出模块在电压输出时的外部负载电阻为 2kΩ~1MΩ，电流输出时小于 500Ω。12 位模拟量输入在满量程时（例如 10V）的数字量转换值为 4000。未专门说明时，满量程的总体精度为±1%。

（2）模拟量输入扩展板FX1N-2AD-BD。功能扩展板的体积小巧，价格低廉，PLC内可以安装一块功能扩展板。

FX1N-2AD-BD有两个12位的输入通道，输入为DC 0~10V和DC 4~20mA，转换速度为1个扫描周期，没有光隔离，不占用I/O点，适用于FX1S和FX1N。

（3）模拟量输出扩展板FX1N-1DA-BD。FX1N-1DA-BD有1个12位的输出通道，输出为DC0~10V、0~5V和4~20mA，转换速度为1个扫描周期，没有光隔离，不占用I/O点，适用于FX1S和FX1N。

（4）模拟量设定功能扩展板FX1N-8AV-BD和FX2N-8AV-BD。模拟量设定功能扩展板上面有8个电位器，用应用指令VRRD读出电位器设定的8位二进制数，作为计数器、定时器等的设定值。电位器上有11挡刻度，根据电位器所指的位置，使用应用指令VRSC，可以将电位器当作选择开关使用。FX1N-8AV-BD适用于FX1N和FX2N，FX2N-8AV-BD适用于FX2N。

（5）模拟量输入/输出模块FX2N-3A。FX2N-3A是8位模拟量输入/输出模块，有两个模拟量输入通道，一个模拟量输出通道。

输入为DC 0~10V和4~20mA。输出为DC 0~10V、0~5V和4~20mA，模拟电路和数字电路间有光隔离，占用8个I/O点。

（6）模拟量输入和温度传感器输入模块FX2N-8AD。FX2N-8AD提供8个16位（包括符号位）的模拟量输入通道，输入为DC-10~+10V和-20~+20mA电流或电压，或K、J和T型热电阻，输出为有符号十六进制数，满量程的总体精度为±0.5%。只有电压电流输入时的转换速度为0.5ms/通道，其他通道有热电偶输入时为1ms/通道，热电偶输入通道为40ms/通道。模拟和数字电路间有光隔离，占用8个I/O点。

（7）PT-100型温度传感器用模拟量输入模块FX2N-4AD-PT。FX2N-4AD-PT供三线式铂电阻PT-100用，有12位4通道，驱动电流为1mA（恒流方式），综合精度为1%（相对于最大值）。它里面有温度变送器和模拟量输入电路，对传感器的非线性进行了校正。温度可以用摄氏或华氏表示，额定温度范围为-100~+600℃，输出数字量为-1000~+6000，转换速度为15ms/通道，模拟和数字电路间有光隔离，在程序中占用8个I/0点。

（8）热电偶温度传感器用模拟量输入模块FX2N-4AD-TC。FX2N-4AD-TC有12位4通道，与K型（-100~+1200℃）和J型（-100~+600℃）热电偶配套使用，K型的输出数字量为-1000~+12000，J型的输出数字量为-1000~+6000。综合精度为0.5%满刻度+1℃，转换速度为240ms/通道，在程序中占用8个I/O点。模拟和数字电路间有光隔离。

（9）温度调节模块FX2N-2LC。FX2N-2LC有2通道温度输入和2通道晶体管输出，提供自调整PID控制、两位式控制和PI控制，可以检查出断线故障。可以使用多种热电偶和热电阻，有冷端温度补偿，控制周期为500ms。在程序中占用8个I/O点，模拟和数字电路间有光隔离。

巩 固 练 习

一、简答题

1. 模拟量信号和开关量信号有什么区别？

2. 经过传感器和变送器转换后的标准的电压或电流信号有哪些?

3. 简述 FX2N-4AD 模拟量输入模块的使用方法。

二、设计题

1. 某液压传动系统通过压力传感器检测系统压力，压力传感器量程为0~0.1MPa，输出给 PLC 的电压信号为 0~10V。要求压力大于 0.06MPa 时接通电磁阀 YV1，压力小于 0.02MPa 时断开电磁阀 YV1。请设计梯形图程序。

2. 某工厂通过气体传感器检测厂房内 Co_2 浓度，气体传感器量程为 0~10g/L，输出给 PLC 的电流信号为 4~20mA。要求浓度大于 3g/L 时接通风机通风，压力小于 1g/L 时断开风机。请设计梯形图程序。

项目5

三菱 FX 系列 PLC 综合应用

任务1　变频器多段速运行的 PLC 控制

5.1.1　任务概述

通过一台变频器控制电动机 M1 运行，控制要求为：当开关 SA1 打至“ON”位置时，按下按钮 SB1，电动机 M1 正转 4s（频率 20Hz），暂停 3s，然后反转 4s（频率-25Hz），暂停 3s，完成一次循环。要求完成 2 次循环后自动停止，在此过程中按下按钮 SB2 后电动机立即断电停止。当开关 SA1 打至左边“OFF”位置时，按下按钮 SB1，电动机 M1 正转 4s（频率 20Hz）后自动停止，在此过程中按下按钮 SB2 后电动机停止。

5.1.2　任务资讯

1. 西门子 MM420 变频器简介

西门子变频器是由德国西门子公司研发、生产、销售的知名变频器品牌，主要用于控制和调节三相交流异步电动机的速度。目前西门子在中国市场上的主要机型就是 MM420、MM440 和 G120 等系列。

MICROMASTER420 是用于控制三相交流电动机速度的变频器系列。本系列有多种型号，从单相电源电压、额定功率 120W 到三相电源电压、额定功率 11kW 可供用户选用。

利用变频器的基本操作面板 BOP 可以改变变频器的各个参数以及控制变频器本地运行。BOP 具有 7 段显示的五位数字，可以显示参数的序号和数值，报警和故障信息，以及设定值和实际值。参数的信息不能用 BOP 存储。图 5-1 所示为 BOP 基本操作面板。

图 5-1　MM420 BOP 基本操作面板

基本操作面板（BOP）上的按钮及其功能见表 5-1。

表 5-1　　**BOP 上的按钮及其功能**

显示/按钮	功能	功能的说明
r0000	状态显示	LCD 显示变频器当前的设定值
I	启动变频器	按此键起动变频器。缺省值运行时此键是被封锁的。为了使此键的操作有效，应设定 P0700=1
0	停止变频器	OFF1：按此键，变频器将按选定的斜坡下降速率减速停车，缺省值运行时此键被封锁；为了允许此键操作，应设定 P0700 = 1。 OFF2：按此键两次（或一次，但时间较长）电动机将在惯性作用下自由停车。此功能总是“使能”的
	改变电动机的转动方向	按此键可以改变电动机的转动方向，电动机的反向时，用负号表示或用闪烁的小数点表示。缺省值运行时此键是被封锁的，为了使此键的操作有效应设定 P0700=1
jog	电动机点动	在变频器无输出的情况下按此键，将使电动机启动，并按预设定的点动频率运行。释放此键时，变频器停车。如果变频器/电动机正在运行，按此键将不起作用
Fn	功能	此键用于浏览辅助信息。 变频器运行过程中，在显示任何一个参数时按下此键并保持不动 2s，将显示以下参数值（在变频器运行中从任何一个参数开始）： 1. 直流回路电压（用 d 表示-单位：V）； 2. 输出电流 A； 3. 输出频率（Hz）； 4. 输出电压（用 o 表示-单位 V）； 5. 由 P0005 选定的数值［如果 P0005 选择显示上述参数中的任何一个（3，4 或 5），这里将不再显示］。 连续多次按下此键将轮流显示以上参数。 跳转功能 在显示任何一个参数（rXXXX 或 PXXXX）时短时间按下此键，将立即跳转到 r0000，如果需要的话，您可以接着修改其他的参数。跳转到 r0000 后，按此键将返回原来的显示点
P	访问参数	按此键即可访问参数
	增加数值	按此键即可增加面板上显示的参数数值
	减少数值	按此键即可减少面板上显示的参数数值

2. MM420 变频器的多功能端子控制方式

MM420 变频器电路方框图如图 5-2 所示。进行主电路接线时，变频器模块面板上的 L1、L2 插孔接单相电源，接地插孔接保护地线；三个电动机插孔 U、V、W 连接到三相电动机（千万不能接错电源，否则会损坏变频器）。

MM420 变频器模块面板上引出了 MM420 的多功能数字量输入端子：DIN1（端子⑤）；DIN2（端子⑥）；DIN3（端子⑦）；内部电源+24V（端子⑧）；内部电源 0V（端子⑨）。数字输入量端子可连接到 PLC 的输出点（端子⑧接一个输出公共端，例如 2L）。当变频器命令参数 P0700 = 2（外部端子控制）时，可由 PLC 控制变频器的启动/停止以及变速运行等。

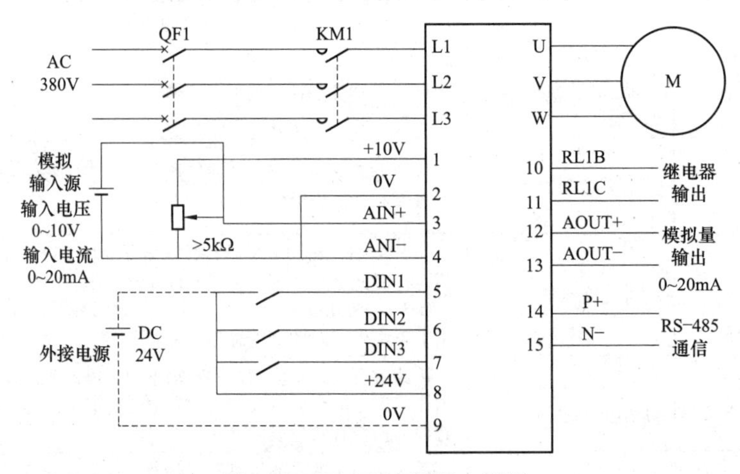

图 5-2　MM420 变频器方框图

MM420 变频器除了使用操作面板和多功能端子进行控制外，也可以通过模拟量输入端子和通信接口进行控制。

5.1.3　任务实施

1. I/O 分配

本任务中，输入设备主要有转换开关 SA1、启动按钮 SB1 和停止按钮 SB2，输出设备主要是变频器数字量输入端子 DIN1 和 DIN2，它们的输入输出点分配见表 5-2 所示。

表 5-2　　变频器多段速控制 I/O 分配表

输入设备			输出设备		
设备名称	文字符号	输入地址	设备名称	文字符号	输出地址
转换开关	SA1	X0	变频器数字量输入端子 5	DIN1	Y0
启动按钮	SB1	X1	变频器数字量输入端子 6	DIN2	Y1
停止按钮	SB2	X2			

2. 硬件接线和变频器参数设置

（1）硬件接线。图 5-3 所示为电动机长动控制的电气原理图，其中输入回路采用 PLC 内置的 24V 直流电源，输出回路使用 MM420 变频器内置的 24V 直流电源。

（2）变频器参数设置。首先将 MM420 的参数 P10 设为 1，即快速调速模式。然后设置 P304-P311,即电动机的额定电压、额定电流等相关参数，快速调试完毕后再将参数 P10 设为 0。

快速调试完成后设置以下参数：

P700 = 2，表示由数字量输入端子给定运行命令。

P701 = P702 = 16，在这种操作方式下，数字量输入既选择固定频率，又具备起动功能。

P1000 = 3 ，表示由数字量输入端子选择固定频率的组合。

P1001 = 20/P1002 = −25，表示正转 20Hz/反转 25Hz。

P1020 = P1021 = 2，加减速时间。

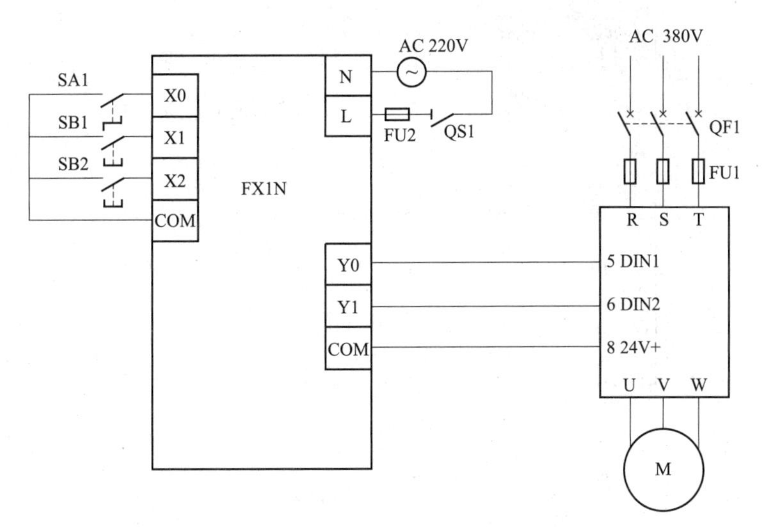

图 5-3 MM420 PLC 多段速控制电气原理图

3. 程序设计

图 5-4 所示为 MM420 PLC 多段速控制的程序，程序原理如下：

（1）当转换开关 SA1 打至右侧时，X000 动合触点闭合。按下启动按钮 SB1，X001 动合触点闭合，M0 得电自锁，定时器 T0 当前值从 0 开始递增。延时 28s（两次循环的时间之和）后，T0 当前值等于 280，T0 动断触点将 M0 和 T0 全部切断，如图 5-4（a）所示。

（2）使用触点比较指令，将 T0 的当前值与 0、40、70、110、140、180、210、250 比较，第 0~4s 或 14~18s M1 接通，第 7~11s 或 21~25s M2 接通，如图 5-4（b）所示。

（3）当转换开关 SA1 打至左侧时，X000 动断触点闭合。按下启动按钮 SB1，输入继电器 X001 得电，X001 动断触点闭合，M3 的线圈得电自锁，定时器 T1 延时 4s 后将 M3 和 T1 切断，如图 5-4（c）所示。

（4）M1 或 M3 得电时 Y0 得电，变频器 DIN1 接通，电动机以 20Hz 频率正转；M2 得电时 Y1 得电，变频器 DIN2 接通，电动机以 25Hz 频率反转，如图 5-4（d）所示。

（5）任何时候按下停止按钮 SB2，M0 至 M3 全部失电，Y0 和 Y1 不得电，电动机停止。

5.1.4 思考与拓展

1. 通过模拟量端子与 PLC 连接

S7-200 系列 PLC 一般不自带模拟量接口，因此要实现该控制可以使用其模拟量扩展模块 EM235 与 MM420 变频器的模拟量输入端子连接，其系统硬件连接时将 EM 235 模块的 V0 和 M0 端子分别接 MM 420 的 3、4 脚。

通过 EM235 的模拟量输出端子（10V）直接与变频器的模拟量输入端子连接，可实现对电动机转速的调整，PLC 输入端子外接按钮实现电机的正转和反转控制。变频器主要参数设置：P0700=2，P0701=1s，P0702=2s，P1000=2s，P1080=0s，P1082=50。

2. 利用 Modbus 协议实现控制

MODBUS 协议最早由施耐德旗下的莫迪康公司于 1978 年提出，目前已经称为国际标准和国家、行业标准。该协议为典型的串行通信协议，支持 CRC 或 LRC 校验。变频器大多数

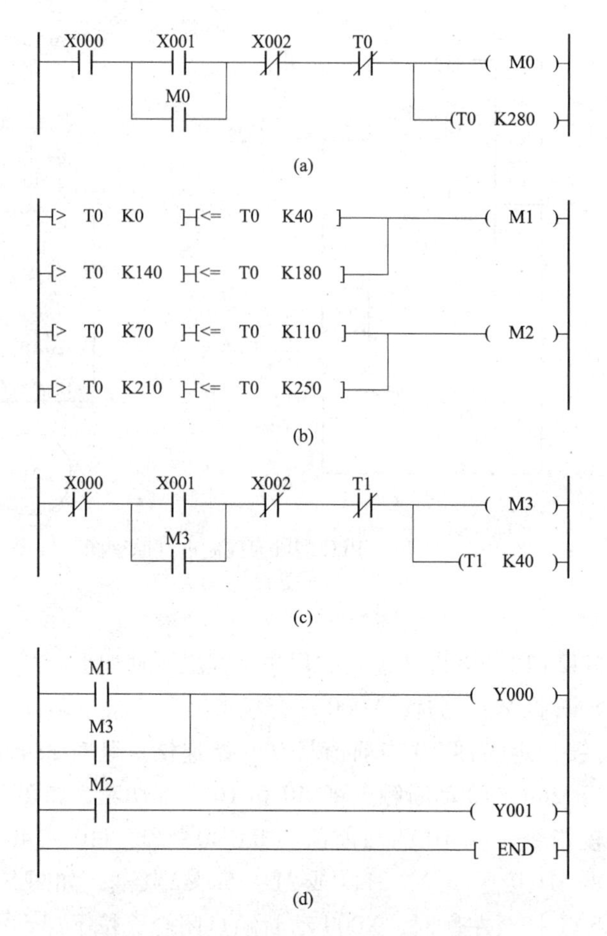

图 5-4 MM420 PLC 多段速控制梯形图程序

（a）转换开关 SA1 打至右侧时启动定时器 T0；（b）转换开关 SA1 打至右侧时使用触点比较指令得到电动机正反转时间区间；（c）转换开关 SA1 打至左侧时启动定时器 T1；（d）输出点控制

设备均支持该协议。S7-200 PLC 的两个通信口 0 口和 1 口均支持 Modbus RTU 协议，硬件连接时只需要将 3 和 8 脚连接到变频器的 RS-485 端口的接收和发送 端即可。PLC 程序编写直接在编程软件 Step7-Micro/WIN32 软件指令库中的调用 MBUS_ CTRL 初始化程序，调用 MBUS_ MSC 接收和发送数据，其 CRC 校验程序也由系统自动生成。

巩 固 练 习

一、选择题

1. 西门子 MM420 变频器的基本操作面板上，JOG 键的功能是（　　）。

A. 正转　　B. 点动　　C. 反转　　D. 访问参数

2. 西门子 MM420 变频器的基本操作面板上，P 键的功能是（　　）。

A. 正转　　B. 点动　　C. 反转　　D. 访问参数

3. 西门子 MM420 变频器的命令参数 P0700 =（　　）表示外部端子控制。

A. 1　　B. 2　　C. 3　　D. 4

4. 西门子 MM420 变频器的命令参数 P0010=（　　）表示快速调试模式。

A. 1　　B. 2　　C. 3　　D. 4

二、判断题

1. 西门子 MM420 变频器操作面板上的 Fn 键是电动机点动键。　（　）

2. 西门子 MM420 变频器 U、V、W 应接到三相电源进线上。　（　）

3. MM420 变频器除了使用操作面板和多功能端子进行控制外，也可以通过模拟量输入端子和通信接口进行控制。　（　）

4. MODBUS 协议为典型的串行通信协议。　（　）

三、简答题

1. 西门子 MM420 变频器有哪几种控制方式？

2. 西门子 MM420 变频器多段速控制时需要设置哪几个关键参数，应如何设置？

四、设计题

1. 采用一台变频器通过接触器 KM1 和 KM2 分别驱动两台笼型电动机 M1 和 M2，具体工艺要求如下：按下按钮 SB1，电动机 M1 正转 3s（运行频率 20Hz），然后 M1 停止、电动机 M2 正转运行 3s（运行频率 25Hz），然后 M2 停止、M1 反转 3s（运行频率 15Hz），最后暂停 3s，完成一次循环。要求完成 2 次循环后自动停止，在此过程中按下停止按钮 SB2 后两台电动机立即断电停止。另外要求在电动机 M2 运行时指示灯 HL1 以 1Hz 的频率闪烁。

2. 采用一台变频器通过接触器 KM1 和 KM2 控制电动机 M1 实现变频和工频切换运行，具体工艺要求如下：开关 SA1 达到右侧“ON”位置时，按下按钮 SB1，电动机 M1 正转 5s（运行频率 20Hz），然后停止 3s、反转运行 3s（运行频率-25Hz），然后停止 3s，循环 2 次后自动停止，在此过程中按下停止按钮 SB2 后两台电动机立即断电停止；开关 SA1 达到左侧“OFF”位置时，按下按钮 SB1，电动机 M1 工频运行，按下按钮 SB2 停止。

任务2　用组态软件控制电动机的启动停止

5.2.1　任务概述

用组态软件设计监控画面，通过监控画面上的虚拟设备实现以下要求：

（1）虚拟开关闭合后延时 3s 电动机启动，虚拟开关断开后电动机立即停止；

（2）用虚拟指示灯指示电动机的运行状态；

（3）可以在监控画面上设定延时时间并显示当前已延时的时间。

5.2.2　任务资讯

1. 组态软件简介

“组态（Configure）”的含义是“配置”“设定”“设置”等意思，是指用户通过类似“搭积木”的简单方式来完成自己所需要的软件功能，而不需要编写计算机程序，也就是所谓的“组态”。它有时候也称为“二次开发”，组态软件就称为“二次开发平台”。

简单地说，组态软件能够实现对自动化过程和装备的监视和控制。它能从自动化过程和装备中采集各种信息，并将信息以图形化等更易于理解的方式进行显示，将重要的信息以各种手段传送到相关人员，对信息执行必要分析处理和存储，发出控制指令等。

2. 组态王软件简介

组态王软件是亚控科技根据当前的自动化技术的发展趋势，面向低端自动化市场及应用，以实现企业一体化为目标开发的一套产品。该产品以搭建战略性工业应用服务平台为目标，集成了对亚控科技自主研发的工业实时数据库（KingHistorian）的支持，可以为企业提供一个对整个生产流程进行数据汇总、分析及管理的有效平台，使企业能够及时有效地获取信息，及时地做出反应，以获得最优化的结果。图5-5所示为某工厂化学反应罐的组态王监控画面。

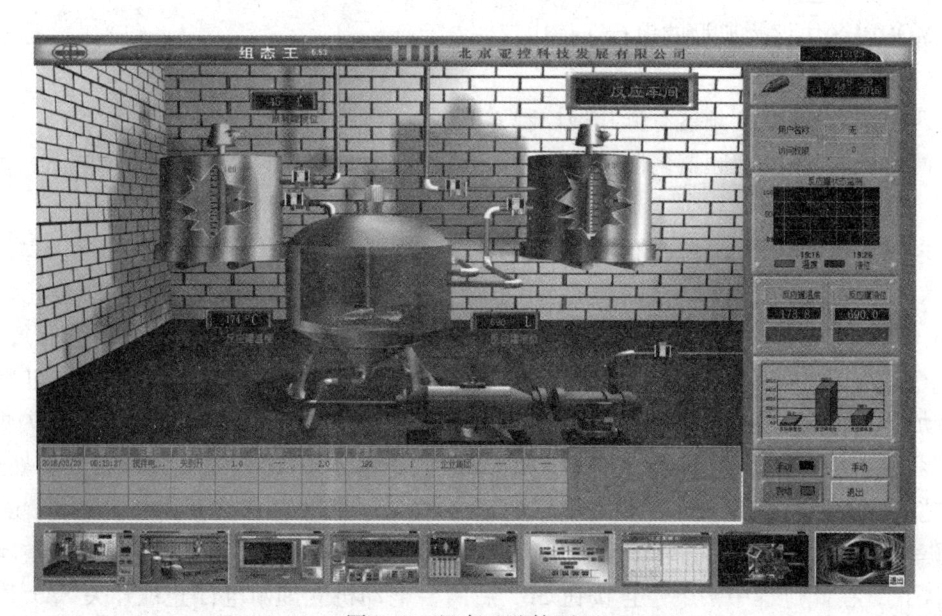

图5-5　组态王监控画面

5.2.3　任务实施

1. I/O分配

I/O分配见表5-3。

表5-3　　电动机延时启停控制I/O分配表

输入设备			输出设备		
设备名称	文字符号	输入地址	设备名称	文字符号	输出地址
			接触器线圈	KM1	Y0

2. 硬件接线

电动机延时启停控制的电气原理图如图5-6所示。

3. 新建组态王项目

（1）打开工程管理器。打开组态王软件后出现工程管理器的窗口，可以新建或打开组态王的工程项目。

（2）新建项目。点击工程管理器的“新建”工具按钮，会出现如图5-7所示的新建工程向导，根据向导的提示工程项目的保存路径以及名称，如图5-8和图5-9所示。

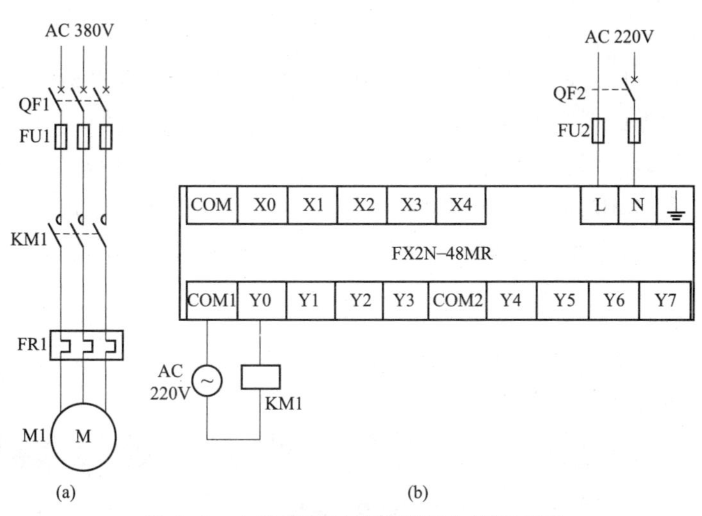

图 5-6　电动机延时启停控制电气原理图

（a）主电路；（b）控制电路

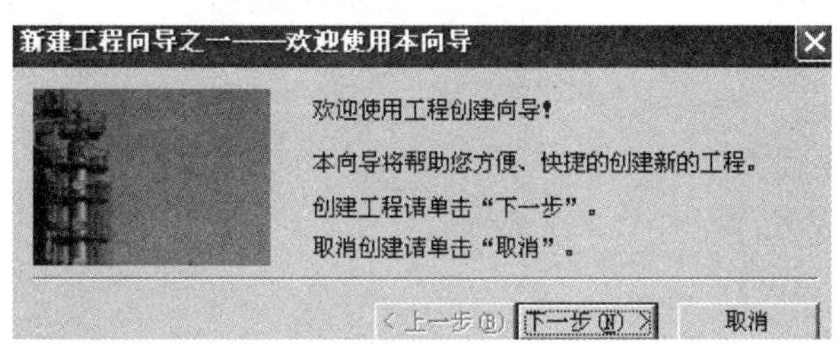

图 5-7　新建工程向导

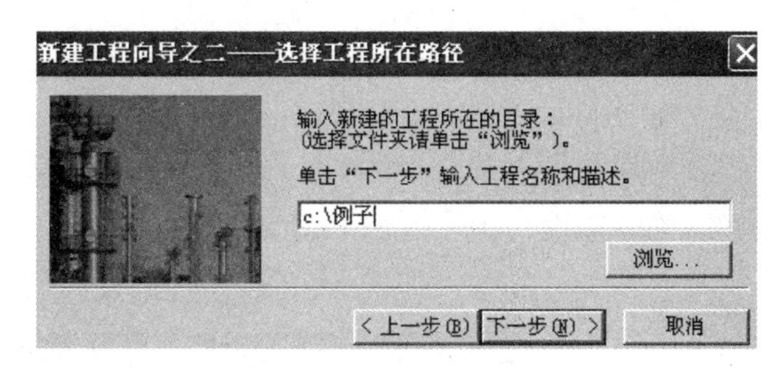

图 5-8　新建工程保存路径选择

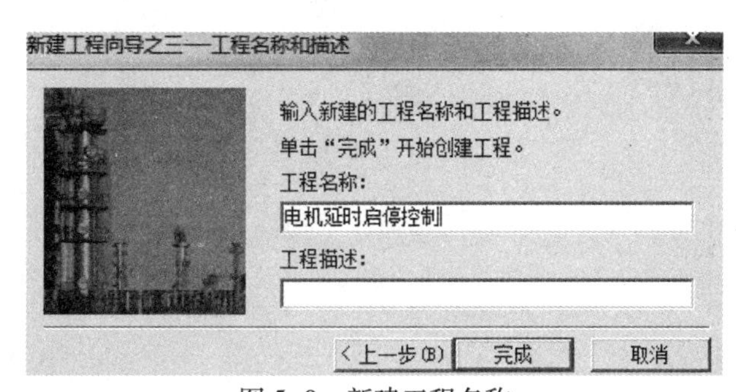

图 5-9　新建工程名称

4. 设置组态与PLC的通信

工程项目新建完成后，需要选择组态王与什么设备通信并且设置相应的通信参数，这个设备可以PLC、变频器或者其他的智能板卡或仪表等。

(1) 设置通信参数。双击工程管理器中新建的“星三角减压启动”工程项目，弹出工程浏览器窗口，如图5-10所示。在工程浏览器窗口左侧项目树中双击“设备-COM1”，会出现如图5-11所示的设置串口参数的对话框，数据位选择7，通信方式选择RS-232，其他默认。

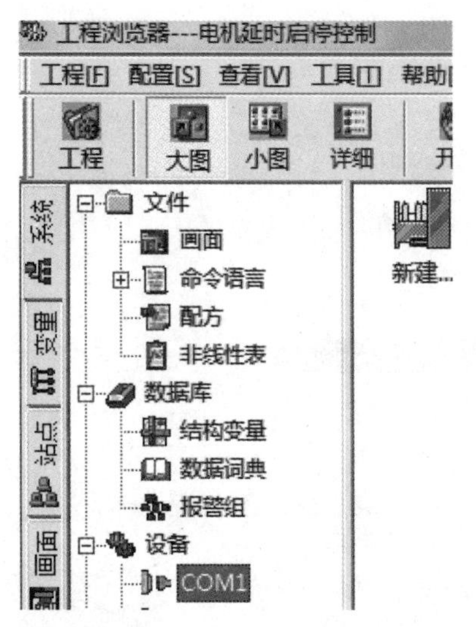

图5-10 工程浏览器窗口

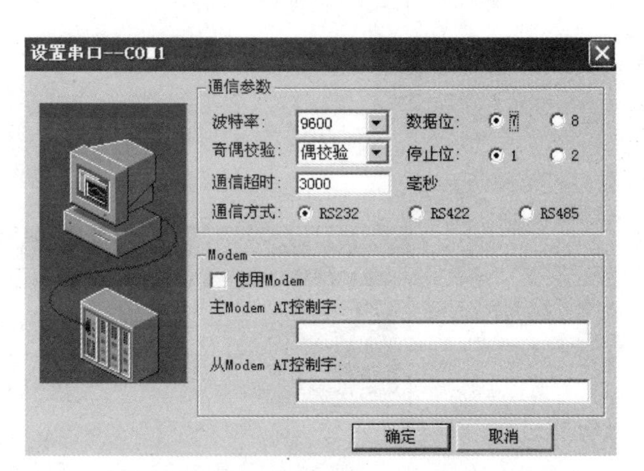

图5-11 设置COM1串口参数

(2) 选择通信设备。在工程浏览器窗口中选择“设备-COM1”后，在右侧窗口中双击“新建”，如图5-12所示。在“设备配置向导”中选择“设备驱动-PLC-三楼-FX2-编程口”，然后输入设备名称为“FX1N”，分别如图5-13~图5-15所示。最后选择串口号、设备地址和设置通信参数等，分别如图5-16~图5-19所示。

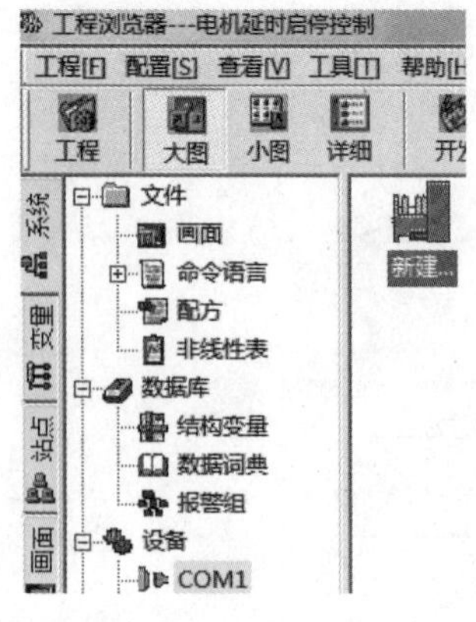

图5-12 新建通信设备

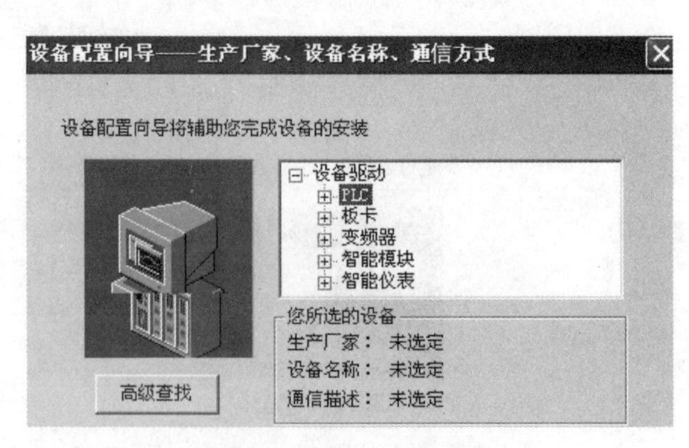

图5-13 选择通信设备-PLC

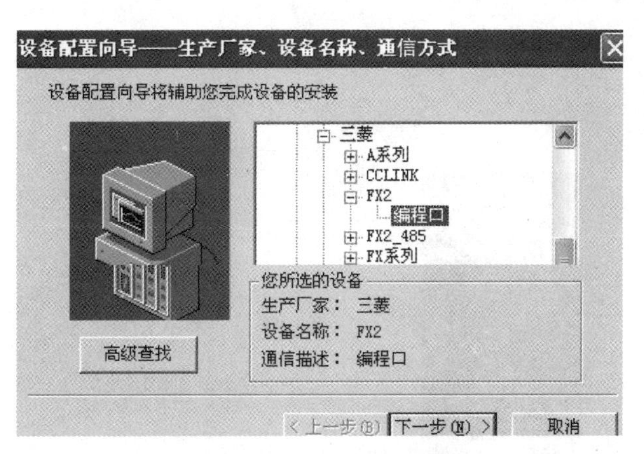

图 5-14　选择通信设备接口

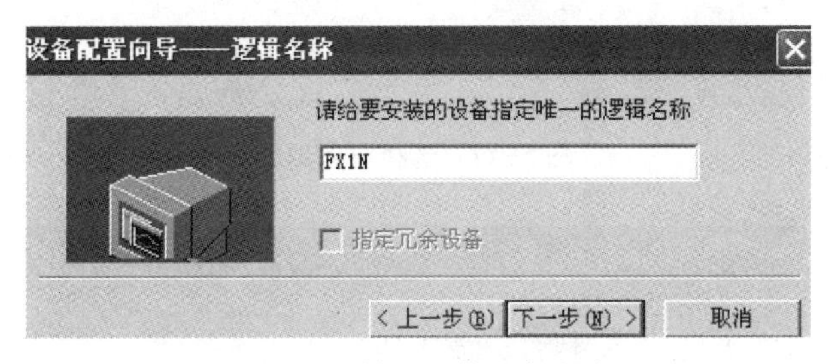

图 5-15　输入通信设备名称

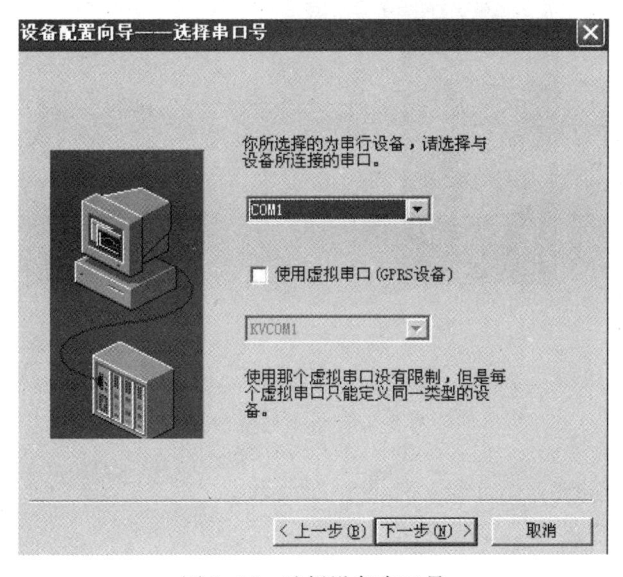

图 5-16　选择设备串口号

5. 定义组态王与 PLC 通信的变量

组态王与 PLC 的通信设置完成后，为了能够使两者互相交换数据，还需要在组态王软件中构造数据库，也就是定义变量。组态王的变量分为外部变量和内部变量两种，外部变量是组态王与 PLC 等外部设备互相交换数据的载体，内部变量是组态王软件内部使用的变量，与 PLC 等外部设备无关。在工程浏览器窗口中选择“数据库—数据词典”后，在右侧窗口

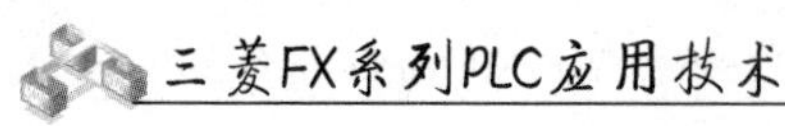

图 5-17　选择设备地址

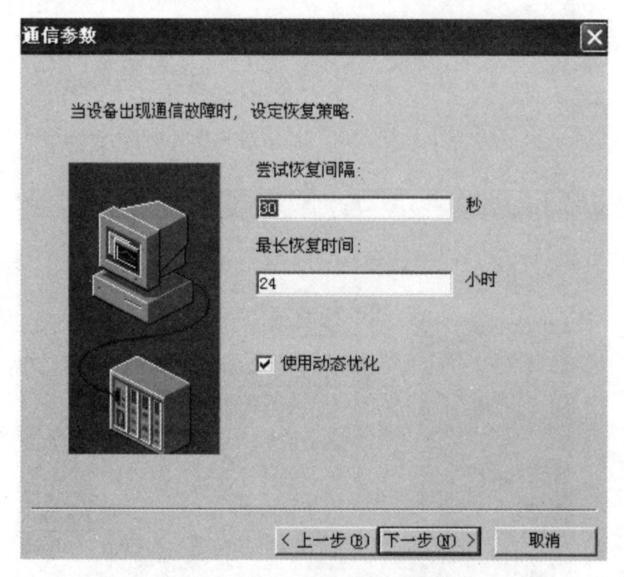

图 5-18　设置通信参数

中双击“新建”可以定义新的变量，如图5-20所示。

本任务中需要定义的变量见表 5-4。

表 5-4　　电动机延时启停控制组态王变量表

变量名称	变量地址	变量类型	数据类型	读写属性
开关	M0	I/O 离散	位（bit）	读写
电动机	Y0	I/O 离散	位（bit）	只读
当前时间	D0	I/O 整数	整型（short）	只读
设定时间	D2	I/O 整数	整型（short）	读写

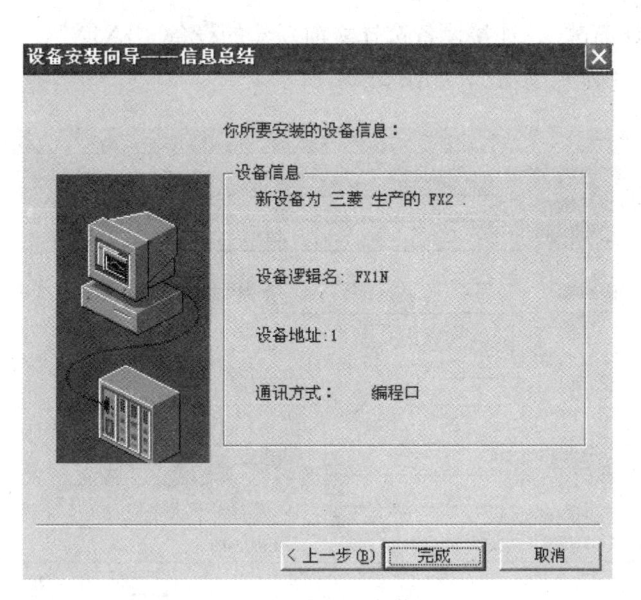

图 5-19　确认设备信息

图 5-20　新建变量

（1）定义“开关”的变量。在组态王的监控画面中，需要用虚拟开关来控制电动机的启动和停止，因此需要定义“开关”变量。定义“开关”变量时，在定义变量对话框中选择变量类型为“I/O 离散”，连接设备选择之前新建的设备“FX1N”，寄存器选择 M0，数据类型为 bit，读写属性为“读写”，如图 5-21 所示。

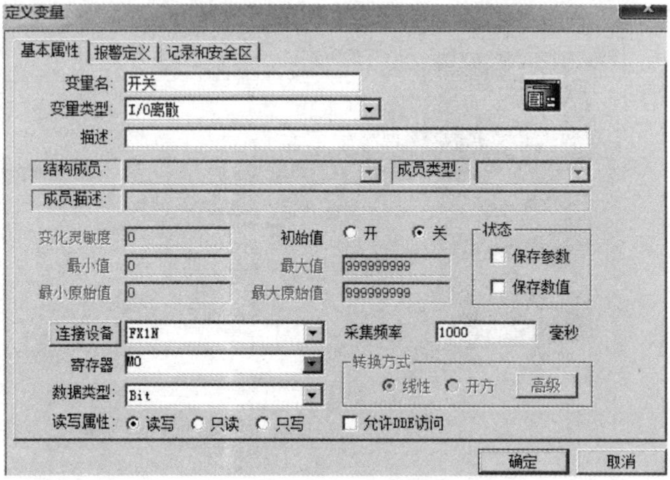

图 5-21　定义“开关”变量

（2）定义“电机”的变量。在组态王的监控画面中，需要用指示灯来指示电机的启停状态，因此需要定义“电机”变量。定义“开关”变量时，变量类型为“I/O 离散”，连接设备选择“FX1N”，寄存器选择 Y0，数据类型为 bit，读写属性为“只读”，如图 5-22 所示。

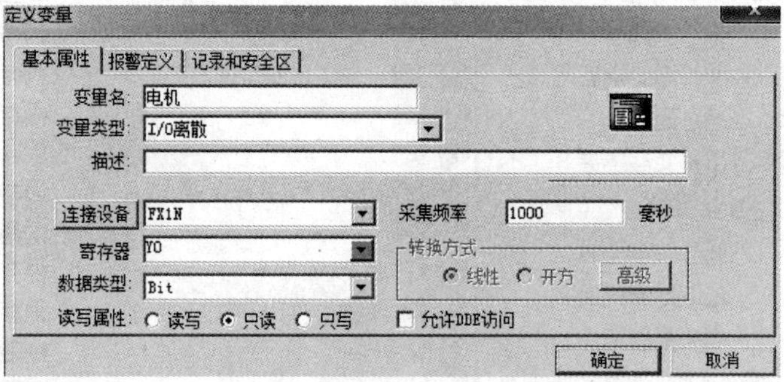

图 5-22　定义“电机”变量

（3）定义“延时时间”和“设定时间”变量。在组态王的监控画面中，通过“设定时间”设定和显示电动机延时启动的时间，通过“延时时间”变量显示虚拟开关闭合后已经延时的时间，两者均是以秒为单位。

定义“延时时间”变量时，变量类型为“I/O 离散”，连接设备选择“FX1N”，寄存器选择 D0，数据类型为 bit，读写属性为“只读”，如图 5-23 所示。

定义“设定时间”变量时，变量类型为“I/O 离散”，连接设备选择“FX1N”，寄存器选择 D2，数据类型为 bit，读写属性为“读写”，如图 5-24 所示。

6. 创建组态画面

（1）新建画面。如图 5-25 所示，在工程浏览器中选择“文件-画面”，然后在右侧的窗

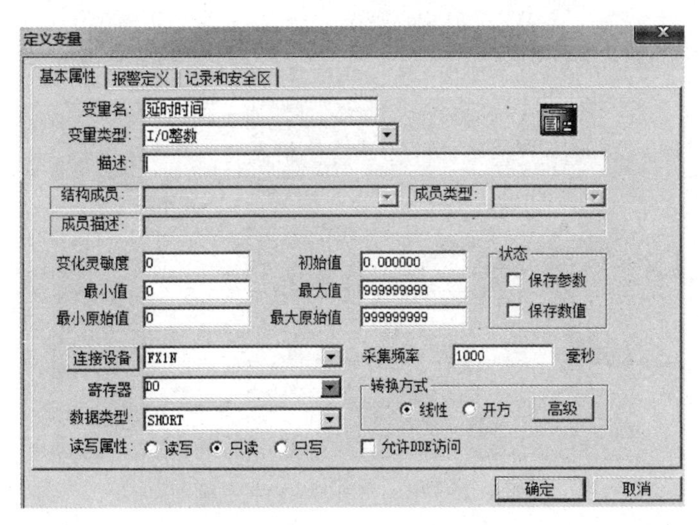

图 5-23　定义“延时时间”变量

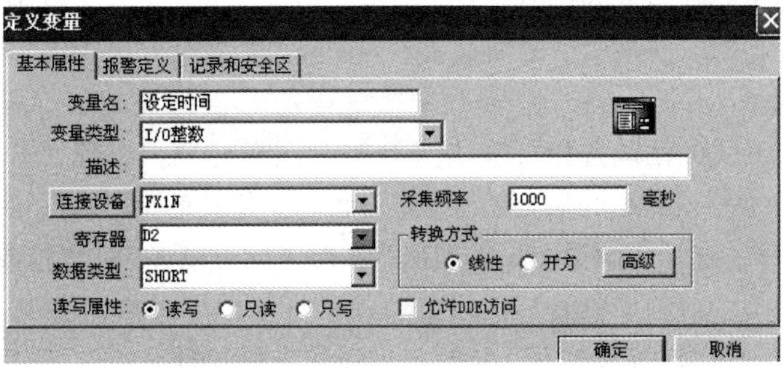

图 5-24　定义“设定时间”变量

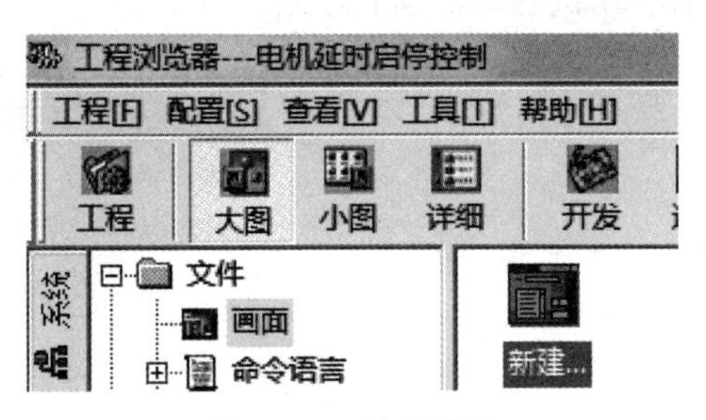

图 5-25　新建画面

口中双击“新建”，输入新建画面名称。

（2）绘制画面。双击新建的画面，通过“工具箱”的“图库”中选择一个开关和一个指示灯，再从“工具箱”中用“文本”工具绘制 6 个文本对象（“当前时间:”“设定时间:”“###”“###”“秒”“秒”），文本对象的名称可以右键单击该对象然后选择“字符串替换”，修改成需要的名称，如图 5-26 所示。其中用来表示当前时间和设定时间的两个文本对象名称虽然是“###”，但是通过后面的动画连接设置可以在实际运行时自动显示相应的变量值。

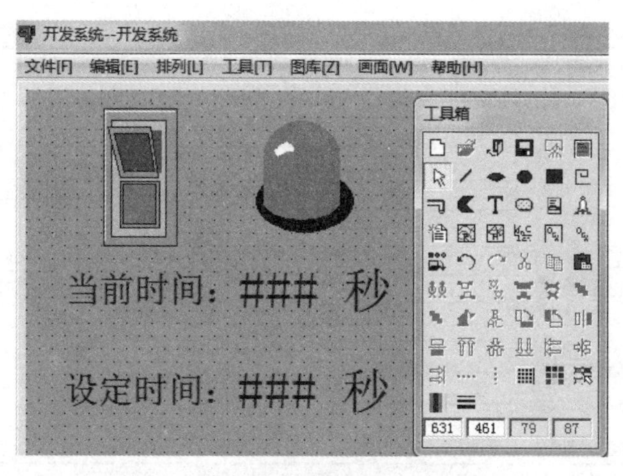

图 5-26　电动机延时启停控制画面

7. 在图形对象和变量之间建立动画连接

如果希望鼠标按下画面上的按钮对象时，使之前定义的变量随之发生变化；或者当之前定义的变量发生变化时，使画面上的圆显示不同的颜色，这就需要在图形对象和对应的变量之间建立动画连接。

(1) 设置虚拟开关的动画连接。双击“开关”图形对象，出现“开关向导”对话框，单击变量名右侧的“?”按钮，选择将虚拟开关和之间定义的“开关”变量（M0）建立连接，如图 5-27 所示。这样在画面上扳动虚拟开关时，就可以将 M0 置位或复位。

(2) 设置虚拟指示灯的动画连接。双击“指示灯”图形对象，出现“指示灯向导”对话框，单击变量名右侧的“?”按钮，选择将虚拟开关和之间定义的“电动机”变量（Y0）建立连接，如图 5-28 所示。这样当输出继电器 Y0 接通使得电动机运行或停止时，可以在画面通过虚拟指示灯来指示电动机当前的运行状态。

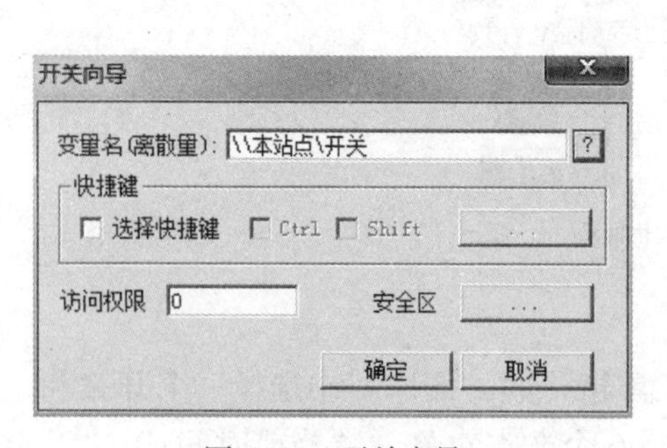

图 5-27　开关向导

图 5-28　指示灯向导

(3) 设置“设定时间”和“延时时间”的动画连接。双击延时时间右侧的“###”文本对象，出现“动画连接”对话框，单击“值输出”/“模拟值输出”按钮，在弹出的“模拟值输出连接”窗口中选择将代表延时时间的“###”文本对象和之间定义的“延时时间”

变量（D0）建立连接，如图5-29所示。这样当虚拟开关闭合后，可以显示当前已经延时的时间是多少秒。

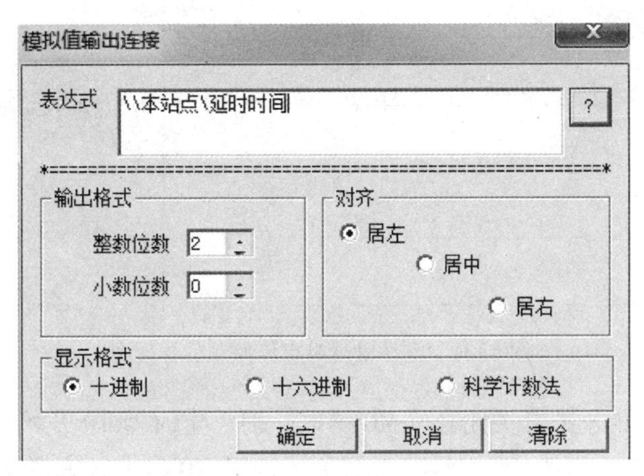

图5-29　延时时间动画连接

双击设定时间右侧的“###”文本对象，出现“动画连接”对话框，单击“值输入”/“模拟值输入”按钮，在弹出的“模拟值输入连接”窗口中选择将代表设定时间的“###”文本对象和之间定义的“设定时间”变量（D2）建立连接，如图5-30所示。然后再单击“值输出”/“模拟值输出”按钮，在弹出的“模拟值输出连接”窗口中选择将代表设定时间的“###”文本对象和之间定义的“设定时间”变量（D2）建立连接。这样就可以在监控画面上显示PLC程序默认的设定时间，也可以直接输入想要的设定时间。

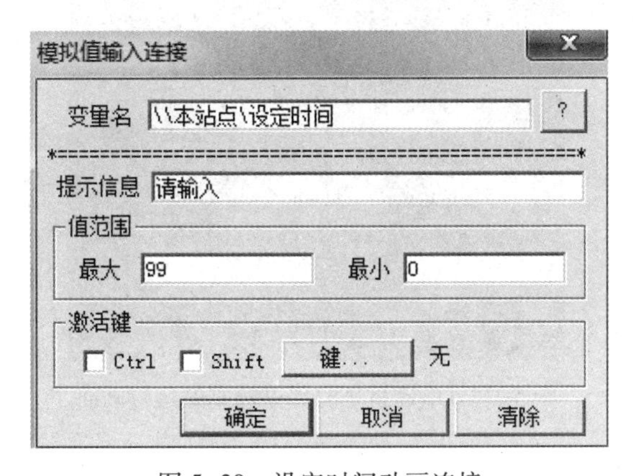

图5-30　设定时间动画连接

8. PLC程序设计

图5-31所示为电动机延时启停控制的PLC梯形图。

程序原理如下：

（1）通过初始化脉冲M8002给代表设定时间的数据寄存器D2赋一个3s的初始值，然后将其乘以10传送给数据寄存器D4，将D4作为100ms定时器T0的设定值寄存器。

（2）将100ms定时器T0的当前值除以10，商保存到代表当前时间的数据寄存器D0中，用来在组态画面上显示以秒为单位的当前时间。

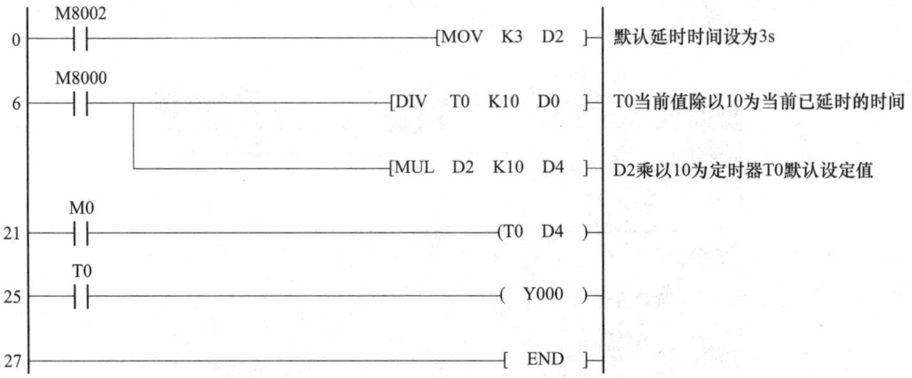

M8002
0
[MOV K3 D2]
默认延时时间设为3s
M8000
6
[DIV T0 K10 D0]
T0当前值除以10为当前已延时的时间
[MUL D2 K10 D4]
D2乘以10为定时器T0默认设定值
M0
21
(T0 D4)
T0
25
(Y000)
27
[END]

图 5-31　电动机延时启停控制的梯形图

(3) 组态画面上的虚拟开关闭合（M0 得电）时，定时器 T0 开始延时，延时时间默认为 3s（可以通过组态画面改变），延时时间到了以后 Y0 得电；虚拟开关断开（M0 失电）时，定时器 T0 复位，Y0 失电。

9. 组态画面运行

点击组态王软件工程浏览器常用工具栏的 VIEW 工具按钮，可以启动组态画面，如图5-32 所示。单击画面中的虚拟开关可以启动或停止电动机，电动机运行时虚拟指示灯会显示绿色，当前时间区域可以开关闭合后的当前时间，设定时间区域可以显示或者设定延时时间。

运行系统
画面 特殊 调试 关于
延时时间：2 秒
设定时间：3 秒

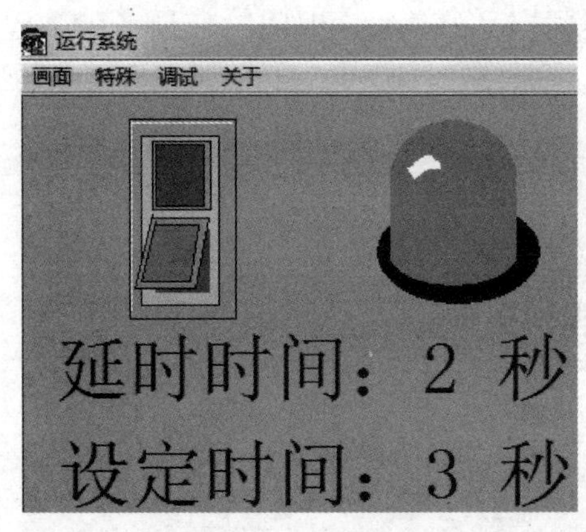

图 5-32　电动机延时启停控制的运行画面

5.2.4　思考与拓展

1. PLC 通信概述

(1) 并行通信与串行通信。并行通信是以字节或字为单位的数据传输方式，除了 8 根或 16 根数据线、一根公共线外，还需要通信双方联络用的控制线。并行通信的传送速度快，但是传输线的根数多，抗干扰能力较差，一般用于近距离数据传送，例如，PLC 的基本单元、扩展单元和特殊模块之间的数据传送。

串行通信是以二进制的位（bit）为单位的数据传输方式，每次只传送一位，最少只需要两根线（双绞线）就可以连接多台设备，组成控制网络。串行通信需要的信号线少，适用于距离较远的场合。计算机和 PLC 都有通用的串行通信接口，例如，RS-232C 或 RS-485 接口，工业控制中计算机之间的通信一般采用串行通信方式。

（2）异步通信与同步通信。在串行通信中，接收方和发送方应使用相同的传输速率。接收方和发送方的标称传输速率虽然相同，但它们之间总是有一些微小的差别。如果不采取措施，在连续传送大量的信息时，将会因积累误差造成发送和接收的数据错位，使接收方收到错误的信息。为了解决这一问题，需要使发送过程和接收过程同步。按同步方式的不同，串行通信分为异步通信和同步通信。

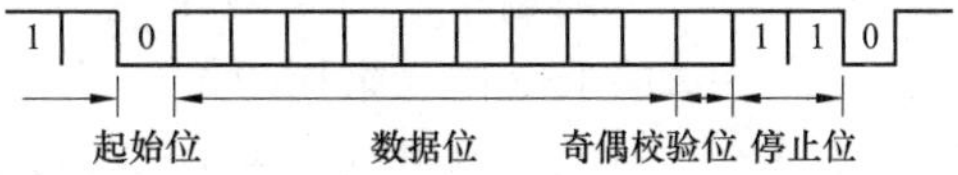

图 5-33　异步通信的信息格式

异步通信的字符信息格式如图 5-33 所示。

发送的字符由一个起始位、7~8 个数据位、1 个奇偶校验位（可以没有）和停止位（1 位或两位）组成。通信双方需要对采用的信息格式和数据的传输速率作相同的约定。接收方检测到停止位和起始位之间的下降沿后，将它作为接收的起始点，在每一位的中点接收信息。由于一个字符中包含的位数不多，即使发送方和接收方的收发频率略有不同，也不会因为两台设备之间的时钟周期的积累误差而导致信息的发送和接收错位。异步通信传送附加的非有效信息较多，传输效率较低，PLC 一般使用异步通信。

同步通信以字节为单位（一个字节由 8 位二进制数组成），每次传送 1~2 个同步字符、若干个数据字节和校验字符。同步字符起联络作用，用它来通知接收方开始接收数据。在同步通信中，发送方和接收方要保持完全的同步，这意味着发送方和接收方应使用同一时钟脉冲。它可以通过调制解调方式在数据流中提取出同步信号，使接收方得到与发送方同步的接收时钟信号。由于同步通信方式不需要在每个数据字符中增加起始位、停止位和奇偶校验位，只需要在要发送的数据块之前加一两个同步字符，所以传输效率高，但是对硬件的要求较高。

（3）单工与双工通信。单工通信方式只能沿单一方向传输数据。双工通信方式的信息可以沿两个方向传送，每一个站既可以发送数据，也可以接收数据。双工方式又分为全双工和半双工。

全双工方式中数据的发送和接收分别由两根或两组不同的数据线传送，通信的双方都能在同一时刻接收和发送信息，如图 5-34（a）所示。

半双工方式用同一组线接收和发送数据，通信的双方在同一时刻只能发送数据或只能接收数据，如图 5-34（b）所示。

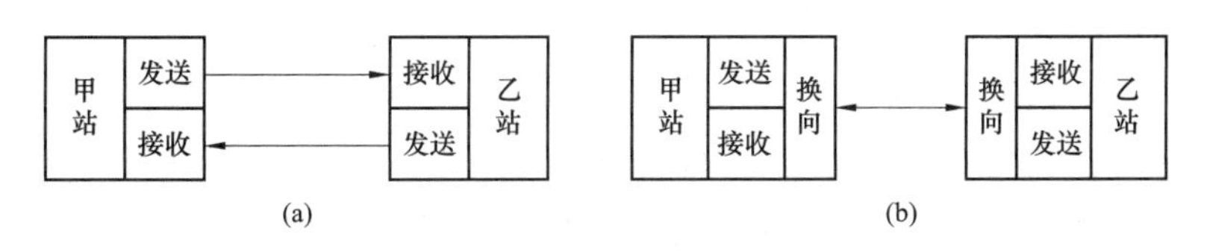

图 5-34　双工通信

（a）全双工通信；（b）半双工通信

（4）串行通信接口。PLC 与其他设备之间的通信主要采用串行异步通信，其常用的串行通信接口标准有 RS-232C、RS-422A 和 RS-485 等。

1）RS-232C。RS-232C是美国电子工业协会EIA于1969年公布的通信协议，它的全称是“数据终端设备（DTE）和数据通信设备（DCE）之间串行二进制数据交换接口技术标准”。RS-232C接口标准是目前计算机和PLC中最常用的一种串行通信接口。

RS-232C采用负逻辑，用-5~-15V表示逻辑“1”，用+5~+15V表示逻辑“0”。噪声容限为2V，即要求接收器能识别低到+3V的信号作为逻辑“0”，高到-3V的信号作为逻辑“1”。RS-232C只能进行一对一的通信，RS-232C可使用9针或25针的D型连接器。

RS-232-C的电气接口采用单端驱动、单端接收的电路，容易受到公共地线上的电位差和外部引入的干扰信号的影响，同时还存在以下不足之处：

① 传输速率低，最高传输速度速率为20kb/s。

② 传输距离短，最大通信距离为15m。

③ 接口的信号电平值较高，易损坏接口电路的芯片，又因为与TTL电平不兼容故需使用电平转换电路方能与TTL电路连接。

2）RS-422。针对RS-232C的不足，EIA于1977年推出了串行通信标准RS-499，对RS-232C的电气特性作了改进，RS-422A是RS-499的子集。

由于RS-422A采用平衡驱动、差分接收电路，从根本上取消了信号地线，大大减少了地电平所带来的共模干扰。平衡驱动器相当于两相单端驱动器，其输入信号相同，两个输出信号互为反相信号，图中的小圆圈表示反相。外部输入的干扰信号是以共模方式出现的，两极传输线上的共模干扰信号相同，因接收器是差分输入，共模信号可以互相抵消。只要接收器有足够的抗共模干扰能力，就能从干扰信号中识别出驱动器输出的有用信号，从而克服外部干扰的影响。

RS-422的最大传输速率10Mb/s时，允许的最大通信距离为12m。传输速率为100kb/s时，最大通信距离为1200。一台驱动器可以连接10台接收器。

3）RS-485。RS-485是RS-422的变形，RS-422A是全双工，两对平衡差分信号线分别用于发送和接收，所以采用RS-422接口通信时最少需要4根线。RS-485为半双工，只有一对平衡差分信号线，不能同时发送和接收，最少需要两根连线。

使用RS-485通信接口和双绞线可组成串行通信网络，构成分布式系统，系统最多可连接128个站。

RS-422/RS485接口一般采用使用9针的D型连接器。普通个人计算机一般不配备RS-422和RS-485接口，但工业控制计算机基本上都有配置。

2. 三菱PLC通信

（1）N：N网络通信。用FX1N，FX2NC，FX2N，FXON可编程控制器进行的数据传输可建立在N：N的基础上。使用此通信网络，它们能连接一个小规模系统中的数据。FX系列可编程控制器可以同时最多8台联网，其中一台为主机，其余为从机，在被连接的站点中位元件（0~64点）和字元件（4~8点）可以被自动连接，每一个站可以监控其他站的共享数据的数字状态。图5-35所示为FX2N-485-BD连接模块通信的配置图。

在每台PLC的辅助继电器和数据寄存器中分别有一片系统指定的共享数据区，网络中的每一台PLC都分配自己的辅助继电器和数据寄存器。

对于某一台PLC来说，分配给它的共享数据区数据自动地传送到其他站的相同区域，

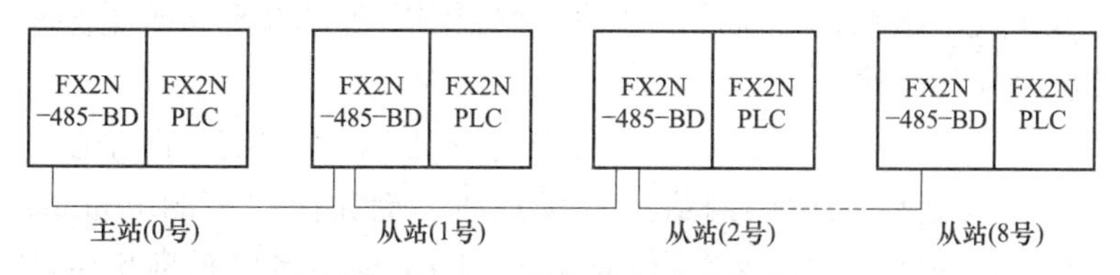

图 5-35 N：N 网络的连接框图

分配给其他 PLC 的共享数据区中的数据是其他站自动地传送来的。对于某一台 PLC 的用户程序来说，在使用其他站自动传来的数据时，感觉就像读写自己内部的数据区一样方便。共享数据区中的数据与其他 PLC 里面的对应数据在时间上有一定的延迟，数据传送周期与网络中的站数和传送的数据量有关（延迟范围为 18~131ms）。

（2）并行链接通信。并行链接用来实现两台同一组的 FX 系列 PLC 之间的数据自动传送。用 FX2N、FX2NC、FX1N 和 FX2C 可编程控制器进行数据传输时，是采用 100 个辅助继电器和 10 个数据寄存器在 1：1 的基础上来完成。FX1S 和 FXON 的数据传输采用 50 个辅助继电器和 10 个数据寄存器进行的。

当两个 FX 系列的可编程控制器的主单元分别安装一块通信模块后，用单根双绞线连接即可，编程时设定主站和从站，应用特殊继电器在两台可编程控制间进行自动的数据传送，很容易实现数据通信连接。主站和从站的设定由 M8070 和 M8071 设定，另外并行连接有标准和高速两种模式，由 M8162 的通断识别。图 5-36 为两台 FX2N 主单元用两块 FX2N-485-BD 连接模块通信的配置图。

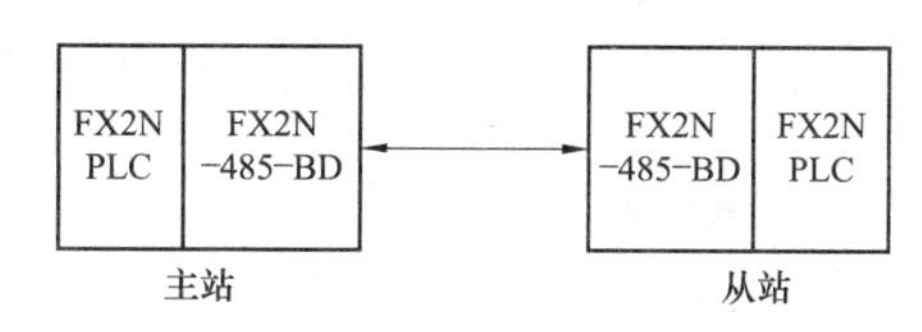

图 5-36 并行链接框图

（3）计算机链接（用专用协议进行数据传输）。小型控制系统中可编程控制器除了使用编程软件外，一般不需要与别的设备通信。可编程控制器的编程器接口一般都是 RS-422 或 RS-485，而计算机的串行通信接口是 RS-232C，编程软件与可编程控制器交换信息时需要配接专用的带转接电路的编程电缆或通信适配器。三菱公司的（计算机链接）可用于一台计算机与一台或最多 16 台 PLC 的通信，由计算机发出读写可编程控制器中的数据的命令帧，可编程控制器收到后返回响应帧。用户不需要对可编程控制器编程，响应帧是可编程控制器自动生成的，但是上位机的程序仍需用户编写。

如果上位计算机使用组态软件，后者可提供常见可编程控制器的通信驱动程序，用户只需在组态软件中作一些简单的设置，可编程控制器侧和计算机侧都不需要用户设计。

（4）可选编程端口通信。现在的可编程终端产品（如三菱的 GOT-900 系列图形操作终端）一般都能用于多个厂家的可编程控制器。与组态软件一样，可编程终端与可编程控制器的通信程序也不需要由用户来编写，在为编程终端的画面组态时，只需要指定画面中的元素对应的可编程控制器编程元件的编号就可以了，二者之间的数据交换是自动完成的。

对于 FX2N、FX2NC、FX1N、FX1S 系列的可编程控制器，当该端口连接在 FX2N-232-BD、FXON-32ADP、FX1N-232-BD、FX2N-422-BD 上时，可支持一个编程协议。

（5）CC_ LINK 现场总线通信。PLC 与各种智能设备可以组成通信网络，以实现信息的交换，各 PLC 或远程 I/O 模块各自放置在生产现场进行分散控制，然后用网络连接起来，构成集中管理的分布式网络系统。通过以太网，控制网络还可以与 MIS（管理信息系统）融合，形成管理控制一体化网络。

大型控制系统（例如发电站综合自动化系统）一般采用 3 层网络结构，最高层是以太网，第 2 层是 PLC 厂家提供的通信网络或现场总线，例如西门子的 Profibus、Rockwell 的 Con-trolNet、三菱的 CC-Link、欧姆龙的 Controller Link 等。底层是现场总线，例如，CAN 总线、De-viceNet 和 AS-i（执行器传感器接口）等。较小型的系统可能只使用底层的通信网络，更小的系统用串行通信接口（例如 RS-232C、RS-422 和 RS-485）实现 PLC 与计算机和其他设备之间的通信。

CC-Link 的最高传输速率为 10Mb/s，最长距离 1200m（与传输速率有关）。模块采用光隔离，占用 8 个输入输出点。安装了 FX2N-32CCL-M CC-Link 系统主站模块后，FX1N 和 FX2NPLC 在 CC-Link 网络中可以作主站，7 个远程 I/O 站和 8 个远程 I/O 设备可以连接到主站上。网络中还可以连接三菱和其他厂家的符合 CC-Link 通信标准的产品，例如变频器、AC 伺服装置、传感器和变送器等。使用 FX2N-32CCL、CC-Link 接口模块的 FX 系列 PLC 在 CC-Link 网络中作远程设备站使用。一个站点中最多有 32 个远程输入点和 32 个远程输出点。

巩 固 练 习

一、简答题

1. 组态王的功能是什么?
2. 组态王的内部变量和外部变量有何区别?
3. 简述组态王的使用步骤。
4. 三菱 PLC 的通信方式有哪些?
5. 串行通信和并行通信有什么区别?
6. 单工通信和双工通信有什么区别?
7. 什么是波特率?
8. 异步通信和同步通信有什么区别?

二、设计题

1. 用组态王软件实现四台电动机顺序启动和停止控制，要求按下启动按钮后，四台电动机按照 1→2→3→4 的顺序依次延时 3s 启动；按下停止按钮后，四台电动机按照 4→3→2→1 的顺序依次延时 3s 停止，另外要求启动延时时间和停止延时时间可以在组态画面中设定。

2. 通过一台变频器控制电动机 M1 运行并用组态王在电脑上设计相应的组态画面，控制要求为：当开关 SA1 打至右边“ON”位置时，按下按钮 SB1，电动机 M1 正转 4s（频率 20Hz），暂停 3s，然后反转 4s（频率 25Hz），暂停 3s，完成一次循环。要求完成 2 次循环后自动停止，在此过程中按下按钮 SB2 后电动机立即断电停止。当开关 SA1 打至左边“OFF”位置时，按下按钮 SB1，电动机 M1 正转 4s（频率 20Hz）后自动停止，在此过程中按下按钮 SB2 后电动机立即断电停止。